高等学校机械设计制造及自动化专业系列教材

单片机原理与应用技术

（第三版）

黄惟公　邓成中　王　燕　编著

（四川省精品课程配套教材）

西安电子科技大学出版社

内 容 简 介

本书从计算机基础知识开始，介绍了 MCS-51 系列单片机的基本结构、指令系统、汇编语言程序设计、I/O 接口及简单应用、中断系统、定时/计数器、串行通信接口、存储器和并行口的扩展、单片机测控接口等基本内容及应用实例。同时，增加了 C51 程序设计，SPI、I²C 总线扩展技术等作为选修内容，对学生快速入门使用 C51 语言编程进行了初步尝试。本书将模块化编程方法引入到教学中，书中例题大多数采用 Proteus 软件进行了仿真。另外，在本书附录中给出了一个特别实用的硬件实验装置和与之对应的虚拟实验方案，同时列出了相应的实验内容，介绍了 Keil μVision 编译软件和仿真软件 Proteus 的使用方法。

本书适合非电类专业的学生和自学者使用，同时也可供电类专业学生作参考。

本书为四川省精品课程"单片机原理与应用"的配套教材。

★ 本书配有电子教案、习题集、录像等资料，选用本书作为教材的老师可与作者联系，免费提供。

图书在版编目(CIP)数据

单片机原理与应用技术 / 黄惟公，邓成中，王燕编著. —3 版. —西安：西安电子科技大学出版社，2017.8(2025.1 重印)
ISBN 978–7–5606–4600–8

Ⅰ. ①单… Ⅱ. ①黄… ②邓… ③王… Ⅲ. ①单片微型计算机 Ⅳ. ①TP368.1

中国版本图书馆 CIP 数据核字(2017)第 170340 号

责任编辑 马乐惠 刘小莉
出版发行 西安电子科技大学出版社(西安市太白南路 2 号)
电 话 (029)88202421 88201467 邮 编 710071
网 址 www.xduph.com 电子邮箱 xdupfxb001@163.com
经 销 新华书店
印刷单位 咸阳华盛印务有限责任公司
版 次 2017 年 8 月第 3 版 2025 年 1 月第 8 次印刷
开 本 787 毫米×1092 毫米 1/16 印张 21.25
字 数 502 千字
定 价 55.00 元
ISBN 978–7–5606–4600–8
XDUP 4892003-8
*** 如有印装问题可调换 ***

前 言

本书保持了第二版深入浅出、编排合理、易于自学的特点，修订了存在的错误，重新对部分文字进行了梳理，还根据读者的意见和建议在内容上做了以下修改：

(1) 将模块化编程方法引入到程序设计的教学中。模块化编程是指将一个大的程序按功能分割成一些小模块，各模块相对独立，功能单一，结构清晰，程序接口简单，大大降低了程序设计的复杂性。本书中有意识地提供了键盘、显示、A/D 转换、D/A 转换等驱动程序模块，让学生能较快地学会编写较为复杂的程序。

(2) 增加了 LCM1602 的内容。尽早进入实验是学习单片机最重要的经验之一。一个让学生有成就感的实验，需要有键盘、显示器等最基本的部件。第三版保持了在介绍中断、定时/计数器之前就引入 I/O 接口及其简单应用的内容，介绍了 LED 和键盘的程序设计，让学生尽快进入单片机的应用学习和实验。特别增加了 LCM1602 的内容，并由此引入了模块化编程，提供了 LCD 的基本显示程序模块，从而让学生在键盘、中断、定时/计数器、串口、A/D、D/A 等实验中能充分显示实验结果，提高编程水平和学习兴趣。

(3) 引入 Proteus 软件进行仿真。本书中的例题绝大多数都配备了仿真效果，作者还做了大量的工作，使提供的例题程序在实际应用和虚拟仿真中都可以通过。本书每章都有适量的思考题与习题，打破应试教育习题的特点，从第 5 章开始布置了一些用 Proteus 仿真软件设计的思考题与习题，有利于提高学生设计软、硬件的能力和学习兴趣。

(4) 修改了实验内容。在原实验装置中增加了 LCM1602 显示器，使实验更直观，并在同样的实物实验中增加了与之对应的 Proteus 虚拟实验内容，便于学生自学。

(5) 用 C 语言进行单片机程序设计是单片机开发与应用的必然趋势。本书从实用角度出发，对学生快速入门使用 C51 语言编程进行了初步尝试。本书同样将 C51 的模块化编程方法贯穿始终，对单片机中较复杂、常用的外部接口器件采用了直接使用驱动程序的方法，让学生能初步学会用 C51 编写程序。

(6) 对第二版的第 11 章进行了改写，突出了模块化编程和应用举例，在附录中增加了介绍 μVision 编译软件使用的内容。

本书由西华大学机械工程与自动化学院黄惟公教授担任主编，邓成中副教授担任副主编，西安科技大学机械学院王燕参编。

本书在编写过程中，得到了许多同仁的关心，特别是西安电子科技大学出版社马乐惠和胡华霖编辑对本书的出版做了很多辛勤的工作，在此谨致谢意。限于篇幅及作者的水平，书中难免存在欠妥之处，竭诚希望同行和读者赐予宝贵的意见。如有需要，读者可通过电子邮箱 hwg@mail.xhu.edu.cn 联系作者。

作 者
2017 年 7 月

第 一 版 前 言

多年来，"单片机原理与应用"这门课程一直被学生视为难学的课程之一。"难"的原因是多方面的，如涉及的知识面广，概念难于理解，等等，但是一个不可忽略的原因是此课程难以自学，且没有足够的实验设备和实践机会，而这些不能不说与教材的编写有关。

本书是针对非电类专业(主要是机械工程)学时少、电知识相对较弱的特点，精简教学内容，合理安排教学顺序，精心攻克难点编写而成的。针对单片机初学者的特点，本书在章或节的引论中给出了学习的建议，每章都有适量的思考题与习题。书中引入了 Proteus 进行虚拟仿真，从第 5 章开始布置了一些用 Proteus 仿真设计的习题，有利于同时提高学生软、硬件方面的能力和学习兴趣。

附录 A 中的实验指导极具特色。实验指导中采用的"单片机实验板"是西华大学机械工程与自动化学院的老师在长期教学实践中设计的，是非常适合教学的实验装置。它不需要其他附件，可以在任何一台 PC 上使用，价格便宜，解决了许多地方院校经费不足的问题，而且可以开设 8 种接口实验(不含纯编程类软件实验)，足以满足教学需要。

对大多数学生来说，学习单片机并不是完全为了学习单片机本身，而是为了通过单片机的学习掌握计算机用于测控方面的接口技术，提高实践动手能力。

在有一本便于自学的教材、有价格便宜的实验装置、有方便的虚拟仿真平台的条件下，我们相信学生一定能学好单片机。

本书主要以 89C51 芯片为基础进行讲述，具体内容如下：

第 1 章是单片机基础知识概述，主要介绍了单片机的概念、发展历史、应用领域等；还介绍了单片机的基本知识和术语，如数制转换、各种常用的数码等；也解释了一些初学者经常遇到的问题，如为什么要用十六进制等，以及单片机学习中应注意的事项等。

第 2 章是 MCS-51 单片机基本结构，主要介绍了芯片的引脚、存储器组织形式，特别是内部 RAM 的组织形式，为指令系统的学习打好基础。本章未讲解并行接口的特性等内容，主要是为了避免学生因入门难而影响学习兴趣。

第 3 章是 MCS-51 单片机指令系统，精简扼要地讲述了 MCS-51 单片机的指令，指出了指令的要点(每条指令都引用了英文缩写以帮助记忆)。对在实际使用中并不需要深入了解的内容，如相对跳转指令中 rel 的计算、DA 指令的使用等作了简化处理。

第 4 章是 MCS-51 汇编语言程序设计，介绍了几种常用典型程序的设计方法和实用的编程实例。此处没有涉及有关算术运算，如多位字节的加、减、乘、除等编程的设计，因为这些算法在短学时内学生很难理解，所以只是向学生说明如何调用这些子程序。

第 5 章是 I/O 接口及简单应用，主要讲述了 I/O 口的特性、LED 显示和键盘的管理程序设计。本章的作用是使学习者尽快进入单片机的应用学习，便于进行单片机的实验，提高学习兴趣。

第 6 章是中断系统，以深入浅出的方式说明中断的概念，提高学生对中断应用的认识。

第 7 章是定时/计数器，指出了计数器、定时器的实质是计数器，结合中断给出了经典的例子。

第 8 章是串行通信接口，增加了串口的基本知识及 PC 与单片机通信的硬件电路及 VB 对串口的编程。

第 9 章是存储器和并行口的扩展，强调了数据、地址、控制总线在扩展中的作用。同时，以图形和文字解释了地址锁存器的作用；详细叙述了片选地址的方法；讲述了 RAM、ROM、8255A 的扩展方法；详细介绍了用 TTL 扩展简单 I/O 口的方法和程序。

第 10 章是单片机测控接口，主要采用 ADC0809 和 DAC0832 作为经典例题程序讲述 A/D、D/A 转换器。开关量的输入/输出及功率接口在机电一体化设备中应用较多，本章也作了介绍。读者可从本章中进一步学到基本的接口知识。

*第 11 章是 C51 程序设计入门。C 语言的使用已经是单片机开发中必然的趋势，本章从实用角度介绍了快速学会使用 C51 语言编程的方法。实践证明，如果要作单片机方面的毕业设计，掌握 C 语言会得到更实际的锻炼。

*第 12 章是串行总线扩展技术，主要介绍了 I^2C、SPI 总线的概念和使用，并介绍了几种常用串行芯片的使用。

附录 A 是 MCS-51 单片机实验，提供的 8 个实验都与硬件和实际应用有关，没有纯粹的汇编语言编程实验。

附录 B 是 Proteus 使用入门，介绍了用 Proteus 仿真 51 单片机的方法。

附录 C 给出了 MCS-51 单片机的指令表。

本书全部内容的推荐学时为 48 学时，可以在 40～48 学时之间酌情删减。学时安排推荐如下：

章　节	学时数	章　节	学时数
第 1 章　单片机基础知识概述	2	第 8 章　串行通信接口	4
第 2 章　MCS-51 单片机基本结构	2	第 9 章　存储器和并行口的扩展	4
第 3 章　MCS-51 单片机指令系统	6	第 10 章　单片机测控接口	4
第 4 章　MCS-51 汇编语言程序设计	4	*第 11 章　C51 程序设计入门	*4
第 5 章　I/O 接口及简单应用	2	*第 12 章　串行总线扩展技术	*4
第 6 章　中断系统	2	单片机实验	6～8
第 7 章　定时/计数器	2		

注：带*号部分为选学内容。也可以把第 8 章放在第 10 章之后讲。

本书由西华大学机械工程与自动化学院黄惟公教授担任主编，邓成中副教授担任副主编，西安科技大学机械学院王燕老师参编。此书将作为四川省精品课程"单片机原理与应用"的配套教材。教材的编写者均长期从事单片机应用项目的实际开发和单片机的教学工作，主编黄惟公教授担任过专科、本科、研究生的单片机课程主讲工作，是四川省精品课程"单片机原理与应用"的项目负责人。

在编写本书的过程中，曾参考了兄弟院校的资料及其他相关教材，并得到了许多同仁的关心和帮助，在此谨致谢意。

限于篇幅及编者的业务水平，本书在内容上可能还有局限和欠妥之处，竭诚希望同行和读者赐予宝贵的意见。

编　者

2007 年 4 月于成都

目　录

单片机基础知识概述

本章主要对单片机的定义、发展历史、特点、发展趋势和应用领域等作了简单介绍，并对学习单片机时应具备的基础知识，如二进制、十六进制及各种编码等进行了复习。对初学者来说，这是学习单片机的基础。

1.1　单片机概述

1.1.1　什么是单片机

单片机是将计算机的基本部件微型化并集成到一块芯片上的微型计算机。通常在芯片内含有 CPU、ROM、RAM、并行 I/O 口、串行 I/O 口、定时/计数器、中断控制系统、系统时钟及系统总线等。单片机一词来源于"Single Chip Microcomputer"(SCM)。"SCM"一词目前国际上已基本不大采用。单片机的硬件结构和指令系统都是按工业控制和要求设计的，常用于工业检测、控制装置中，所以它又被称为微控制器(MCU，Micro Controller Unit)或嵌入式控制器(Embedded Controller)。

1.1.2　单片机的发展历史

单片机作为微型计算机的一个重要分支，应用很广，发展很快。如果将 8 位单片机的推出作为起点，那么单片机的发展历史大致可分为以下几个阶段。

第一阶段(1976—1978 年)：单片机的探索阶段，以 Intel 公司的 MCS-48 为代表。MCS-48 的推出是计算机在工控领域应用的探索，参与这一探索的公司还有 Motorola、Zilog 等，这些公司都取得了满意的效果。

第二阶段(1978—1982 年)：单片机的完善阶段。Intel 公司在 MCS-48 基础上推出了完善的、典型的单片机系列 MCS-51。它在以下几个方面奠定了典型的通用总线型单片机体系结构：

(1) 完善的外部总线。MCS-51 设置了经典的 8 位单片机总线结构，包括 8 位数据总线、16 位地址总线、控制总线及具有多种通信功能的串行通信接口。

(2) CPU 外围功能单元的集中管理模式。

(3) 体现工控特性的位地址空间及位操作方式。

(4) 指令系统趋于丰富和完善，并且增加了许多突出控制功能的指令。

第三阶段(1982—1990 年)：8 位单片机的巩固发展及 16 位单片机的推出阶段，也是单片机向微控制器发展的阶段。Intel 公司推出的 MCS-96 系列单片机，将一些用于测控系统的 A/D(模/数)转换器、程序运行监视器、脉宽调制器等集成到芯片中，体现了单片机的微控制器特征。随着 MCS-51 系列单片机的广泛应用，许多厂商竞相以 8051 为内核，将许多测控系统中使用的电路、接口、多通道 A/D 转换部件、可靠性技术等应用到单片机中，增强了外围电路功能，强化了智能控制的特征。

第四阶段(1990 年至今)：微控制器的全面发展阶段。随着单片机在各个领域全面深入的发展和应用，出现了高速、大寻址范围、强运算能力的 8/16/32 位通用型单片机，以及小型廉价的专用型单片机。

1.2　单片机的特点及应用领域

1.2.1　单片机的特点

单片机是微型机的一个主要分支，在结构上的最大特点是把 CPU、存储器、定时器和多种输入/输出(I/O)接口电路集成在一块超大规模集成电路芯片上。就其组成和功能而言，一块单片机芯片就是一台计算机。

单片机主要有如下特点：

(1) 优异的性能价格比。

(2) 集成度高，体积小，可靠性高。单片机把各功能部件集成在一块芯片上，内部采用总线结构，减少了各芯片之间的连线，大大提高了计算机的可靠性与抗干扰能力。另外，其体积小，对于强磁场环境易于采取屏蔽措施，适合在恶劣环境下工作。

(3) 控制功能强。为了满足工业控制的要求，一般单片机的指令系统中均有极丰富的转移指令、I/O 口的逻辑操作以及位处理功能。单片机的逻辑控制功能及运行速度均高于同一档次的微机。

(4) 低功耗、低电压，便于生产便携式产品。

(5) 单片机的系统扩展和系统配置较典型、规范，容易构成各种规模的应用系统。

1.2.2　单片机的应用领域

由于单片机所具有的显著优点，因而它已成为科技领域的有力工具及人类生活的得力助手。它的应用遍及各个领域，主要表现在以下几个方面：

(1) 单片机在智能仪表中的应用。单片机广泛用于各种仪器仪表，使仪器仪表智能化，并可以提高测量的自动化程度和精度，简化仪器仪表的硬件结构，提高其性能价格比。

(2) 单片机在机电一体化中的应用。机电一体化是机械工业发展的方向。机电一体化产品是指集机械技术、微电子技术、计算机技术于一体，具有智能化特征的机电产品，例如微机控制的机床、机器人等。单片机作为产品中的控制器，能充分发挥它的体积小、可靠性高、功能强等优点，可大大提高机器的自动化、智能化程度。

(3) 单片机在实时控制中的应用。单片机广泛用于各种实时控制系统中。例如，在工业测控、航空航天、尖端武器、机器人等各种实时控制系统中，都可以用单片机作为控制器。单片机的实时数据处理能力和控制功能，可使系统保持在最佳工作状态，提高系统的工作效率和产品质量。

(4) 单片机在分布式多机系统中的应用。在比较复杂的系统中，常采用分布式系统。分布式系统一般由若干台功能各异的小型测控装置组成，这些装置常常是以单片机为核心的，它们各自完成特定的任务，通过通信相互联系、协调工作。单片机在这种系统中作为一个下位机，安装在系统的节点上，对现场信息进行实时的测量和控制。单片机的高可靠性和强抗干扰能力，使它可以胜任恶劣环境的前端工作。

(5) 单片机在日常生活中的应用。自从单片机诞生以后，它就进入了人类的日常生活，如洗衣机、电冰箱、电子玩具、收录机等家用电器配上单片机后，提高了智能化程度，增加了功能，备受人们喜爱。单片机使人类的生活更加方便、舒适，且丰富多彩。

综上所述，单片机已成为计算机发展和应用的一个重要分支。另外，单片机应用的重要意义还在于，它从根本上改变了传统的控制系统设计思想和设计方法。从前必须由模拟电路或数字电路实现的大部分功能，现在已能用单片机通过软件方法来实现了。

1.2.3　单片机的发展趋势

目前，单片机正朝着高性能和多品种方向发展，趋势是进一步向着 CMOS、低功耗、小体积、大容量、高性能、低价格和外围电路内装化等几个方向发展。下面从几个方面说明单片机的主要发展趋势。

1. CMOS 化

CMOS 电路具有许多优点，如极宽的工作电压范围，极佳的低功耗和功耗管理特性等。CMOS 化已成为目前单片机及其外围器件流行的半导体工艺。

2. 采用 RISC(Reduced Instruction Set Computer，精简指令集计算机)体系结构

早期的单片机大多采用 CISC(Complex Instruction Set Computer，复杂指令集计算机)体系结构，指令复杂，指令代码、周期数不统一，指令运行很难实现流水线操作，大大阻碍了运行速度的提高。对于 MCS-51 系列单片机，当外部时钟为 12 MHz 时，其单周期指令运行速度仅为 1 MIPS(Million Instructions Per Second，每秒处理百万级的机器语言指令数。这是衡量 CPU 速度的一个指标)。而采用了 RISC 体系结构和精简指令后，单片机的指令绝大部分成为单周期指令，通过增加程序存储器的宽度(如从 8 位增加到 16 位)，实现了一个地址单元存放一条指令。在这种体系结构中，很容易实现并行流水线操作，大大提高了指令运行速度。目前一些 RISC 结构的单片机，如美国 ATMEL 公司的 AVR 系列单片机已实现了一个时钟周期执行一条指令(一些公司也在 51 单片机上实现了同样功能)，在相同的 12 MHz 外部时钟下，其单周期指令运行速度可达 12 MIPS。这样，一方面可获得很高的指令运行速度；另一方面，在相同的运行速度下，可大大降低时钟频率，有利于获得良好的电磁兼容效果。

3. 多功能集成化

在单片机内部已集成了越来越多的部件，这些部件包括一般常用的电路，如定时/计数器、模拟比较器、A/D 转换器、D/A 转换器、串行通信接口、WDT 电路、LCD(Liquid Crystal Display，液晶显示器)的控制器等。为了构成控制网络或形成局部网，有的单片机内部含有

局部网络控制模块 CAN 总线等，可以方便地构成一个控制网络。为了能在变频控制中方便使用单片机，形成最具经济效益的嵌入式控制系统，有的单片机甚至在内部设置了专门用于变频控制的 PWM(Pulse Width Modulation，脉冲宽度调制，简称脉宽调制)电路。

4．片内存储器的改进与发展

目前新型的单片机一般在片内集成两种类型的存储器：一种为随机读/写存储器，常用的为 SRAM(Static Random Access Memory，静态 RAM)，作为临时数据存储器存放工作数据用；另一种为只读存储器(ROM，Read Only Memory)，作为程序存储器存放系统控制程序和固定不变的数据。片内存储器的改进与发展的方向是扩大容量、数据的易写和保密等。

(1) 片内程序存储器由 EPROM 型向 FlashROM 发展。早期的单片机在片内往往没有程序存储器或片内集成 EPROM 型的程序存储器。将程序存储器集成在单片机内可以大大提高单片机的抗干扰性能，提高程序的保密性，减少硬件设计的复杂性等，片内集成程序存储器已成为新型单片机的标准方式。但 EPROM 存在需要使用 12 V 高电压编程写入、紫外线光照擦除、重写次数有限等缺点。新型的单片机多采用 FlashROM 和 MaskROM、OTPROM 作为片内的程序存储器。FlashROM(闪存 ROM)在通常电压(如 5 V/3 V)下就可以实现编程写入和擦除操作，重写次数在 10 000 次以上，并可实现在线编程技术，给使用带来了极大的方便。采用 MaskROM 的微控制器称为掩膜芯片，它是在芯片制造过程中就将程序"写入"，并永远不能改写。采用 OTPROM(One Time Programmable ROM)的微控制器，其芯片在出厂时片内的程序存储器是"空的"，它允许用户将自己编写好的程序一次性地编程写入，之后便再也无法修改。后两种类型的单片机适合于产品大批量生产的使用，而前一种类型的微控制器则适合产品的设计开发、批量生产以及学习培训的应用。

(2) 程序保密化。一个单片嵌入式系统的程序是系统最重要的部分，是知识产权保护的核心。为了防止片内的程序被非法读出复制，新型的单片机往往采用对片内的程序存储器加锁保密。程序写入片内的程序存储器后，可以对加密单元芯片加锁。这样，从芯片的外部就无法读取片内的程序代码。若将加密单元擦除，则片内的程序也同时被擦除掉，以便达到程序保密的目的。

(3) 片内存储容量的增加。新型的单片机一般在片内集成的 SRAM 的容量为 128 B～1 KB，ROM 的容量为 4 KB～8 KB。为了适应网络、音视频等高端产品的需要，高档的单片机在片内集成了更大容量的 RAM 和 ROM 存储器。如 ATMEL 公司的 ATmega16 单片机，片内的 SRAM 为 1 KB，FlashROM 为 16 KB。而该系列的高端产品 ATmega256，片内集成了 8 KB 的 SRAM、256 KB 的 FlashROM 和 4 KB 的 E^2PROM。

5．ISP、IAP 及基于 ISP、IAP 技术的开发和应用

ISP(In System Programmable)技术称为在系统可编程技术。随着微控制器在片内集成 FlashROM 的发展，促进了 ISP 技术在单片机中的应用。ISP 技术实现了程序的串行编程写入(下载)，不必将印刷电路板上的芯片取下，就可直接将程序下载到单片机的程序存储器中，淘汰了专用的程序下载写入设备。基于 ISP 技术的实现，使模拟仿真开发技术重新兴起，在单时钟、单指令运行的 RISC 结构的单片机中，可实现 PC 通过串行电缆对目标系统的在线仿真调试。在 ISP 技术应用的基础上，进一步发展的 IAP(In Application Programmable，在应用可编程)技术实现了用户可随时根据需要对原有的系统方便地在线更新软件、修改软

件，还能实现对系统软件的远程诊断、调试和更新。

6. 实现全面功耗管理

采用 CMOS 工艺后，单片机具有极佳的低功耗和功耗管理功能。它包括：

(1) 传统的 CMOS 单片机的低功耗运行方式，即闲置方式(Idle Mode)、掉电方式(Power Down Mode)。

(2) 双时钟技术。配置有高速(主)和低速(子)两个时钟系统，在不需要高速运行时可转入子时钟控制，以节省功耗。

(3) 片内外围电路的电源管理。对集成在片内的外围接口电路实行供电管理，当该外围电路不运行时，将关闭其供电。

(4) 低电压节能技术。CMOS 电路的功耗与电源电压有关，降低系统的供电电压，能大幅度减小器件的功耗。新型的单片机往往具有宽电压(3 V～5 V)或低电压(3 V)运行的特点。低电压、低功耗是手持便携式系统主要的追求目标，也是绿色电子的发展方向。

7. 以串行总线方式为主的外围扩展

目前，单片机与外围器件接口技术发展的一个重要方面是由并行外围总线接口向串行外围总线接口的发展。采用串行总线方式为主的外围扩展技术具有方便、灵活、电路系统简单、占用 I/O 资源少等特点。采用串行接口虽然比采用并行接口数据传输速度慢，但随着半导体集成电路技术的发展，大批采用标准串行总线通信协议(如 SPI、I^2C、1-Wire 等)的外围芯片器件的出现，加之串行传输速度也在不断提高(可达到 1 Mb/s～10 Mb/s 的速率)，使得以串行总线方式为主的外围扩展方式能够满足大多数系统的需求，成为流行的扩展方式，而采用并行接口的扩展技术则成为辅助方式。

8. 单片机向 SOC 的发展

SOC(System On Chip，片上系统)是一种高度集成化、固件化的芯片级集成技术，其核心思想是把除了无法集成的一些外部电路和机械部分之外的所有电子系统的电路全部集成在一片芯片中。现在一些新型的单片机已经是 SOC 的雏形，在一片芯片中集成了各种类型和更大容量的存储器，以及许多性能更加完善和功能强大的电路接口，这使得原来需要几片甚至十几片芯片组成的系统，现在只用一片芯片就可以实现。其优点不仅是减小了系统的体积和成本，而且也大大提高了系统硬件的可靠性和稳定性。

9. 单片机网络的实现

智能设备连接到网络成为许多实际项目的需要，单片机网络技术越来越受到重视。单片机从低端到高端有以 51 单片机为代表的 8 位单片机和以 ARM 为代表的 32 位单片机。不同档次的单片机实现网络接口的方法不同。高端 32 位处理器一般都可以运行嵌入式操作系统，此类单片机可以使用操作系统自带的 TCP/IP 协议栈而实现联网。低端单片机可以使用"网络模块"实现单片机网络。目前"WIFI 转串口模块"已成功运用在各类单片机应用系统中。

1.2.4　MCS-51 单片机的学习

20 世纪 80 年代初，我国开始大量使用单片机。目前，单片机已普及到各行各业，逐渐形成了多国单片机互相竞争的局面，单片机正朝着多系列、多型号方向发展。

Intel 公司生产出 8051 后，由于在 20 世纪 90 年代忙于研制和生产奔腾机等，因而在研制 80C196 后没有精力再研制新的单片机。于是 Intel 公司以不同形式向不同国家和地区的半导体厂家转让了 8051 单片机的生产权，这些公司有：PHILIP、Siemens、Temic、OKI、Dalas、AMD、ATMEL 以及中国台湾的一些厂家。这些公司的产品都保留了 8051 内核，指令系统与 MCS-51 向上兼容，这使得 8051 单片机内核一时间成为实际 8 位单片机的行业标准，各种兼容于 51 的单片机也最多，成为 8 位单片机的主流。本书亦选用 MCS-51 系列单片机作为学习对象。

对初学者来说，以 MCS-51 单片机作为入门学习芯片是比较容易的，也可为今后学习更高一级的单片机和 ARM 打下基础。目前介绍 51 单片机的书籍、视频资料也最多，易于找到参考资料。作为 8 位单片机的实际行业标准，学好它再学别的单片机就比较容易，且 51 单片机的开发工具现在也比较便宜。学习 51 单片机并不需要高深的数学知识和"电"的知识。目前不但我国许多本科院校设有 51 单片机的课程，而且职业高中、大专学校、职业技术学院也都设有 51 单片机的课程。学习单片机的人群学历分布极宽，实际上只需具有初中学历，且有一定的电子基础，就能学习单片机。

单片机的学习应以实践为主。经济条件好的可以将"编程器、仿真器、实验板"都买齐，这需要较多的经费。对于一般的初学者来说，现在有一些 MCS-51 系列单片机支持 ISP、串口等下载，既可以省去编程器，又可以烧写 10 000 次以上，价格比较便宜。因此，可以采用下载线加实验板的经济型方案，每次写好程序，先用软件调试一下，再下载到单片机上运行。如果没有达到要求，再重复，直到实现。也可以只用软件仿真来学习，现在比较流行的 Proteus 软件的仿真功能十分强大，一般的实验都能仿真，是很好的学习工具。本书的附录中介绍了以上两种实验方法，以方便读者学习。

1.3　单片机学习的预备知识

1.3.1　数制及其转换

1. 数制

计算机中常用的表达整数的数制有：

(1) 十进制 N_D。

符号集：0、1、2、3、4、5、6、7、8、9；

规则：逢十进一。

一般表达式为：

$$N_D = d_{n-1} \cdot 10^{n-1} + d_{n-2} \cdot 10^{n-2} + \cdots + d_1 \cdot 10^1 + d_0 \cdot 10^0$$

其中，展开式中的 10 称为基数，各位加权数 d_x 为 0～9。例如：

$$1234 = 1 \times 10^3 + 2 \times 10^2 + 3 \times 10^1 + 4 \times 10^0$$

(2) 二进制 N_B。

符号集：0、1；

规则：逢二进一。

二进制数的后缀为 B；十进制数的后缀为 D，但十进制数可不带后缀。例如：

$$1101B = 1 \times 2^3 + 1 \times 2^2 + 0 \times 2^1 + 1 \times 2^0$$

二进制展开式中基数为 2，各位加权数 b_x 为 0、1，一般表达式为：

$$N_B = b_{n-1} \cdot 2^{n-1} + b_{n-2} \cdot 2^{n-2} + \cdots + b_1 \cdot 2^1 + b_0 \cdot 2^0$$

(3) 十六进制 N_H。

符号集：0～9、A、B、C、D、E、F；

规则：逢十六进一。例如：

$$DFC8H = 13 \times 16^3 + 15 \times 16^2 + 12 \times 16^1 + 8 \times 16^0$$

十六进制展开式中基数为 16，各位加权数 h_x 为 0～9、A～F，一般表达式为：

$$N_H = h_{n-1} \cdot 16^{n-1} + h_{n-2} \cdot 16^{n-2} + \cdots + h_1 \cdot 16^1 + h_0 \cdot 16^0$$

2．数制之间的转换

(1) 二进制数、十六进制数转换成十进制数。

方法是按进制的表达式展开，然后按照十进制运算求和。例如：

$$1011B = 1 \times 2^3 + 1 \times 2^1 + 1 \times 2^0 = 11$$
$$DFC8H = 13 \times 16^3 + 15 \times 16^2 + 12 \times 16^1 + 8 \times 16^0 = 57288$$

(2) 二进制数与十六进制数之间的转换。

因 $2^4 = 16$，所以从低位起，从右到左，每四位(最后一组不足时左边添 0 凑齐四位)二进制数对应一位十六进制数。例如：

$$3AF2H = \underline{0011}\ \underline{1010}\ \underline{1111}\ \underline{0010} = 11\ 1010\ 1111\ 0010B$$
$$\qquad\qquad 3\qquad A\qquad F\qquad 2$$

$$1111101B = \underline{0111}\ \underline{1101} = 7DH$$
$$\qquad\qquad\quad 7\qquad D$$

因为二进制数与十六进制数之间的转换特别简单，且十六进制数书写时要简单得多，所以在教科书中及汇编语言编程时，都会用十六进制来代替二进制进行书写。

(3) 十进制整数转换成二进制、十六进制整数。

转换规则："除基取余"。十进制整数不断除以转换进制基数，直至商为 0。每除一次取一个余数，从低位排向高位。例如：

39 转换成二进制数	208 转换成十六进制数
$39 = 100111B$	$208 = D0H = 0D0H$

2⌊39	1 (b_0)	
2⌊19	1 (b_1)	
2⌊9	1 (b_2)	
2⌊4	0 (b_3)	16⌊208　余0
2⌊2	0 (b_4)	16⌊13　余13 = D
2⌊1	1 (b_5)	0
0		

(为了与字符区别，当最高位是字母时，常加一个"0"）

1.3.2　有符号数的表示方法

数有正负之分，在计算机中如何表示？在常用的十进制中，一般习惯于用正、负号加绝对值来表示数的大小，这样书写出的数的形式代表了数的原值，在计算机中称为真值，它包含以常规正、负号表示的数的符号，以及用十进制表示的数值。

但计算机所能表示的数或其他信息，都是用二进制表达的，对正号和负号只能用"0"和"1"来表达。一般最高位为符号位，"0"表示正数，"1"表示负数。

所谓机器数，是指在计算机中使用的、带有符号位的二进制数，其位数通常为 8 的整数倍。例如：

真值 + 123 → 机器数　0111 1011B　　　　真值 −123 → 机器数　1111 1011B

有符号数：即机器数，最高位为符号位，"0"表示正数，"1"表示负数。

无符号数：机器数中最高位不作为符号位，而当成数值位。

有符号数有原码、反码和补码三种表示法。

(1) 原码。原码就是机器码。8 位原码数表示的范围为 FFH～7FH(−127～ +127)。原码数 00H 和 80H 的数值部分相同、符号位相反，它们分别为 +0 和 −0。16 位原码数表示的范围为 FFFFH～7FFFH(−32 767～+32 767)。原码数 0000H 和 8000H 的数值部分相同、符号位相反，它们分别为 +0 和 −0。

(2) 反码。正数的反码与原码相同；负数的反码为：符号位不变，数值部分按位取反。例如，求 8 位反码机器数：

原码　1000 0100B→反码　1111 1011B

(3) 补码。正数的补码表示与原码相同；负数的补码为其反码加 1，但原符号位不变。例如，求 8 位二进制数补码：

$$x = +4 \qquad [x]_{补} = 0000\ 0100B$$
$$x = -4 \quad 原码为 \qquad 1000\ 0100\ B$$
$$其反码为 \qquad 1111\ 1011\ B$$
$$[x]_{补} = 1111\ 1100\ B$$

负数 X 的补码也可以用"模"来计算：

$$[X]_{补} = 模 - |X|$$

模是计数系统的过量程回零值。如时钟以 12 为模，所以 4 点与 8 点互补；一位十进制数的模为 10，所以 3 和 7 互补。

8 位二进制的模为 $2^8 = 256$，因而 −4 即 1000 0100B 的补码为：

$$256 - 4 = 252 = 1111\ 1100B = FCH$$

同理，−4 的 16 位二进制的补码为：

$$[-4]_{补} = 10000H - 0004H = FFFCH$$

• 在原码中，0 既可以表示成 +0(0000 0000B)，也可以表示成 −0(1000 0000B)。

• 在反码中，0 既可以表示成 +0(0000 0000B)，也可以表示成 −0(1111 1111B)。

• 在补码中，由于补码的特殊规律，0 只有一种表示方法：

+0 的补码为 0000 0000B。

−0 的原码为 1000 0000B，求反得 1111 1111B，加 1 得 1 0000 0000B，最高位产生了溢出。注意，按补码的定义，只有在求 −0 的补码情况下求反加 1 才产生溢出。所以，为符合算术运算规则，将 1000 0000B(80H)的补码真值定为 −128。这样的定义在用补码把减法运算转换为加法运算中，结果是完全正确的。

8 位补码的数值范围为 80H～7FH(−128～+127)，16 位补码的数值范围为 8000H～7FFFH(−32 768～+32 767)。其 80H 和 8000H 的真值分别是 −128(−80H)和 −32 768(−8000H)。

当采用补码表示时，可以把减法运算转换为加法运算。例如：

123 − 125 = −2，用补码计算：0111 1011B + 1000 0011B = 1111 1110B

123 − 128 = −5，用补码计算：0111 1011B + 1000 0000B = 1111 1011B

因此，在计算机中，有符号位一律用补码表示，这样可以简化计算机的硬件结构。

1.3.3　位、字节和字

位(bit)：二进制数中的一位，其值不是"1"就是"0"。

字节(Byte)：一个 8 位的二进制数为一个字节。字节是计算机数据的基本单位。

字(Word)：两个字节就是一个字。

另外，有时还会用到"半字节"，即 4 位二进制数。

1.3.4　BCD 码

计算机内部使用的是二进制数，但在日常生活和工作中习惯用的却是十进制数。怎样来解决这一矛盾？有两种方法可供选择。

一种方法是采用"十转二"和"二转十"的程序。输入十进制后用"十转二"的程序把其转换为二进制，在计算机内运算，输出时用"二转十"的程序把二进制转换为十进制，以方便人们的使用。

另一种方法是直接采用"二─十"进制，即 BCD 码(Binary Coded Decimal)，也即用二进制代码表示十进制数。顾名思义，它既是逢十进一，又是一组二进制代码。用四位二进制代码表示十进制的一位数，一个字节可以表示两位十进制数，称为压缩的 BCD 码，如 1000 0111 表示 87；也可以用一个字节表示一位十进制的数，这种 BCD 码称为非压缩的 BCD 码，如 0000 0111 表示十进制的 7。十进制与 BCD 码的对应关系如表 1.1 所示。

表 1.1　BCD 码

十进制数	压缩的 BCD 码		非压缩的 BCD 码	
	二进制表示	十六进制表示	二进制表示	十六进制表示
0	0000B	0H	0000 0000B	00H
1	0001B	1H	0000 0001B	01H
2	0010B	2H	0000 0010B	02H
3	0011B	3H	0000 0011B	03H
4	0100B	4H	0000 0100B	04H
5	0101B	5H	0000 0101B	05H
6	0110B	6H	0000 0110B	06H
9	1001B	9H	0000 1001B	09H
28	0010 1000B	28H	0000 0010 0000 1000B	0208H

采用 BCD 码输出数据非常方便，被计算机广泛使用，如 MCS-51 系列单片机有一条指令 DA 就是用来调整十进制加法运算的。

1.3.5　ASCII 码

由于计算机中使用的是二进制数，因此计算机中使用的字母、字符也要用特定的二进制表示。目前普遍采用的是 ASCII 码(American Standard Code for Information Interchange)。它采用 7 位二进制编码表示 128 个字符，其中包括数码 0～9 以及英文字母等可打印的字符，如表 1.2 所示。可见，在计算机中一个字节可以表示一个英文字母。由于单个的汉字太多，因此要用两个字节才能表示一个汉字，目前也有国标的汉字计算机编码表——汉码表。

如从表 1.2 中可以查到"6"的 ASCII 码为"36H"，"R"的 ASCII 码为"52H"。

表 1.2　ASCII 码表

列	0	1	2	3	4	5	6	7
行	位 654 3210	000	001	010	011	100	101	110	111
0	0000	NUL	DLE	SPACE	0	@	P	、	p
1	0001	SOH	DC1	!	1	A	Q	a	q
2	0010	STX	DC2	"	2	B	R	b	r
3	0011	ETX	DC3	#	3	C	S	c	s
4	0100	EOT	DC4	$	4	D	T	d	t
5	0101	END	NAK	%	5	E	U	e	u
6	0110	ACK	SYN	&	6	F	V	f	v
7	0111	BEL	ETB	'	7	G	W	g	w
8	1000	BS	CAN	(	8	H	X	h	x
9	1001	HT	EM	)	9	I	Y	i	y
A	1010	LF	SUB	*	:	J	Z	j	z
B	1011	VT	ESC	+	;	K	[	k	{
C	1100	FF	FS	,	<	L	\	l	|
D	1101	CR	GS	—	=	M	]	m	}
E	1110	SO	RS	·	>	N	^	n	～
F	1111	SI	US	/	?	O	_	o	DEL

1.4　电　　平

单片机是一种数字集成芯片。电平是指电压的高低，在数字电路的逻辑中有"0"和"1"两种信号。信号是"0"还是"1"是通过电压的高低(常称做"电平")来判断的，用"1"代表高电平，用"0"代表低电平。

那么，高电平、低电平究竟为多大的电压值呢？使用最多的有 TTL(Transistor-Transistor Logic，晶体管-晶体管逻辑)、CMOS(Complementary Metal Oxide Semiconductor，互补金属

氧化物半导体)逻辑电平。按典型电压可分为 4 类：5 V 系列、3.3 V 系列、2.5 V 系列和 1.8 V 系列。5 V TTL 和 5 V CMOS 是通用的逻辑电平，3.3 V 及以下的逻辑电平为低电压逻辑电平。本书主要采用 5 V TTL 逻辑电平，目前许多单片机采用 3.3 V 的逻辑电平，请读者在使用时参考相关资料。

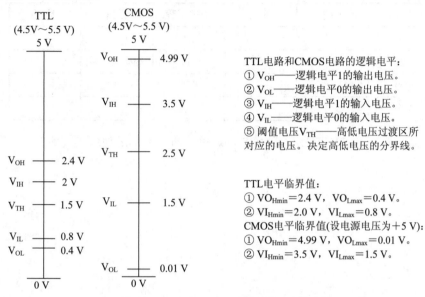

TTL电路和CMOS电路的逻辑电平：
① V_{OH}——逻辑电平1的输出电压。
② V_{OL}——逻辑电平0的输出电压。
③ V_{IH}——逻辑电平1的输入电压。
④ V_{IL}——逻辑电平0的输入电压。
⑤ 阈值电压V_{TH}——高低电压过渡区所对应的电压。决定高低电压的分界线。

TTL电平临界值：
① $VO_{Hmin}=2.4$ V，$VO_{Lmax}=0.4$ V。
② $VI_{Hmin}=2.0$ V，$VI_{Lmax}=0.8$ V。
CMOS电平临界值(设电源电压为+5 V)：
① $VO_{Hmin}=4.99$ V，$VO_{Lmax}=0.01$ V。
② $VI_{Hmin}=3.5$ V，$VI_{Lmax}=1.5$ V。

图 1.1　TTL 和 CMOS 的逻辑电平关系图

图 1.1 给出了 TTL 和 CMOS 的逻辑电平关系。从图中可见：对于 5 V TTL 逻辑电平，输出在 2.4 V 以上为高电平，输出在 0.4 V 以下为低电平；输入在 2 V 以上为高电平，输入在 0.8 V 以下为低电平，高低电平的分界线为 1.5 V。而对于 5 V CMOS 逻辑电平，输出在 4.99 V 以上为高电平，输出在 0.01 V 以下为低电平；输入在 3.5 V 以上为高电平，输入在 1.5 V 以下为低电平，高低电平的分界线为 2.5 V。可见，它们的高低电平的电压值是不同的。因此，CMOS 电路与 TTL 电路混合使用时就需要一个电平转换的电路(或芯片)，使两者的电平阈值能匹配。

常用的数字逻辑芯片的特点如下：

74LS	系列：TTL 电路	输入：TTL	输出：TTL
74HC	系列：CMOS 电路	输入：CMOS	输出：CMOS
74HCT	系列：CMOS 电路	输入：TTL	输出：CMOS
CD4000	系列：CMOS 电路	输入：CMOS	输出：CMOS

关于"地"的概念。在数字电路中的"地"并不是通常意义上的"大地"，而是指电路中的一点，这一点的电压被人为地规定为 0 V。

思考题与习题

1. 什么是单片机？它与一般计算机有何区别？
2. 简述单片机的发展历史，目前单片机主要朝哪几个方向发展？
3. 单片机主要应用于哪些方面？请举一些你所知道的例子。
4. 学习单片机主要应注意哪些问题？

5. 单片机内部采用的是什么数制？为什么在计算机编程中常用十六进制？

6. 什么是 ASCII 码？写出 0~9、c、C 的 ASCII 码。

7. 写出下列十进制数的原码和补码(能用 8 位就用 8 位，否则用 16 位)，用十六进制表达。

十进制数	原码	补码	十进制数	原码	补码
28			250		
−28			−347		
100			928		
−130			−928		

8. 什么是电平？在 5 V TTL 和 CMOS 电路中的高低电平是如何定义的？

MCS-51 单片机基本结构

本章主要从应用的角度出发介绍 MCS-51 系列单片机的基本结构。其中，单片机存储器的分布是单片机汇编语言、C 语言学习的基础，因此必须在脑海中形成单片机存储器的分布图。当然，记忆各种寄存器的名称对于今后的学习也是非常必要的。

2.1　MCS-51 单片机的基本结构与类型

2.1.1　MCS-51 单片机的基本结构

MCS-51 系列单片机内部基本结构如图 2.1 所示。

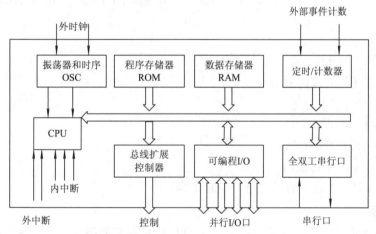

图 2.1　MCS-51 系列单片机内部结构框图

它包含了如下部件：

- 一个 8 位的 CPU(Central Processing Unit，中央处理器)，它的功能是执行指令，完成算术、逻辑运算和对整机进行控制；
- 片内程序存储器 ROM，用来存放程序或固定的数据、表格等；
- 片内数据存储器 RAM，用来存放经常读、写的数据，如计算的中间结果等；
- 可编程的 I/O 口，每个口可以用作输入，也可以用作输出；
- 定时/计数器，用来对外部事件进行计数，也可以设置成定时器；
- 串行接口，通过它可与其他计算机和外设进行通信；
- 多个中断源。

2.1.2　MCS-51 单片机的基本类型

MCS-51 单片机有多个公司、多种型号的产品，但基本有三类：基本型(51 子系列)、增强型(52 子系列)和特殊型。

1. 基本型

基本型有 8031、8051、89C51 等。这里只有 8031 没有片内 ROM，目前它已停产，几乎无人使用。基本型的代表产品是 89C51，其基本配置如下：

- 8 位 CPU；
- 4 KB 片内 ROM；
- 128 B 可使用的片内 RAM；
- 21 个特殊功能寄存器；
- 32 线并行 I/O 接口；
- 2 个 16 位定时/计数器；
- 1 个全双工的串行接口；
- 5 个中断源、2 级中断优先级的中断结构。

2. 增强型

增强型有 8032、8052、89C52 等，此类型单片机内的 ROM 和 RAM 容量比基本型增大了一倍，同时把 16 位定时/计数器增为 3 个。增强型的代表产品是 89C52，其基本配置如下：

- 8 位 CPU；
- 8 KB 片内 ROM；
- 256 B 可使用的片内 RAM；
- 26 个特殊功能寄存器；
- 32 线并行 I/O 接口；
- 3 个 16 位定时/计数器；
- 1 个全双工的串行接口；
- 6 个中断源、2 级中断优先级的中断结构。

3. 特殊型

为了适应不同的需要，一般一个系列的单片机具有多种衍生产品，每种衍生产品的处理器内核都是一样的，只是存储器和外设配置及封装不同，这样可以使单片机最大限度地和应用需求相匹配。因此，MCS-51 单片机发展成了一个庞大的家族，有上千种产品可供用户选择。

特殊型 MCS-51 体现在以下几个方面：

(1) 内部程序存储器容量的扩展，由 1 KB、2 KB、4 KB、8 KB、16 KB、20 KB、32 KB，发展到 64 KB 甚至更多。

(2) 片内数据存储器，目前已有 512 B、1 KB、2 KB、4 KB、8 KB 等。

(3) 增加了外设功能，如片内 A/D、D/A、DMA、多并行接口(增加了 P4、P5)、PCA(可编程计数列阵)、PWM(脉宽调制)、PLC(锁相环控制)、WDT(看门狗)等。

(4) 存储器的编程(烧录)方式，如 ISP(在系统可编程)和 IAP(在应用可编程)，可以通过并口、串口或专门引脚烧录程序。

(5) 通信功能的增强，有 2 个串口、I^2C 总线、ISP、USB 总线、CAN 总线、自带 TCP/IP 协议等。

(6) JTAG 调试型。

目前在世界上较有影响、在国内市场份额较大的 MCS-51 系列单片机有 Intel、ATMEL、PHILIPS、Cygnal、SST、STC 等公司的产品，读者可以访问它们的网站，随时获取最新的信息。

现在应用最多的是基本型和增强型，本书考虑到学时等因素，以学习基本型为主，在必要的地方将提及增强型。

2.2　引脚及封装

2.2.1　引脚

MCS-51 基本型芯片一般有 40 个引脚，常采用双列直插(DIP)方式封装。其引脚示意及功能分类如图 2.2 所示。

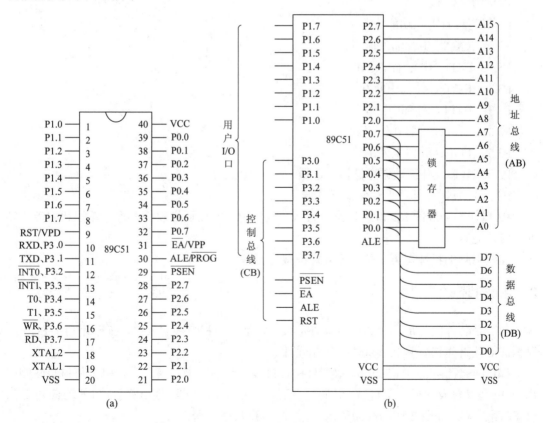

图 2.2　MCS-51 单片机的引脚

CMOS 工艺制造的低功耗芯片也有采用方型封装的，但为 44 个引脚，其中 4 个引脚是不使用的。

40 个引脚按其功能可以分为以下三个部分。

1) 电源及时钟引脚

VCC：接 +5 V 电源正端；

VSS：接 +5 V 电源地端；

XTAL1：接外部晶体振荡器的一端；

XTAL2：接外部晶体振荡器的另一端。

2) 控制引脚

RST：即 RESET，为单片机的上电复位端。

ALE：当访问外部存储器时，ALE(允许地址锁存信号)以每机器周期两次的信号输出，用于锁存出现在 P0 口的低 8 位地址。

$\overline{\text{PSEN}}$：为片外程序存储器读选通信号输出端，低电平有效。

$\overline{\text{EA}}$：为访问外部程序存储器控制信号，低电平有效。

3) 输入/输出(I/O)引脚

P0.0～P0.7 统称为 P0 口；P1.0～P1.7 统称为 P1 口；P2.0～P2.7 统称为 P2 口；P3.0～P3.7 统称为 P3 口。

P3 口还具有第二功能：

P3.0：RXD，串行输入通道；

P3.1：TXD，串行输出通道；

P3.2：$\overline{\text{INT0}}$，外部中断 0；

P3.3：$\overline{\text{INT1}}$，外部中断 1；

P3.4：T0，计数器 0 外部输入；

P3.5：T1，计数器 1 外部输入；

P3.6：$\overline{\text{WR}}$，外部数据存储器写选通；

P3.7：$\overline{\text{RD}}$，外部数据存储器读选通。

P3 口作为一般的 I/O 口还是作为第二功能使用，需要通过软件的程序编程和相应的硬件配置才能实现。

这些引脚的特性在第 5 章中还会详细叙述。

2.2.2　封装

封装是芯片的外形和引脚的有关外形尺寸，是安装和焊接的依据，在设计制作 PCB 印制板时必须首先选好封装形式才能开始设计。

DIP(Dual In-line Package)即双列直插式封装，是插装型封装之一，引脚从封装两侧引出。DIP 是最普及的插装型封装，引脚中心距为 2.54 mm，如图 2.3(a)所示。另外还有 PLCC、LQFP 等封装，如图 2.3(b)、(c)所示，使用时请查数据手册。

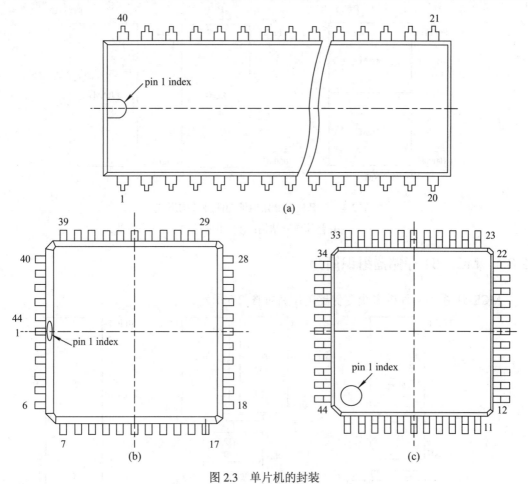

图 2.3　单片机的封装

(a) DIP40 封装；(b) PLCC44 封装；(c) LQFP44 封装

2.3　MCS-51 存储器组织

　　存储器用于存放程序与数据。半导体存储器由一个个单元组成，每个单元有一个编号(称为地址)，一个单元存放一个 8 位的二进制数(一个字节)。

　　计算机的存储器地址空间有两种结构形式：普林斯顿结构和哈佛结构，图 2.4 所示是具有 64 KB 地址的两种结构图。

　　普林斯顿结构的特点是计算机只有一个地址空间，ROM 和 RAM 被安排在这一地址空间的不同区域，一个地址对应唯一的一个存储器单元，CPU 访问 ROM 和访问 RAM 使用的是相同的访问指令。8086、奔腾等计算机采用这种结构。

　　哈佛结构的特点是计算机的 ROM 和 RAM 被安排在两个不同的地址空间，ROM 和 RAM 可以有相同的地址，CPU 访问 ROM 和访问 RAM 使用的是不同的访问指令。MCS-51 系列单片机采用的是哈佛结构。

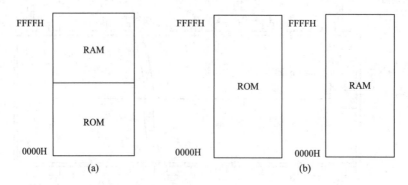

图 2.4　计算机存储器地址的两种结构形式

(a) 普林斯顿结构；(b) 哈佛结构

2.3.1　MCS-51 存储器组织简介

MCS-51 系列单片机系统存储器的配置如图 2.5 所示。

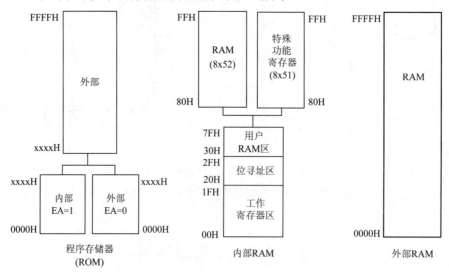

图 2.5　MCS-51 存储器组织

从物理地址空间看，MCS-51 系列单片机有四个存储器地址空间，即内部程序存储器(简称内部 ROM)、外部程序存储器(简称外部 ROM)、内部数据存储器(简称内部 RAM)、外部数据存储器(简称外部 RAM)。

由于内部、外部程序存储器统一编址，因此从逻辑地址空间看，MCS-51 系列单片机有三个存储器地址空间：程序存储器、内部数据存储器和外部数据存储器。

2.3.2　程序存储器地址空间

一个单片机系统之所以能够按照一定的次序进行工作，主要在于内部存在程序，程序由用户编写，以二进制码的形式存放在程序存储器之中。这里所说的用户自己编写的程序与人们在 PC 中编写的程序不同的是：它以二进制的形式存放后一般是不能进行现场修改的，必须借助于仿真调试系统才能编写、修改和固化。

程序存储器除存放程序外，还存放固定的表格、常数等。

MCS-51 系列单片机最多可以扩展 64 KB 程序存储器。程序存储器以程序计数器 PC 作为地址指针，通过 16 位地址总线寻址 64 KB 的地址空间。

在 MCS-51 系列单片机应用的初级阶段，大多采用 8031 等芯片，它们没有片内 ROM，必须扩展片外 ROM。现在这类没有片内 ROM 的芯片已经停产。随着芯片集成技术的发展，目前的 MCS-51 系列单片机片内 ROM 的容量从 1 KB 至 64 KB 不等，设计者可以根据需要选用。

MCS-51 系列单片机中 64 KB 程序存储器的空间是统一编址。对于有内部 ROM 的单片机，在正常运行时，应把 $\overline{EA}$ 引脚接高电平($\overline{EA}$ = 1)，使程序从内部 ROM 开始执行。当 PC 值超过内部 ROM 的容量时，会自动转向外部程序存储器地址空间执行。例如：89C51 有 4 KB 的内部 ROM，地址范围为 0000H～0FFFH，则片外地址范围为 1000H～FFFFH。当 PC 值超过 0FFFH 会自动转向外部 1000H 的地址空间。对这类单片机，若把 $\overline{EA}$ 接低电平($\overline{EA}$ = 0)，则片外程序存储器的地址范围为 0000H～FFFFH 的全部 64 KB 地址空间，而不管片内是否实际存在着程序存储器，它都不会使用。

MCS-51 系列单片机复位后 PC 指针的内容为 0000H，因此系统从 0000H 单元开始取指令码并执行程序。

2.3.3 内部数据存储器空间

内部数据存储器是使用最多的地址空间，单片机的所有操作指令几乎都与此区域有关，因此弄懂并记住本区域的地址分布和功能对学习单片机是非常重要的。

内部数据存储器地址空间(Internal Data Memory Address Space)在物理上分为两部分，如图 2.6 所示。

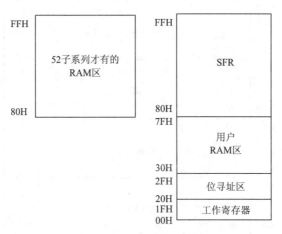

图 2.6 片内 RAM

对基本型 51 子系列单片机如 89C51 等，0～127(00H～7FH)地址为片内数据存储器空间，128～255(80H～FFH)地址为特殊功能寄存器(SFR)空间。

对增强型 52 子系列单片机如 89C52 等，0～127(00H～7FH)地址为片内数据存储器空间，128～255(80H～FFH)地址为特殊功能寄存器(SFR)空间，同时还具有一个与特殊功能寄存器重叠地址的数据存储器空间(80H～FFH)。

下面首先叙述片内数据存储器中低128个单元部分，然后再在下一节叙述高128个单元部分，即特殊功能寄存器部分。

地址为00H～7FH的内部数据存储器使用分配如图2.7所示，各部分的特点如下。

7FH	用户RAM区							
30H								
2FH	7F	7E	7D	7C	7B	7A	79	78
2EH	77	76	75	74	73	72	71	70
2DH	6F	6E	6D	6C	6B	6A	69	68
2CH	67	66	65	64	63	62	61	60
2BH	5F	5E	5D	5C	5B	5A	59	58
2AH	57	56	55	54	53	52	51	50
29H	4F	4E	4D	4C	4B	4A	49	48
28H	47	46	45	44	43	42	41	40
27H	3F	3E	3D	3C	3B	3A	39	38
26H	37	36	35	34	33	32	31	30
25H	2F	2E	2D	2C	2B	2A	29	28
24H	27	26	25	24	23	22	21	20
23H	1F	1E	1D	1C	1B	1A	19	18
22H	17	16	15	14	13	12	11	10
21H	0F	0E	0D	0C	0B	0A	09	08
20H	07	06	05	04	03	02	01	00
1FH	R7							
	Bank3							
18H	R0							
17H	R7							
	Bank2							
10H	R0							
0FH	R7							
	Bank1							
08H	R0							
07H	R7							
	Bank0							
00H	R0							

图2.7 内部RAM

(1) 工作寄存器区。所谓寄存器，就是指那些有特殊作用与功能的存储单元，工作寄存器在单片机的指令中使用非常频繁。工作寄存器区共有四组(Bank)，每组8个存储单元，以R0～R7作为单元编号，用于保存操作数及中间结果等。此区共占用00H～1FH 32个单元地址。

使用工作寄存器区时应注意：

① 复位后，自动选中 0 组。如要选择其他组，要通过改变程序状态字 PSW 中的 RS1、RS2 来决定，具体如何操作将在以后的章节中讲解。

② 一旦选中了一个组，其余三组只能作为普通数据存储器使用，而不能作为寄存器使用。

(2) 位寻址区。单元地址为 20H～2FH，既可以作为一般 RAM 单元使用，按字节进行操作，也可以对单元中的每一位直接进行位操作，因此称为"位寻址区"。在这个区内，单元中的每一位都有自己的位地址，便于计算机进行位处理，这是 MCS-51 单片机的特点之一。

位地址中的内容只能是"0"或"1"。如位地址 21H 的内容为"1"，是指字节地址 24H 中的第 1 位二进制数为"1"。MCS-51 系列单片机有专门处理位操作的指令。

(3) 用户 RAM 区。在内部 RAM 低 128 个存储单元中，除去前面两个区，还剩下 80 个存储单元，称为用户 RAM 区，字节地址为 30H～7FH。在此区内用户可以设置堆栈区和存储中间数据。

对增强型 52 子系列单片机如 89C52 等，还有一个与特殊功能寄存器地址重叠的内部数据存储器空间，地址也为 80H～FFH。对这一部分数据存储器的操作必须采用寄存器间接寻址方式。

2.3.4　特殊功能寄存器

特殊功能寄存器(SFR，Special Function Register)能反映 MCS-51 的工作状态，MCS-51 功能的实现，也要由 SFR 来体现，因此 SFR 非常重要。对于单片机应用者来说，掌握了 SFR 也就基本掌握了 MCS-51 单片机。

SFR 在单片机中实质上是一些具有特殊功能的内部 RAM 单元，离散地分布在字节地址范围为 80H～FFH 的区域，在 128 个字节空间中只占用了很小一部分，这也为 MCS-51 系列单片机功能的增加提供了极大的余地。MCS-51 的基本 SFR 只有 21 个，离散地分布在该区域中，其中那些地址能被 8 整除的 SFR 还可以进行位寻址。

表 2.1 列出了 MCS-51 基本型的 SFR 的名称、地址，主要的功能从它的中文名称中可以反映出来，详细的用法见后面的章节内容。下面首先介绍程序状态字寄存器 PSW。

表 2.1　特殊功能寄存器

地址	位　地　址　与　位　名　称								符号	名　　称
F0H	F7	F6	F5	F4	F3	F2	F1	F0	B	B 寄存器
* E0H	Acc.7	Acc.6	Acc.5	Acc.4	Acc.3	Acc.2	Acc.1	Acc.0	* A	* A 累加器
	E7	E6	E5	E4	E3	E2	E1	E0		
* D0H	CY	AC	F0	RS1	RS0	OV	—	P	* PSW	* 程序状态字
	D7	D6	D5	D4	D3	D2	D1	D0		
B8H	—	—	—	BC	BB	BA	B9	B8	IP	中断优先权寄存器
* B0H	P3.7	P3.6	P3.5	P3.4	P3.3	P3.2	P3.1	P3.0	* P3	* P3 端口
	B7	B6	B5	B4	B3	B2	B1	B0		

地址	位 地 址 与 位 名 称								符号	名 称
* A8H	EA	—	—	ES	ET1	EX1	ET0	EX0	* IE	* 中断允许寄存器
	AF	—	AD	AC	AB	AA	A9	A8		
* A0H	P2.7	P2.6	P2.5	P2.4	P2.3	P2.2	P2.1	P2.0	* P2	* P2 端口
	A7	A6	A5	A4	A3	A2	A1	A0		
99H	无位寻址								SBUF	串口数据缓冲器
* 98H	SM0	SM1	SM2	REN	TB8	RB8	TI	RI	* SCON	* 串口控制寄存器
	9F	9E	9D	9C	9B	9A	99	98		
* 90H	P1.7	P1.6	P1.5	P1.4	P1.3	P1.2	P1.1	P1.0	* P1	* P1 端口
	97	96	95	94	93	92	91	90		
8DH	无位寻址								TH1	计数器 1 高 8 位
8CH	无位寻址								TH0	计数器 0 高 8 位
8BH	无位寻址								TL1	计数器 1 低 8 位
8AH	无位寻址								TL0	计数器 0 低 8 位
89H	GATE	C/$\overline{T}$	M1	M0	GATE	C/$\overline{T}$	M1	M0	TMOD	定时器模式寄存器
* 88H	TF1	TR1	TF0	TR0	IE1	IT1	IE0	IT0	* TCON	* 定时器控制寄存器
	8F	8E	8D	8C	8B	8A	89	88		
87H	SMOD	无位寻址							PCON	电源控制寄存器
83H	无位寻址								DPH	数据指针高 8 位
82H	无位寻址								DPL	数据指针低 8 位
81H	无位寻址								SP	堆栈指针
* 80H	P0.7	P0.6	P0.5	P0.4	P0.3	P0.2	P0.1	P0.0	* P0	* P0 端口
	87	86	85	84	83	82	81	80		

注：*为可位寻址的特殊功能寄存器。

程序状态字寄存器 PSW(8 位)是一个标志寄存器，它保存指令执行结果的特征信息，以供程序查询和判别。其程序状态字格式及含义如下：

标志	CY	AC	F0	RS1	RS0	OV	—	P
位地址	D7	D6	D5	D4	D3	D2	D1	D0

- 进位标志位 CY(Carry)：有进位或借位时 CY 置"1"；
- 辅助进位标志 AC(Assistant Carry)：低 4 位有进位或借位时 AC 为"1"；
- 用户标志位 F0：由用户定义；
- 寄存器区选择位 RS1、RS0：四组工作寄存器的选择，与四组工作寄存器的对应关系如表 2.2 所示；

- 溢出标志位 OV(Overflow)：溢出时 OV 为"1"；
- 保留位一：厂家用作它用；
- 奇偶标志位 P(Parity)：A 中数据的奇偶性，A 中 1 的个数为奇数时 P 为"1"，为偶数时 P 为"0"。

表 2.2　四组工作寄存器的选择

RS1	RS0	选中寄存器组
0	0	0 组
0	1	1 组
1	0	2 组
1	1	3 组

2.3.5　外部数据存储器

MCS-51 系列单片机具有扩展 64 KB 外部数据存储器(External Data Memory Address Space)的能力。外部数据存储器的地址可在 0000H～FFFFH 范围内实现统一编址。但外部数据存储器并不是单片机应用系统必须配置的存储空间。设计者应该根据单片机应用系统的需要决定是否需要配置外部数据存储器。

2.4　复位及时钟电路

2.4.1　复位后各寄存器的状态

复位操作完成单片机片内电路的初始化，使单片机从一种确定的状态开始工作。

单片机的复位引脚 RST 保持两个机器周期的高电平将使单片机复位。复位后片内各寄存器的初始状态如表 2.3 所示。

表 2.3　复位后片内各寄存器的初始状态

特殊功能寄存器	初始状态	特殊功能寄存器	初始状态
PC	0000H	TMOD	00H
A	00H	TCON	00H
B	00H	TH0	00H
PSW	00H	TL0	00H
SP	07H	TH1	00H
DPTR	0000H	TL1	00H
P0～P3	FFH	SBUF	不定
IP	xxx00000B	SCON	00H
IE	0xx00000B	PCON	0xxxxxxxB

注：表中的 x 为随机状态；PC 为数据指针，不属于特殊功能寄存器。

另外，在复位有效期间(即高电平)，MCS-51 的 ALE 引脚为高电平，且内部 RAM 不受复位的影响。

2.4.2　复位电路

根据应用要求，复位操作通常有两种基本形式：上电复位和按钮复位。

最简单的上电复位电路如图 2.8(a)所示。其工作原理为：上电瞬间，RC 电路充电，RST 引脚端出现正脉冲，只要 RST 端保持两个机器周期以上的高电平，就能使单片机有效地复位。

图 2.8(b)为上电与按钮复位电路。

图 2.8(c)为采用专用芯片 Max810 的复位电路，它可以使复位更为可靠。

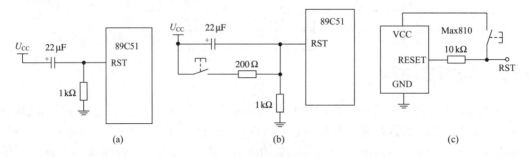

图 2.8　单片机复位电路

(a) 上电复位电路；(b) 上电与按钮复位电路；(c) 专用芯片复位

2.4.3　晶振电路

MCS-51 系列单片机的时钟信号通常用两种电路形式得到：内部振荡方式和外部振荡方式。

在引脚 XTAL1 和 XTAL2 上外接晶体振荡器可构成内部振荡电路，如图 2.9 所示。图中 C_1、C_2 起稳定振荡频率、快速起振的作用，电容值一般为 5 pF～30 pF。晶振常选用频率为 6 MHz、12 MHz 或 24 MHz，采用串口时常使用频率为 11.0592 MHz 的晶振。内部振荡方式所得到的时钟信号比较稳定，应用较多。

外部振荡方式是把已有的时钟信号引入单片机内，其电路如图 2.10 所示。由于 XTAL1 的逻辑电平不是 TTL 的，因此建议外接一个 4.7 Ω～10 kΩ 的上拉电阻。

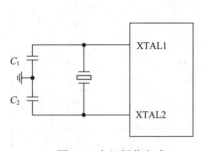

图 2.9　内部振荡方式

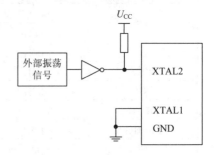

图 2.10　外部振荡方式

2.4.4　单片机的时序单位

单片机的时序单位如图 2.11 所示。

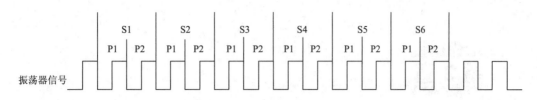

图 2.11　单片机时序单位

时钟周期(振荡周期)P：为单片机提供定时信号的振荡源的周期(晶振周期或外加振荡源周期)。

状态周期 S：2 个振荡周期为 1 个状态周期，用 S 表示。2 个振荡周期作为 2 个节拍分别称为节拍 P1 和节拍 P2。

机器周期：1 个机器周期含 6 个状态周期，用 S1、S2、…、S6 表示，共由 12 个时钟周期组成。

指令周期：执行一条指令所需的时间。1 个指令周期依据指令不同而不同，可由 1～4 个机器周期组成。

例如，外接晶振为 12 MHz 时，MCS-51 单片机的 4 种时序周期的具体值为：

$$时钟周期 = 1/12 \ \mu s$$
$$状态周期 = 1/6 \ \mu s$$
$$机器周期 = 1 \ \mu s$$
$$指令周期 = (1～4) \ \mu s$$

思考题与习题

1. 简述 MCS-51 单片机有哪些类型？其主要区别是什么？

2. MCS-51 单片机中的 51 子系列单片机内部包含哪些主要功能器件？

3. 51 子系列单片机存储器空间从逻辑上可分为哪几部分，各部分的作用是什么？

4. 简述 51 子系列单片机片内 RAM 的空间分配及各部分功能。

5. 51 单片机 EA 引脚有何功能？在使用 89C51 时 EA 引脚应如何处理？

6. 特殊型 MCS-51 单片机对基本型的功能进行了哪些方面的扩展？

7. 使单片机系统复位常见的有哪几种方法？绘出其原理图，复位后特殊功能寄存器的初始值如何？

8. 开机复位后，CPU 使用哪组工作寄存器？它们的地址是什么？

9. 在内部 RAM 中，什么是字节地址？什么是位地址？

第3章

MCS-51 单片机指令系统

MCS-51 单片机指令系统是一种简明、容易掌握、效率高的指令系统。

学习 MCS-51 指令是学习单片机的基础，它也可以帮助你进一步了解单片机的硬件，并为将来学习单片机的高级语言(如 C51)打下良好的基础。

MCS-51 的基本指令共有 111 条，包括数据传送交换类、算术运算类、逻辑运算与循环类、子程序调用与转移类、位操作类和 CPU 控制类。每一类的指令都有相似的符号和格式，只要能熟练理解，记忆其中 30 多条指令，其余指令就会触类旁通。

某些指令对标志位、PC 值的影响是复杂的，第一次学习这类指令时可以只理解其主要内涵，在使用过程中再进一步加强理解。

本章中的指令基本上都列出了其英文，这有助于记忆。

3.1 基 本 概 念

3.1.1 汇编语言格式

下面是 MCS-51 单片机汇编语言的两条语句：

      LOOP: MOV   A, @R0

              MOV   30H, A   ；将 A 中的内容送到 30H 单元中

MCS-51 单片机指令的标准格式如下：

      ［标号：］   操作码   ［目的操作数］ ［，源操作数］   ［；注释］

· 方括号"［ ］"表示该项是可选项，如上例中的 LOOP。

· 标号是用户使用的符号，它实际代表该指令所在的地址。标号必须以字母开头，其后跟 1~8 个字母或数字，并以 "："结尾。

· 操作码是用英文缩写的指令功能助记符。它确定了本条指令完成什么样的操作功能。例如，MOV 表示数据传送，ADD 表示加法操作。

· 目的操作数表示操作结果存放单元的地址，如上例中的 A、30H，它与操作码之间必须以一个或几个空格分隔。

· 源操作数指出的是一个源地址(或数)，如上例中的@R0、A，表示操作的对象或操作数来自何处。它与目的操作数之间要用 "，"号隔开。

· 注释部分是在编写程序时为了增加程序的可读性，由用户拟写的程序说明。它以分号 "；"开头，可以用中文、英文或某些符号来书写其内容，它不存入单片机的 ROM 中，

只出现在文本文件的源程序中。

MCS-51 程序可用汇编语言写成，汇编语言是介于二进制代码的机器语言与高级语言之间的一种程序语言。它比机器语言容易记忆，比高级语言难以使用，但操作硬件较容易，执行速度较快。

汇编语言不能直接存入单片机的程序存储器，必须经过汇编，将指令翻译成二进制的机器码(通常用十六进制码表示)，再装入程序存储器。如汇编指令 MOV A，#80H，其机器码为两个字节 74H、80H，单片机的 CPU 会对这两个字节做出正确的指令解释。

3.1.2　指令中的常用符号

在介绍各类指令之前，先对描述指令的一些符号的意义进行一些简单约定：

Rn：R 表示当前工作寄存器区中的工作寄存器，n 表示 0～7，即 R0～R7；当前工作寄存器组的选定是由 PSW 的 RS1 和 RS0 位决定的。

Ri：i 表示 0 或 1，即 R0 和 R1。

#data：# 表示立即数，data 为 8 位二进制常数(书写时可用任何进制，常用十六进制)。

#data16：表示在指令中的 16 位二进制常数(书写时可用任何进制，常用十六进制)。

rel：相对地址，在机器码中以补码形式表示的地址偏移量，在汇编语言程序中一般用标号代替。

addr16：16 位地址，地址范围为(0～64)KB 空间。

addr11：11 位地址，地址范围为(0～2)KB 空间。

direct：表示内部数据存储器 RAM 的单元地址(00H～FFH)或特殊功能寄存器 SFR 的地址。对于 SFR 可直接用其名称来代替其直接地址。

bit：内部数据存储器 RAM 和特殊功能寄存器 SFR 中的位地址。

@：间接寻址寄存器或基地址寄存器的前缀，如@Ri，@DPTR。@读作"at"。

(x)：表示 x 单元中的内容。

((x))：表示(x)作地址，该地址的内容用((x))表示。

→：指令解释中的符号，表示指令操作流程，将箭头终点一方的内容取代箭头起点一方的内容。

3.1.3　寻址方式

第一次学习汇编语言的读者可以暂时不看这一节，学习完 3.2.1 节后再学习这一节。作为学习的初期，"了解"寻址方式就行了，没有必要在这方面耗费太多的精力和时间。

所谓寻址方式，即寻找(或确定)操作数或操作数所在单元地址的方式。操作数有源操作数和目的操作数之分，两种操作数都有寻址方式的问题。但如果没有特别指定，指令中的寻址方式是针对源操作数的寻址方式。

寻址方式越多，计算机寻址能力就越强。MCS-51 系列单片机有 7 种寻址方式。

1. 立即寻址

操作数在指令中直接给出。它紧跟在操作码的后面，作为指令机器码的一部分与操作码一起存放在程序存储器内，可以立即得到并执行，不需要另去寻找，故称为立即寻址。

该操作数称为立即数，并在其前冠以"#"号作前缀，以表示并非地址。立即数可以是 8 位或 16 位二进制数，一般用十六进制数表示，在一些编译器中也可用十进制数表示。例如：

  MOV A，#0FH   ；机器码为 740F

  MOV DPTR，#2000H ；机器码为 902000

2. 直接寻址

指令中直接给出操作数所在的存储器单元地址的寻址方式称为直接寻址。对内部数据存储器，在指令中以直接地址给出；对特殊功能寄存器，在指令中可以用寄存器名表示。例如：

  MOV A，40H

  MOV R0，P1

  MOV 30H，20H

3. 寄存器寻址

以通用寄存器的内容为操作数的寻址方式称为寄存器寻址。

说明：

通用寄存器包括：A、B、DPTR，R0~R7，CY。其中 B 寄存器仅在乘、除法指令中为寄存器寻址，在其他指令中为直接寻址。除了上面所指出的几个寄存器外，其他特殊功能寄存器一律为直接寻址。

以下指令为寄存寻址方式：

  MOV A，R0

  MUL AB

4. 寄存器间接寻址

由指令指出某一个寄存器的内容作为操作数地址的寻址方法，称为寄存器间接寻址方法。这里要强调的是，寄存器的内容不是操作数本身，而是操作数所在单元的地址。例如：

  MOV A，@R1

5. 变址寻址

基址寄存器加变址寄存器间接寻址，简称变址寻址。它以数据指针 DPTR 或程序计数器 PC 作为基址寄存器，累加器 A 作为变址寄存器，两者的内容相加形成 16 位程序存储器地址，该地址就是操作数所在单元的地址。例如：

  MOVC A，@A+DPTR

  MOVC A，@A+PC

6. 相对寻址

相对寻址是指程序计数器 PC 的当前内容与指令中的操作数相加，其结果作为跳转指令的转移地址(也称目的地址)。该类寻址方式主要用于跳转指令。

例如，指令 SJMP 54H 执行的操作是将 PC 当前的内容与 54H 相加，结果再送回 PC 中，成为下一条将要执行指令的地址。

7. 位寻址

位寻址是指按位进行的操作，而上述介绍的指令都是按字节进行的操作。MCS-51 单片机中，操作数不仅可以按字节为单位进行操作，也可以按位进行操作。当把某一位作为操作数时，这个操作数的地址称为位地址。

位寻址区包括专门安排在内部 RAM 中的两个区域：一是内部 RAM 的位寻址区，地址范围是 20H～2FH，共 16 个 RAM 单元，位地址为 00H～7FH；二是特殊功能寄存器 SFR 中有 11 个寄存器可以位寻址，可以参见前面有关章节中位地址的定义。

例：指令 SETB 3DH 执行的操作是将内部 RAM 位寻址区中的 3DH 位置 1。

设内部 RAM 27H 单元的内容是 00H，执行 SETB 3DH 后，由于 3DH 对应着内部 RAM 27H 的第 5 位，因此该位变为 1，也就是 27H 单元的内容变为 20H。

3.2　MCS-51 指令系统

MCS-51 的基本指令共有 111 条，包括数据传送与交换类、算术运算类、逻辑运算与移位类、控制转移类和位操作类。

3.2.1　数据传送与交换指令

数据传送与交换指令(Data Transfer)共 29 条，它是指令系统中最活跃、使用最多的一类指令。一般的操作是把源操作数传送到目的操作数。

此类指令的特点是：指令执行后目的操作数改为源操作数，而源操作数保持不变(即取之不尽)；一般不影响进位标志 CY、半进位标志 AC 和溢出标志 OV，但要影响标志位 P。

1. 以累加器 A 为目的操作数的指令(move to accumulator)

```
MOV   A, #data      ; (A)←#data
MOV   A, Rn         ; n = 0～7, (A)←(Rn)
MOV   A, @Ri        ; i = 0, 1, (A)←((Ri))
MOV   A, direct     ; (A)←(direct), direct 为内部 RAM 或 SFR 的地址
```

说明：

(1) MOV A, @Ri 是以 Ri 的内容为地址，把该地址中的内容送到 A 中，即(A)←((Ri))；

(2) MOV A, R0 是将 R0 的内容送到 A 中，即(A)←(R0)。

例：

```
MOV A, @R0    ; (A)←((R0))
```

这条指令表示从 R0 中找到源操作数所在单元的地址，把该地址中的内容传送给 A。若指令执行前(R0) = 34H，(34H) = 40H，则执行指令后，(A) = 40H。指令的执行过程如图 3.1 所示。

注意以下两组指令的不同点：

MOV A, #20H 执行后(A) = 20H，A 的内容为 20H；

MOV A, 20H 执行后(A) = (20H)，A 的内容为 20H 中的内容。

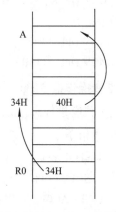

图 3.1　指令 MOV A, @R0 的执行过程

另外，可以从附录 C 中查出指令的机器码、指令字节数、执行的机器周期，例如：

MOV A，#30H 的机器码为 7430H，2 个字节，1 个机器周期；

MOV A，@R0 的机器码为 E6H，1 个字节，1 个机器周期。

2. 以 Rn 为目的操作数的指令(move to register)

　　MOV　Rn，A　　　　　　　；(Rn)←(A)，n ＝ 0～7

　　MOV　Rn，direct　　　　　；(Rn)←(direct)

　　MOV　Rn，#data　　　　　 ；(Rn)←#data

例：(30H) ＝ 40H，执行 MOV R5，30H 后，(R5) ＝ 40H。

3. 以直接地址为目的操作数的指令(move to direct)

　　MOV　direct，　A　　　　 ；(direct)←(A)

　　MOV　direct，　Rn　　　　；(direct)←(Rn)，n ＝ 0～7

　　MOV　direct，　@Ri　　　 ；(direct)←((Ri))，i ＝ 0，1

　　MOV　direct，　direct　　 ；(direct)←(direct)

　　MOV　direct，　#data　　 ；(direct)←#data

说明：

(1) 对内部数据存储器，在指令中以直接地址给出，如 MOV 30H，#50H；

(2) 对特殊功能寄存器，在指令中可以用寄存器名表示，如 MOV P1，A。

4. 以寄存器间接地址为目的操作数的指令(move to indirect)

　　MOV　@Ri，　A　　　　　 ；((Ri))←(A)，i ＝ 0，1

　　MOV　@Ri，　direct　　　 ；((Ri))←(direct)

　　MOV　@Ri，#data　　　　 ；((Ri))←#data

例：若(R0) ＝ 35H，(35H) ＝ 70H，执行 MOV A，@R0 后，(A) ＝ 70H。

5. 16 位数据传输指令(load data point with a 16 bit constant)

　　MOV　　DPTR，#data16　　(DPTR)←#data16

DPTR 为 16 位数据指针，其高 8 位和低 8 位分别由 SFR 中的 DPH、DPL 组成。

例：

　　MOV DPTR，#2010H

相当于：

　　MOV DPH，#20H

　　MOV DPL，#10H

6. 堆栈操作指令(push direct byte onto stack，pop direct byte from stack)

堆栈操作有进栈和出栈操作，即压入和弹出数据，常用于保存或恢复现场。

1) 进栈指令

　　PUSH direct

例：当(SP) ＝ 60H，(A) ＝ 30H，(B) ＝ 70H 时，执行

　　PUSH　ACC　　　　　；(SP) + 1 ＝ 61H→(SP)，(A)→(61H)

　　PUSH　B　　　　　　；(SP) + 1 ＝ 62H→(SP)，(B)→(62H)

后，结果为：

(61H) = 30H，(62H) = 70H，(SP) = 62H

2) 退栈指令

POP direct

例：当(SP) = 62H，(62H) = 70H，(61H) = 30H 时，执行

POP　DPH　　　；((SP))→(DPH)，(SP) – 1 = 61H→(SP)

POP　DPL　　　；((SP))→(DPL)，(SP) – 1 = 60H→(SP)

后，结果为：

(DPTR) = 7030H，(SP) = 60H

堆栈指针SP在单片机复位后的初值为 SP = 07H，也可以在使用堆栈前自己对 SP 赋初值。堆栈的存储原则是"先进后出"，即先推入栈的必须后退栈。如入栈时为：

PUSH　ACC

PUSH　B

则出栈时为：

POP　B

POP　ACC

如果出栈时为：

POP　ACC

POP　B

就违反了"先进后出"的原则，编译时会显示错误。

PUSH、POP 两条指令的后面一定要跟直接地址，它的机器码(见附录 C)中会出现这个直接地址 direct，如 PUSH 20H 的机器码是"C0 20"。汇编中用 A 表示累加器，而用 ACC 表示 A 的地址"E0"。所以一般只能用 PUSH ACC、POP ACC，但也有一些编译软件可以自动区别这类指令中的 A 和 ACC。

7. 访问外部数据存储器指令(move external RAM)

MOVX　A，@DPTR　　　；(A)←((DPTR))，64 KB 地址空间

MOVX　A，@Ri　　　　；(A)←((Ri))，255 B 地址空间

MOVX　@DPTR，A　　　；((DPTR))←(A)

MOVX　@Ri，A　　　　；((Ri))←(A)

说明：

(1) 用 MOVX A，@Ri、MOVX　@Ri，A 访问外部 RAM 时，可寻址 00H～FFH 空间；用 MOVX A，@DPTR、MOVX　@DPTR，A访问外部 RAM 时，可寻址 0000H～FFFFH 空间。

(2) 访问外部数据存储器的四条指令都是通过 A 累加器进行数据传输的。

8. 访问程序存储器指令(move code byte relative to DPTR or PC to acc)

(1) MOVC A，@A + DPTR　　　；(A)←((A) + (DPTR))

例：若(DPTR) = 0300H，(A) = 02H，ROM 中(0302H) = 55H，则执行

　　　　MOVC　A，　@A+DPTR

后，结果为

　　　　(A) = 55H

(2) MOVC A，@A + PC　　　　；(A)←((A) + (PC))

PC 为程序指针，它总是指向下一条要执行指令的地址，即它的内容为下一条要执行指令的地址。

访问程序存储器指令常用于查表程序，所以又称查表指令。

例：根据 A 中的内容(0～9)查平方表。

程序及装入 ROM 后的地址、机器码如下：

地址	机器码	源程序
		ORG　0000
0000	7403	MOV　A，#03H
0002	83	MOVC A，@A + PC
0003	00	DB　00H
0004	01	DB　01H
0005	04	DB　04H
0006	09	DB　09H
0007	10	DB　10H
0008	19	DB　19H
0009	24	DB　24H
000A	31	DB　31H
000B	40	DB　40H
000C	51	DB　51H
		END

此例中(A) = 03H，执行 MOVC A，@A + PC 指令时，(PC) = 0003H，A + PC = 03H + 0003H = 0006H，因 ROM 中(0006H) = 09H，所以查表后(A) = 09H，正是 3 的平方为 9。

9. 字节交换指令(exchange with accumulator)

　　　　XCH　A，Rn　　　　　　；(A)↔(Rn)

　　　　XCH　A，direct　　　　；(A)↔(direct)

　　　　XCH　A，@Ri　　　　　；(A)↔((Ri))

例：若(A) = 80H，(R7) = 97H，则执行

　　　　XCH　A，R7

后，结果为

　　　　(A) = 97H，(R7) = 80H

10. 半字节交换指令(exchange low-order digit indirect RAM with acc)

　　　　XCHD　A，@Ri　　　；$(A)_{0\sim3}$↔$((Ri))_{0\sim3}$

本指令对两个字节的低 4 位部分进行交换，各自的高 4 位部分保持原样。

例：(R0) = 60H，(60H) = 3EH，(A) = 59H，则执行

　　　　XCHD　A，@R0

后，结果为(A) ＝ 5EH，(60H) ＝ 39H。

11. 数据传送与交换指令综合例题

(1) 指出下列指令是否错误，指令的目的在注释中，若有错误请改正。

① MOV　A，#1000H　　　　　　 ;(A)←#1000H

② MOVX　A，1000H　　　　　 ;(A)←片外 RAM(1000H)

③ MOVC　A，1000H　　　　　 ;(A)←ROM(1000H)

④ MOVX　60H，A　　　　　　 ;片外 RAM(60H)←(A)

⑤ MOV　R0，60H　　　　　　 ;(61H)←(60H)
　　MOV　61H，@R0

⑥ XCH　R1，R2　　　　　　　 ;(R1)↔(R2)

⑦ MOVX　DPTR，2000H　　　 ;(DPTR)←片外 RAM(2000H)

⑧ MOVX　60H，@DPTR　　　 ;片内(60H)←片外 RAM(DPTR)

　　解：① 错，A 中只能装 8 位的二进制数，1000H 是 16 位二进制数，A 中无法容纳。

　　② 错，可改为
　　　　MOV　DPTR，#1000H
　　　　MOVX　A，@DPTR

　　③ 错，可改为
　　　　MOV　DPTR，#1000H
　　　　MOV　A，#00H
　　　　MOVC　A，@A+DPTR

　　④ 错，可改为
　　　　MOV　R0，#60H
　　　　MOVX　@R0，A

　　⑤ 正确，但可以简化为 MOV 61H，60H。

　　⑥ 错，必须通过 A 进行交换，可改为
　　　　MOV　A，R1
　　　　XCH　A，R2
　　　　MOV　R1，A

　　⑦ 错，片外 RAM 2000H 单元中是一个 8 位二进制数，DPTR 可装 16 位二进制数，因此，片外 RAM 2000H 中的内容装入 DPTR 的低 8 位 DPL 比较合理。可改为
　　　　MOV　DPTR，#2000H
　　　　MOVX　A，@DPTR
　　　　MOV　DPL，A
　　　　MOV　DPH，#00H

　　⑧ 错，可改为
　　　　MOVX　A，@DPTR
　　　　MOV　60H，A

(2) 用数据传送与交换指令来完成下列要求的数据传送。

① R0 内容输出到 R1；

② 外部 RAM 20H 单元的内容传送到 A；

③ 内部 RAM 30H 单元的内容送到 R0；

④ 外部 RAM 30H 单元的内容送内部 RAM 20H；

⑤ 外部 RAM 1000H 单元的内容送内部 RAM 20H；

⑥ 程序存储器 2000H 单元的内容送到 R1；

⑦ 程序存储器 2000H 单元的内容送内部 RAM 20H；

⑧ 程序存储器 2000H 单元的内容送外部 RAM 20H；

⑨ 程序存储器 2000H 单元的内容送外部 RAM 2000H。

解：① MOV　A，R0

　　　 MOV　R1，A

　② MOV　R0，#20H

　　　 MOVX　A，@R0

　③ MOV　R0，30H

　④ MOV　R0，#30H

　　　 MOVX　A，@R0

　　　 MOV　20H，A

　⑤ MOV　DPTR，#1000H

　　　 MOVX　A，@DPTR

　　　 MOV　20H，A

　⑥ MOV　DPTR，#2000H

　　　 MOV　A，#00H

　　　 MOVC　A，@A+DPTR

　　　 MOV　R1，A

　⑦ MOV　DPTR，#2000H

　　　 MOV A，#00H

　　　 MOVC A，@A + DPTR

　　　 MOV　20H，A

　⑧ MOV　DPTR，#2000H

　　　 MOV　A，#00H

　　　 MOVC　A，@A + DPTR

　　　 MOV　R0，#20H

　　　 MOVX @R0，A

　⑨ MOV DPTR，#2000H

　　　 MOV　A，#00H

　　　 MOVC　A，@A + DPTR

　　　 MOV　DPTR，#2000H

　　　 MOVX　@DPTR，A

3.2.2　算术运算指令

算术运算指令(Arithmetic Operations)共有 24 条，可分为加法、带进位加法、带借位减法、加 1 减 1、乘除及十进制调整指令等 6 组。它主要完成加、减、乘、除四则运算，以及增量、减量和十进制调整操作。对 8 位无符号数可进行直接运算；借助溢出标志，可对带符号数进行补码运算；借助进位标志，可进行多字节加减运算，也可以对压缩 BCD 码(即单字节中存放两位 BCD 码)进行运算。

此类指令的特点是一般都影响标志位。在学习时要注意这些影响。

1. 加法指令(addition)

```
ADD   A，  Rn            ; (A)←(A) + (Rn)
ADD   A，  @Ri           ; (A)←(A) + ((Ri))
ADD   A，  direct        ; (A)←(A) + (direct)
ADD   A，  #data         ; (A)←(A) + #data
```

说明：

(1) 这组指令的功能是把所指出的字节变量与累加器 A 的内容相加，其结果放在累加器 A 中。它将对 PSW 中的进位标志位 CY、辅助进位标志位 AC、溢出位 OV、奇偶标志位 P 四个标志位产生影响。

(2) 如果位 7 有进位输出，则将进位标志位 CY 置"1"，否则清"0"。

(3) 如果位 3 有进位输出，则将进位标志位 AC 置"1"，否则清"0"。

(4) 如果位 6 有进位而位 7 没有进位，或者位 7 有进位而位 6 没有进位，则将溢出标志位 OV 置"1"，否则清"0"。

(5) 相加的结果在 A 中，A 中"1"的个数为偶数时 P = 0，奇数时 P = 1。

例：若(A) = 53H，(R0) = FCH，则执行指令 ADD A，R0 后，结果为：

$$
\begin{array}{r}
0\,1\,0\,1\ 0\,0\,1\,1 \\
+)\ 1\,1\,1\,1\ 1\,1\,0\,0 \\
\hline
1\ \ 0\,1\,0\,0\ 1\,1\,1\,1
\end{array}
$$

从而

$$(A) = 4FH，CY = 1，AC = 0，OV = 0，P = 1$$

例：若(A) = 85H，(R0) = 20H，(20H) = AFH，则执行指令 ADD A，@R0 后，结果为：

$$
\begin{array}{r}
1\,0\,0\,0\ 0\,1\,0\,1 \\
+)\ 1\,0\,1\,0\ 1\,1\,1\,1 \\
\hline
1\ \ 0\,0\,1\,1\ 0\,1\,0\,0
\end{array}
$$

从而

$$(A) = 34H，CY = 1，AC = 1，OV = 1，P = 1$$

2. 带进位加法指令(add with carry)

```
ADDC  A，Rn      ; (A)←(A) + (Rn)  + (CY)
ADDC  A，@Ri     ; (A)←(A) + ((Ri )) +  (CY)
```

```
ADDC   A，  direct  ；(A)←(A) + (direct) + (CY)
ADDC   A，  #data  ；(A)←(A) + #data + (CY)
```

说明：这组指令对标志位的影响与 ADD 相同。

3. 加 1 指令(increment)

```
INC   A              ；(A)←(A) + 1
INC   Ri             ；(Ri)←(Ri) + 1
INC   direct         ；(direct)←(direct) + 1
INC   @Ri            ；(Ri)←((Ri)) + 1
INC   DPTR           ；(DPTR)←(DPTR) + 1
```

说明：这组指令不影响任何标志位。

例：若(A) = FFH，(CY) = 0，则执行 INC A 指令后，结果为：

(A) = 00H，(CY) = 0(而不是 1)

4. 十进制调整指令(decimal adjust accumulator for addition)

```
DA    A
```

压缩的 BCD 码在形式上表现为字节的高 4 位和低 4 位都是 0～9。此指令执行后，如果 A 的高、低 4 位都是 0～9，则结果不变；如果低 4 位大于 9，则低 4 位保留个位，向高 4 位进位。同样，如果高 4 位大于 9 或加上低 4 位的进位后大于 9，则高 4 位保留个位并将 CY 置 1。

例：若(A) = 21H，则执行指令 DA A 后，(A) = 21H；若(A) = 1AH，则执行指令 DA A 后，(A) = 20H；若(A) = FFH，则执行指令 DA A 后，(A) = 65H。

说明：两个压缩 BCD 码按二进制相加，必须经过本条指令调整后才能得到正确的压缩 BCD 码的结果，正确实现十进制的加法运算。

例：35H 为压缩 BCD 码，表示十进制的十位为 3，个位为 5；46H 为压缩 BCD 码，表示十进制的十位为 4，个位为 6，则执行两个 BCD 码相加指令

```
MOV   A，#35H
ADD   A，#46H
```

后，结果为(A) = 7BH，并不是希望的结果 81H(即 35 + 46 = 81)；执行 DA A 后，(A) = 81H，这个压缩的 BCD 码正是希望的十进制加法的结果。

5. 减法指令(subtract with borrow)

```
SUBB   A，Rn           ；(A)←(A) − (Rn) − (CY)
SUBB   A，@Ri          ；(A)←(A) − ((Ri)) − (CY)
SUBB   A，direct       ；(A)←(A) − (direct) − (CY)
SUBB   A，#data        ；(A)←(A) − #data − (CY)
```

说明：

(1) 如果位 7 借位，则 CY 位置"1"，否则清"0"。

(2) 如果位 3 需借位，则 AC 位置"1"，否则清"0"。

(3) 如果位 6 需借位而位 7 没有借位，或者位 7 需借位而位 6 没有借位，则溢出标志

位 OV 置"1"，否则清"0"。

(4) 相减的结果在 A 中，A 中"1"的个数为偶数时 P = 0，奇数时 P = 1。

例：(A) = C9H，(R0) = 54H，(CY) = 1，则执行指令 SUBB A，R0 后，结果为：

$$
\begin{array}{r}
1\ 1\ 0\ 0\ 1\ 0\ 0\ 1 \\
0\ 1\ 0\ 1\ 0\ 1\ 0\ 0 \\
-)\qquad\qquad\quad 1 \\
\hline
0\ 1\ 1\ 1\ 0\ 1\ 0\ 0
\end{array}
$$

从而

$$(A) = 74H，CY = 0，AC = 0，OV = 1，P = 0$$

6. 减 1 指令(decrement)

```
DEC     A          ; (A)←(A) – 1
DEC     Ri         ; (Ri)←(Ri) – 1
DEC     direct     ; (direct)←(direct) – 1
DEC     @Ri        ; ((Ri))←((Ri)) – 1
```

说明：这组指令不影响任何标志位。

例：若(A) = 00H，(CY) = 0，则执行指令 DEC A 后，结果为(A) = FFH，(CY) = 0(而不是 1)。

注意，在基本 MCS-51 单片机指令中无 DEC DPTR 指令。

7. 乘法指令(multiply)

```
MUL   AB           ; (A)×(B)低 8 位→(A)，高 8 位→(B)
```

说明：

(1) A、B 中都是无符号整数。

(2) 如果积大于 255，则 OV = 1，否则 OV = 0。

(3) 进位标志总是清零(CY = 0)。

8. 除法指令(divide)

```
DIV   AB           ; (A)÷(B)  商→(A)，余数→(B)
```

说明：

(1) A、B 中都是无符号整数。

(2) 如果除数 B 为"0"，则 OV = 1，否则 OV = 0。

(3) 进位标志总是清零(CY = 0)。

3.2.3 逻辑运算与移位指令

逻辑运算与移位指令(Logical Operations)共有 24 条，其中逻辑指令有"与"、"或"、"异或"、累加器 A 清零和求反等 20 条，移位指令有 4 条。

1. 简单逻辑操作指令

```
CLR   A            ; (A)←0                (clear A)
CPL   A            ; (A)←( A̅ )            (complement accumulator)
```

CPL　bit　　　　　　　　; (A)←($\overline{\text{bit}}$)　　　　　(complement direct bit)

SWAP　A　　　　　　　; $(A_{0\sim3})\leftrightarrow(A_{4\sim7})$　　(swap nibbles within the accumulator)

例：若(A) = 3AH，则执行 CPL A 后，(A) = 0C5H。若(A) = 3AH，则执行 SWAP A 后，(A) = 0A3H，过程如下：

$$\underline{0011}\ 1010B \leftrightarrow 1010\ \underline{0011}B$$

2. 循环指令

1) 左循环指令(rotate accumulator left)

RL　A

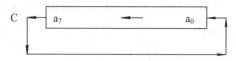

例：(A) = 6CH = 0110 1100B，执行 RL A 后，(A) = 1101 1000B = 0D8H。

2) 带进位左循环指令(rotate accumulator left through carry flag)

RLC　A

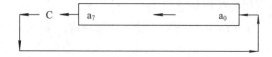

例：(A) = 6CH = 0110 1100B，(C) = 1，执行 RLC A 后，(A) = 1101 1001B = 0D9H，(C) = 0。

3) 右循环指令(rotate accumulator right)

RR　A

例：(A) = 6CH = 0110 1100B，执行 RR A 后，(A) = 0011 0110B = 36H。

4) 带进位右循环指令(rotate A right through carry flag)

RRC　A

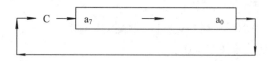

例：(A) = 6CH = 0110 1100B，(C) = 1，执行 RRC A 后，(A) = 1011 0110B = 0B6H，(C) = 0。

3. 逻辑与指令(logical AND)

ANL　A，Rn　　　　　; (A)←(A) ∧ (Rn)

ANL　A，direct　　　; (A)←(A) ∧ (direct)

ANL　A，#data　　　; (A)←(A) ∧ #data

ANL　A，@Ri　　　　; (A)←(A) ∧ ((Ri))

```
ANL   direct，A              ; (direct)←(direct)∧(A)
ANL   direct，#data          ; (direct)←(direct)∧#data
```

说明：ANL 为"与"逻辑，即"有 0 即 0，全 1 为 1"。如：

$$
\begin{array}{r}
0000\ 0111 \\
\wedge)\quad 1111\ 1101 \\
\hline
0000\ 0101\ B = 05H
\end{array}
$$

4. 逻辑或指令(logical OR)

```
ORL   A，Rn                  ; (A)←(A)∨(Rn)
ORL   A，direct              ; (A)←(direct)∨(A)
ORL   A，#data               ; (A)←(A)∨#data
ORL   A，@Ri                 ; (A)←(A)∨((Ri))
ORL   direct，A              ; (direct)←(direct)∨(A)
ORL   direct，#data          ; (direct)←(direct)∨#data
```

说明：ORL 为逻辑"或"，即"有 1 即 1，全 0 为 0"。如：

$$
\begin{array}{r}
0000\ 0110 \\
\vee)\quad 0110\ 1101 \\
\hline
0110\ 1111\ B = 6FH
\end{array}
$$

5. 逻辑异或指令(logical exclusive-OR)

```
XRL   A，Rn                  ; (A)←(A)⊕(Rn)
XRL   A，direct              ; (A)←(A)⊕(direct)
XRL   A，#data               ; (A)←(A)⊕#data
XRL   A，@Ri                 ; (A)←(A)⊕((Ri))
XRL   direct，A              ; (direct)←(direct)⊕(A)
XRL   direct，#data          ; (direct)←(direct)⊕#data
```

说明：XRL 为逻辑"异或"。"异或"运算是当位不一致时结果为 1，一致时结果为 0，即"相异为 1，相同为 0"。如：

$$
\begin{array}{r}
0000\ 0110 \\
\oplus)\quad 0110\ 1101 \\
\hline
0110\ 1011\ B = 6BH
\end{array}
$$

逻辑"与"指令常用于屏蔽(置 0)字节中某些位。若清除某位，则用"0"和该位相与；若保留某位，则用"1"和该位相与。

逻辑"或"指令常用来使字节中某些位置"1"，欲保留(不变)的位用"0"与该位相或，而欲置位的位则用"1"与该位相或。

逻辑"异或"指令常用来对字节中某些位进行取反操作，欲某位取反则该位与"1"相异或；欲某位保留则该位与"0"相异或。还可利用"异或"指令对某单元自身异或，以实现清零操作。

利用这些特点，可以使字节中的特指位达到预想的效果。

例：(A) = 01011000B = 58H，执行下述指令后 A 的值如何？

　　　XRL　A，#0C0H　　　；将累加器 A 的内容 D7、D6 取反，(A) = 98H = 10011000B

　　　ORL　A，#03H　　　　；将累加器 A 的内容 D1、D0 置 1，(A) = 913H = 10011011B

　　　ANL　A，#0E7H　　　；将累加器 A 的内容 D4、D3 清 0，(A) = 83H = 10000011B

3.2.4　控制转移指令

1. 跳转指令

绝对跳转指令　　　　AJMP　addr11 ；(PC)←addr11，跳转 2 KB 地址范围(absolute jump)

长跳转指令　　　　　LJMP　addr16 ；(PC)←addr16，跳转 64 KB 地址范围(long jump)

相对短跳转指令　　　SJMP　rel ；(PC)←(PC) + rel，跳转 256 B 地址范围(short jump(relative addr))

间接跳转指令　　　　JMP　@A + DPTR ；(PC)←((A) + (DPTR))(jump indirect relative to the DPTR)

说明：

(1) PC 的变化：(PC)←(PC) + rel，即(PC)←As + Bn + rel，As 为源地址(该指令的首地址)，Bn 为本指令的机器码字节数，查 SJMP 的机器码为 2 个字节是 80 rel。

(2) 转移可以向前转(目的地址小于源地址)，也可以向后转(目的地址大于源地址)。

(3) rel 为机器码的相对偏移量，为 8 位补码，转移的目标地址是在以 PC 当前值为中心的 −128～+127 的范围内。

rel 的计算公式如下：

$$rel = (Ad − As − Bn)_{补}$$

其中 Ad 为目的地址。

例：执行 SJMP rel 后，若(PC) = 0034H，转向 0031H 去执行程序，则

$$rel = (0031H − 0034H − 02H)_{补} = FBH$$

用汇编语言编程时，指令中的绝对地址、相对地址 rel 往往用需转移至的地址的标号(符号地址)表示，编译软件能自动算出相对地址值，只有在手工编译时采用公式计算。如：

地址	机器码	源程序			注释
		ORG	0000H		；整个程序起始地址
0000	020030	LJMP	MAIN		；跳向主程序
		ORG	0030H		；主程序起始地址
0030	C3	MAIN: CLR	C		；MAIN 为程序标号
0031	E6	LOOP: MOV	A，@R0		
0032	37	ADDC	A，@R1		
0033	08	INC	R0		
0034	D9FB	DJNZ	R1，LOOP		；相对转移
0036	8002	SJMP	NEXT		
0038	7803	MOV	R0，#03H		
003A	18	NEXT: DEC	R0		
003B	80FE	SJMP	$		；相当于 HERE：SJMP HERE
		END			；结束标记

MCS-51 系列单片机指令系统中没有停机指令，通常用 SJMP 来实现停机：

     HERE：　SJMP　HERE

为了方便，常写成 SJMP　$的形式。

2. 条件转移指令

    JZ   rel   ; (A) = 0，转移，否则顺序执行(jump if A is zero)

    JNZ   rel   ; (A) ≠ 0，转移，否则顺序执行(jump if A is not zero)

说明：

(1) 执行完指令后 PC 指向(As + Bn + rel)，其中 Bn = 2；

(2) 指令中的 rel = (Ad − As − Bn)$_{补}$，同样在编写程序时 rel 往往用需转移至的地址的标号(符号地址)表示。

3. 比较不相等转移指令(compare and jump if not equal)

    CJNE　A，#data，rel   ; (A) = #data，顺序执行，(C)←0

                             ; (A) > #data，转移，(C)←0

                             ; (A) < #data，转移，(C)←1

                             ; 本条指令的解释同样适合以下 3 条指令

    CJNE　A，direct，rel

    CJNE　Rn，#data，rel

    CJNE　@Ri，#data，rel

说明：

(1) CJNE 都是 3 字节指令(Bn = 3)，结果不会影响操作数，但影响 CY。

(2) 若第 1 操作数大于或等于第 2 操作数，则 CY = 0；若第 1 操作数小于第 2 操作数，则 CY = 1。因此，这组指令除了实现两操作数是否相等的判断外，利用对 CY 的判断，还可以完成对两数大小的比较。

(3) 指令中的 rel = (Ad − As − Bn)$_{补}$，其中 Bn = 3。同样，在编写程序时 rel 往往用需转移至的地址的标号(符号地址)表示。

4. 减 1 不为 0 转移指令(decrement and jump if not zero)

    DJNZ　Rn，rel   ; (Rn)←(Rn) − 1，(Rn) ≠ 0，转移，(Rn) = 0，顺序执行

    DJNZ　direct，rel ; (direct)←(direct) − 1，(direct) ≠ 0，转移，(direct) = 0，顺序执行

说明：DJNZ　Rn，rel 是 2 字节指令，DJNZ　direct，rel 是 3 字节指令，所以 rel = (Ad − As − Bn)$_{补}$中的 Bn 是不同的。同样在编写程序时，rel 往往用需转移至的地址的标号(符号地址)表示。

例：延时子程序。

```
delay:    MOV   R7，#03H
delay0:   MOV   R6，#19H
delay1:   DJNZ  R6，delay1
          DJNZ  R7，delay0
          RET
```

5. 调用子程序指令(subroutine call)

短调用指令　ACALL　addr11　　　; (absolute call)
长调用指令　LCALL　addr16　　　; (long call)

编程时，可用标号代替转移目的地址，addr11、addr16 交给编译软件计算。

6. 子程序返回指令(return from subroutine)

　　RET

RET 指令从堆栈弹出保存的 PC 地址，实现子程序返回。

7. 中断返回指令(return from interrupt)

　　RETI

中断服务程序的最后一条指令。

8. 空操作指令(no operation)

　　NOP　　　; (PC)←(PC) + 1

空操作指令是一条单字节单周期指令。它控制 CPU 不做任何操作，仅仅是消耗这条指令执行所需要的一个机器周期的时间，不影响任何标志，故称为空操作指令。但由于执行一次该指令需要一个机器周期，因此常在程序中加上几条 NOP 指令用于设计延时程序，拼凑精确延时时间或产生程序等待。

3.2.5　位操作指令

位操作(Boolean Variable Manipulation)又称为布尔变量操作，它是以位(bit)作为单位来进行运算和操作的。MCS-51 系列单片机内设置了一个位处理器(布尔处理机)，它有自己的累加器(借用进位标志 CY)，自己的存储器(即位寻址区中的各位)，也有完成位操作的运算器等。

这一组指令的操作对象是内部 RAM 中的位寻址区，即 20H～2FH 中连续的 128 位(位地址 00H～7FH)以及特殊功能寄存器 SFR 中可进行位寻址的各位。

1. 数据位传送指令

　　MOV　C，bit　　　; (C)←(bit)　　(move direct bit to carry)
　　MOV　bit，C　　　; (bit)←(C)　　(move carry to direct bit)

例：将位地址 20H 的一位数传送到位地址 30H 中。

　　MOV　C，20H
　　MOV　30H，C

2. 位变量置位指令

　　CLR　C　　　; (C)←0　　(clear carry)
　　CLR　bit　　　; (bit)←0　　(clear direct bit)
　　SETB　C　　　; (C)←1　　(set carry)
　　SETB　bit　　　; (bit)←1　　(set direct bit)

例：将 P1 口的 P1.7 置位，并清进位位的程序如下：

```
SETB    P1.7
CLR     C
```

3. 位逻辑指令

```
ANL   C，bit      ; (C)←(C)∧(bit)        (AND direct bit to carry)
ANL   C，/bit     ; (C)←(C)∧/(bit)       (AND complement of direct bit to carry)
ORL   C，bit      ; (C)←(C)∧(bit)        (OR direct bit to carry)
ORL   C，/bit     ; (C)←(C)∧/(bit)       (OR complement of direct bit to carry)
CPL   C           ; (C)←(/C)             (complement carry)
CPL   bit         ; (bit)←(/bit)         (complement direct bit)
```

说明：符号 /bit 表示对 bit 求反。

4. 位条件转移指令

```
JC      rel        ; 若(C)=1，转移，否则顺序执行(jump if carry is set)
JNC     rel        ; 若(C)=0，转移，否则顺序执行(jump if carry is not set)
JB      bit，rel   ; 若(bit)=1，转移，否则顺序执行(jump if direct bit is set)
JNB     bit，rel   ; 若(bit)=0，转移，否则顺序执行(jump if direct bit is not set)
JBC     bit，rel   ; 若(bit)=1，转移并(bit)←0，否则顺序执行(Jump if direct bit is not set & clear bit)
```

说明：指令中的 rel = (Ad − As − Bn)$_\text{补}$，其中 JC、JNC 的 Bn = 2；JB、JNB、JBC 的 Bn = 3。同样，在编写程序时 rel 往往用需转移至的地址的标号(符号地址)表示。

5. 位操作指令综合例题

用位操作指令实现 $X = X_0 \oplus X_1$，设 $X_0 = P1.0$，$X_1 = P1.1$，X 为 ACC.0。

方法 1：因位操作指令中无异或指令，依据 $X = X_0 \oplus X_1 = X_0 \overline{X_1} + \overline{X_0} X_1$，用与、或指令完成，程序如下：

```
MOV  C，P1.0
ANL  C，/P1.1
MOV  20H，C
MOV  C，P1.1
ANL  C，/P1.0
ORL  C，20H
MOV  ACC.0，C
SJMP  $
```

方法 2：根据异或规则，一个数与"0"异或，该数值不变；与"1"异或，该数值变反，程序如下：

```
        MOV C，P1.0
        JNB  P1.1，NCEX
        CPL  C
NCEX:   MOV  ACC.0，C
        SJMP  $
```

思考题与习题

1. 问答题

1.1　什么是寻址方式？51 单片机有几种寻址方式？举例说明。

1.2　51 单片机无条件转移指令有几种？如何选用？

1.3　51 单片机条件转移指令有几种？如何求 rel？

1.4　ACALL、LCALL 有何区别？AJMP、SJMP、LJMP 有何区别？

2. 读程序题

2.1　设(A) = 0FH，(R0) = 30H，内部 RAM(30H) = 0AH，(31H) = 0BH，(32H) = 0CH。请写出在执行下列各条指令后各单元的内容。

```
MOV   A，@R0        ；(A) =_____
MOV   @R0，32H      ；(30H) =_____
MOV   32H，A        ；(32H) =_____
MOV   R0，#31H      ；(R0) =_____
MOV   A，@R0        ；(A) =_____
```

2.2　分析下面程序段中指令的执行结果。

```
(1)  MOV   SP，#50H
     MOV   A，#0F0H
     MOV   B，#0FH
     PUSH  ACC       ；(SP) =____；(51H) =_____
     PUSH  B         ；(SP) =____；(52H) =_____
     POP   B         ；(SP) =____；(B) =_____
     POP   ACC       ；(SP) =____；(A) =_____
(2)  ORG   0100H
     CLR   C
     MOV   R0，    #0FFH
     INC   R0
     INC   R0
     END
```

运行后：(CY) =_____；(R0) =_____

```
(3)  MOV   A，#30H
     MOV   B，#0AFH
     MOV   R0，#31H
     MOV   30H，#87H
     XCH   A，R0      ；(A) =____；(R0) =_____
     SWAP  A         ；(A) =____
(4)  MOV   A，#83H
     MOV   R0，#47H
     MOV   47H，#34H
```

```
ANL  A，#47H        ; (A) =____
ORL  47H，A         ; (A) =____；(47H) =_____
XRL  A，@R0         ; (A) =____
```

(5) 若内部 RAM 的(30H)=33H，(31H) = 32H，(32H) = 31H，(33H) = 30H；外部 RAM 的(0030H) = 33H，(0031H) = 31H，(0032H) = 32H，(0033H) = 30H；ROM 的(0030H) = 78H，(0031H) = 32H，(0032H) = E6H，(0033H)=F9H，(DPTR) = 0，则执行下列程序后，(A) = _____H。

```
ORG   0030H
MOV   R0，#32H
MOV   A，@R0
MOV   R1，A
MOVX  A，@R1
MOVC  A，@A + DPTR
```

2.3　试对下列程序进行人工汇编并说明此程序的功能，其中 25H，24H，23H，2BH，2AH，29H 中的内容小于 55H。

```
         ORG    1000H
ACDL:    MOV    R0，#25H
         MOV    R1，#2BH
         MOV    R2，#03H
         CLR    C
         CLR    A
LOOP:    MOV    A，@R0
         ADDC   A，@R1
         DEC    R0
         DEC    R1
         DJNZ   R2，LOOP
         SJMP   $
         END
```

第4章

MCS-51 汇编语言程序设计

　　汇编语言是面向机器的程序设计语言，也是利用计算机硬件特性并能直接控制硬件的语言。汇编语言的长处在于能编写高效且需要对机器硬件精确控制的程序。

　　在汇编语言中，用助记符(Memonic)代替操作码，用地址符号(Symbol)或标号(Label)代替地址码，这种用符号代替机器语言的二进制码，把机器语言变成了汇编语言。因此汇编语言亦称为符号语言。

　　使用汇编语言编写的程序，计算机不能直接识别，需要用一种软件将汇编语言翻译成机器语言，这种起翻译作用的软件称为汇编语言编译器。把用汇编语言编写的程序翻译成机器语言的过程称为汇编。

　　汇编语言比机器语言易于读写、调试和修改，同时具有机器语言的优点。但在编写复杂程序时，相对高级语言而言代码量较大，而且汇编语言依赖于具体的 CPU 体系结构，不能通用，因此不能直接在不同 CPU 体系结构之间移植。

　　汇编语言常应用在以下几方面：

　　(1) 操作系统软件部分是要用汇编语言编写的。

　　(2) 某些快速处理、位处理、访问硬件设备等高效程序是用汇编语言编写的。

　　(3) 某些高级绘图程序、视频游戏程序是用汇编语言编写的。

　　因此，学习汇编语言是理解整个计算机系统的最佳起点和最有效途径之一。

　　人们会认为汇编语言的应用范围很小，而忽视它的重要性。其实汇编语言对每一个希望学习计算机科学与技术的人来说都是非常重要的，是必须学习的语言。

　　汇编语言直接描述机器指令，比机器指令容易记忆和理解。通过学习和使用汇编语言，能够感知、体会、理解机器的逻辑功能，向上为理解各种软件系统的原理打下技术理论基础，向下为掌握硬件系统的原理打下实践应用基础。

　　作为一个从事单片机系统开发的科技人员，最终应该学会用 C 语言开发程序。但是，单片机的 C 语言(如 C51)与标准的完全不依赖于硬件的 C 语言还是不同的。它的许多语句实际上就是汇编语言的翻版。在使用单片机 C 语言时，仍然要考虑所用单片机的内存和外围电路，对严格的时序场合仍需要汇编语言。

　　总之，汇编语言是面向机器的，只有基本掌握了汇编语言程序设计，才能真正理解单片机的工作原理以及软件对硬件的控制关系。因此，最好的单片机编程者应该是由汇编转用 C 语言而不是一开始就只用标准 C 语言的人。经验证明，一个初学者平均每天有效地编写汇编语言的编程量大约只有十至二十几行，如果编写过一千行汇编程序的人再学习单片机的 C 语言，入门只需要一星期，而且很快就可以达到一个新的水平。

本章重点介绍汇编语言程序设计的方法和技巧，在第 11 章中再介绍单片机的 C 语言。

4.1　汇编语言程序格式及伪指令

4.1.1　汇编指令格式

使用 MCS-51 指令编写程序，首先必须按规则使用文本或文字编辑软件将原程序输入计算机形成一个文件，然后使用汇编器(汇编软件)把汇编源程序"翻译"成机器语言目标程序，才能在 51 系列单片机中运行，这种翻译的过程称为汇编。

完成汇编工作有两种途径：一种是人工汇编，一种是机器汇编。对于量小、简单的程序，程序员可以经过查指令系统表(见附录 C)，将汇编源程序逐条翻译成机器代码，完成手工汇编，这在实际工作中已经很少使用。实际工作中，汇编过程常采用计算机系统软件——汇编程序完成，即采用机器汇编。

汇编程序是将汇编源程序转变为相应目标程序的翻译软件。由于指令助记符与机器语言指令是一一对应的等价关系，因此汇编程序能很容易将汇编源程序迅速、准确、有效地翻译成目标程序。

汇编语言程序的一般格式如下：

地址	机器码	标号	源程序		注 释
			ORG	0000H	；整个程序起始地址
0000	02 00 30		LJMP	MAIN	；跳向主程序
			ORG	0030H	；主程序起始地址
0030	C3	MAIN:	CLR	C	；MAIN 为程序标号
0031	E6	LOOP:	MOVA , @R0		
0032	37		ADDC	A, @R1	
0033	08		INC	R0	
0034	D9 FB		DJNZ	R1, LOOP	；相对转移
0036	80 FE		SJMP	$	；停止
			END		；结束标记

此程序只是解释汇编语言的格式，并非实际应用程序。程序员编写的汇编语言源程序不包括所列格式中的地址和机器码部分。源程序一般以 ASM 的后缀保存。源程序经汇编后会自动生成三种文件格式：LIS 文件、BIN 文件和 HEX 文件。LIS 文件基本如上述所列格式，它会在源程序的左侧加上地址和机器码部分，BIN 文件是程序的机器码，HEX 文件是 Intel 公司定义的一种格式，这种格式包括地址、机器码和校验码，用 ASCII 码来存储。

4.1.2　伪指令

在汇编源程序的过程中，有一些指令不要求计算机进行任何操作，也没有对应的机器码，仅仅是帮助汇编进行的一些指令，称之为伪指令。它主要用来指定程序或数据的起始位置，给出一些连续存放数据的确定地址，定义一些常量数据以及表示源程序结束等等。不同版本的汇编语言，伪指令的符号和含义可能有所不同，但是基本用法是相似的。下面介绍几种常用的基本伪指令。

1．ORG(Origin)程序起始地址伪指令

格式：ORG　<表达式>

其含义是向汇编程序说明下面程序的起始地址由表达式指明。它放在一段源程序(主程序、子程序)或数据块的前面。表达式通常用4位十六进制数表示。

2．END(End of Assembly)结束汇编伪指令

格式：END

其含义表示汇编结束。在END以后所写的指令，汇编时汇编软件都不予以处理。一个源程序只能有一个END命令。在同时包含有主程序和子程序的源程序中，也只能有一个END命令，并且放到所有指令的最后，否则，END后面的一部分指令不能被汇编。

3．DB(Define Byte)定义字节伪指令

格式：［标号：］DB　<项或项表>

其中项或项表指一个字节，或用逗号分开的数值，或以引号括起来的字符串(一个字符用ASCII码表示，就相当于一个字节)。该伪指令的功能是把项或项表的数值(字符则用ASCII码)存入从标号开始的连续存储单元中。

4．DW(Define Word)定义字伪指令

格式：［标号：］DW　<项或项表>

DW伪指令与DB的功能类似，所不同的是DB用于定义一个字节(8位二进制数)，而DW则用于定义一个字(即两个字节，16位二进制数)。在执行汇编程序时，机器会自动按低8位先存入，高8位后存入的格式排列。

5．EQU(Equate)等值伪指令

格式：标号　EQU　<表达式>

该伪指令的功能是将指令中项的值赋予本语句的标号。标号、表达式可以是常数、字符串。这里的标号和表达式是必不可少的。经赋值后就可用指令中EQU左面的表达式来代替EQU右边的表达式。

6．BIT位地址赋值伪指令

格式：标号　BIT位地址

该伪指令的功能是将位地址赋予特定位的标号，经赋值后就可用指令中BIT左面的标号来代替BIT右边所指出的位。

下面是伪指令举例，可以看出伪指令能增加程序的可读性，也使得某些参数便于修改。

```
        MATH    EQU   03H
        LOUT    BIT   P1.0
                ORG   0000H
        MAIN:   CLR   LOUT              ；相当于 CLR P1.0
                MOV   A，@R0
```

```
        MOV R1，  #MATH      ；相当于 MOV R1，#03H
NEXT：  SJMP NEXT
        ORG 1100H
DB      01H，04H，09H，05H   ；在 ROM 以 1100H 开始的地址中存放数据情况见表 4.1
        END
```

表 4.1　ROM 中的数据存放

地址	数据
1100	01H
1101	04H
1102	09H
1103	05H

4.2　基本程序设计方法

　　用汇编语言进行程序设计的过程和用高级语言进行程序设计的过程类似。对较复杂的问题，首先要研究解决方法和步骤——算法，有了合适的算法常常可以起到事半功倍的效果；其次是用流程图来描述算法；最后是根据流程图用程序设计语言来编制程序。常用的流程图图形见表 4.2。

表 4.2　程序流程图常用图形

图形符号	名　称	说　明
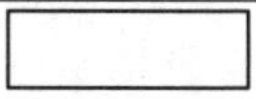 ▭	过程框	表示这段程序要做的事
 ◇	判断框	表示条件判断
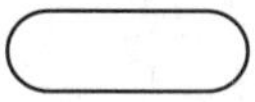 ⬭	始终框	表示流程的起始或终止
◯	连接框	表示程序流向连接
▽	页连接框	表示程序换页连接
 → ← ↑ ↓	程序流向	表示程序的流向

　　程序设计有时是一项很复杂的工作，但往往有些程序结构是很典型的。采用结构化编程时，有规律性极强、简单清晰、容易读写、可靠性高等特点。

　　根据结构化程序设计的特点，功能复杂的程序结构由基本算法结构组成，基本结构有三种：顺序结构、分支结构和循环结构。在这三种基本结构中，可能是一些简单操作，也可能还嵌套着另一个基本结构，但是不存在无规律的转移，只在该基本结构内才存在分支和向前或向后的跳转。

　　本节主要介绍这三种基本结构的程序设计。另外，根据 MCS-51 单片机的特点介绍极具特色的查表程序设计的特点。最后介绍一些子程序设计的规范和特点。

4.2.1 顺序程序设计

顺序程序是指一种无分支的直接程序，它按照逻辑操作顺序，从第一条指令开始逐条顺序执行，直到最后一条指令执行结束。顺序程序是汇编语言程序中最基本、最单一的程序结构。顺序结构程序中没有分支，但它在整个程序设计中所占比例最大，是程序设计的基础和主干。

顺序程序设计虽然结构简单，程序逻辑流向是一维的，但程序的具体内容不一定简单。在实际编程中，正确选择指令、合理使用工作寄存器、节省存储单元等资源，是编写好程序的基本功。现举例说明如下。

例：将存放在内部 RAM 50H 单元内的一个压缩的 BCD 码中的 2 位十进制数拆开，并转换成相应的 ASCII 码，再存入内部 RAM 51H(高位)、52H(低位)单元中。

程序清单如下：

```
ORG    0000H
MOV    R0, #52H      ; 将 52H 单元地址送 R0
MOV    @R0, #00H     ; 将 52H 单元内容清 0，用此指令可以节省一个字节的机器码
                     ; 它的机器码为 7800，如用 MOV 52H, #00H，则机器码为 755200，多
                     ; 了一个字节
MOV    A, 50H        ; 将 50H 中的 BCD 码送入 A
XCHD   A, @R0        ; 将低位 BCD 码送 52H 单元
ORL    52H, #30H     ; 完成低位 BCD 码转换成 ASCII 码
SWAP   A             ; 将高位 BCD 码交换到低位
ADD    A, #30H       ; 完成高位 BCD 码转换成 ASCII 码
MOV    51H, A        ; 将高位 BCD 码送 51H 单元
END
```

分析：

(1) 前三条指令使压缩的 BCD 码放入 A，(52H) = 0。

(2) XCHD A, @R0 是将 A 中的低 4 位与 52H 中的低 4 位进行了交换，从而使 52H 的低 4 位得到了压缩 BCD 码的低 4 位，A 中的高 4 位得到了压缩 BCD 码的高 4 位。

(3) 十进制数 0～9 对应的 ASCII 码为 30H～39H。因此，只要将拆开的两个数分别加 30H 就可以得到相应的 ASCII 码。但此程序巧妙地利用了 ORL 指令，将 52H 中的内容与 30H 相或，达到了相同的目的。

从此例中读者可以体验汇编语言的"灵活"、"紧凑"和"效率高"的特点，其中的一些高明的"手法"也是高级语言编程者很难使用的。

4.2.2 分支程序设计

分支程序的主要特点是程序执行流程中必然包括条件判断指令。符合条件要求和不符合条件要求时有不同的处理路径。

设计分支程序时，应注意以下几种方法：

- 借助程序框图来指明程序的走向。
- 合理选用具有逻辑判断功能的指令。
- 每个分支程序单独编写一段程序，对分支程序的起始地址赋予一个地址标号，以便于程序的阅读，使程序更为清晰。

分支结构程序的形式有单分支结构和多分支结构两种，另外还有一种特殊的分支程序——散转程序，下面举例加以说明。

1. 单分支结构

例：在内部 RAM 40H、41H 中存放了两个无符号数，试比较它们的大小，把大的数放入 50H 单元，小的数放入 51H 单元，相等则任意存放。

程序的流程图如图 4.1 所示。

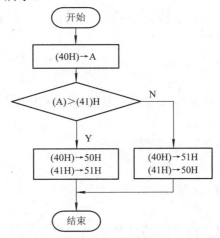

图 4.1　两个无符号数比较流程图

源程序如下：

```
            ORG     0000H
START:      MOV A,  40H         ; 40H 单元的数送 A
            SUBB    A，41H       ; (A) – (41H)
            JNC     GREAT        ; 若 CY = 0，则(A)≥(41H)，转 GREAT
            SJMP    LESS         ; 否则(A)<(41H)，转 LESS
GREAT:      MOV 50H，40H
            MOV 51H，41H
            SJMP    STOP
LESS:       MOV     51H，40H
            MOV     50H，41H
STOP:       SJMP    STOP
            END
```

2. 多分支结构

多分支结构程序的设计中常采用比较转移指令 CJNE A，#data，rel，规则如下：

若(A) = #data，继续并(C)←0

若(A) > #data，转移并(C)←0

若(A) < #data，转移并(C)←1

其特点是可以分支为三种情况，只有(A) < #data 时，(C)←1。

下面提供采用 CJNE 编写多分支指令的一种通用方法。

(1) 若(A) < 14H，转 NEXT，否则继续执行。

    CJNE A，#14H，LOOP

  LOOP：JC NEXT

    ⋮

本程序的巧妙之处为，CJNE 比较后，不管结果如何都必须进行下一条指令，以 C 的状态来决定下一步的流程指向。

(2) 若(A)≤14H，转 NEXT，否则继续执行。

    CJNE A，#15H，LOOP

  LOOP：JC NEXT

    ⋮

本程序的巧妙之处为，将条件(A)≤14H 转换为(A)<15H。因为在 A 中只能是整数，所以这种转换是成立的。

(3) 若(A)≥14H，转 NEXT，否则继续执行。

    CJNE A，#14H，LOOP

  LOOP：JNC NEXT

    ⋮

(4) 若(A)>14H，转 NEXT，否则继续执行。

    CJNE A，#15H，LOOP

  LOOP：JNC NEXT

    ⋮

本程序将条件(A)>14H 转换为(A)≥15H。

  例：按下面的公式编写程序，x 为无符号数(x < 128)，存放在内部 20H 单元，y 存放在 21H 单元。

$$y=\begin{cases} 2x & x\geqslant40H \\ x & 20H<x<40H \\ \bar{x} & x\leqslant20H \end{cases}$$

源程序如下：

    ORG   0000H

    MOV   A，20H

    CJNE A，#21H，LOOP1

  LOOP1：JC   NEXT1

```
            CJNE     A，#40H，LOOP2
LOOP2:      JNC      NEXT1
            AJMP     NEXT2
NEXT0:      CPL      A
            AJMP     NEXT2
NEXT1:      MOV      B, #2
            MUL      AB
NEXT2:      MOV      21H，A
            END
```

3. 散转程序

散转程序是分支结构程序中的一种并行分支程序。它是根据某种输入或运算结果，分别转向各个处理程序。在 MCS-51 单片机中，散转指令为 JMP @A + DPTR，它按照程序运行时决定的地址执行间接转移指令。

例：根据 R7 中的内容，转向各个子程序。

$$\begin{cases} R7 = 0，转入子程序 S_0 \\ R7 = 1，转入子程序 S_1 \\ R7 = 2，转入子程序 S_2 \\ \vdots \\ R7 = n，转入 S_n，n < 128 \end{cases}$$

程序的流程图如图 4.2 所示，源程序如下：

```
            ORG      0030H
JUMP1:      MOV      DPTR, #TAB
            MOV      A，R7
            ADD      A，R7
            JMP      @A + DPTR
            ORG      0100H
TAB:        AJMP     S0
            AJMP     S1
            AJMP     S2
             ⋮
S0:              ; 子程序 S0
S1:          …   ; 子程序 S1
S2:          …   ; 子程序 S2
```

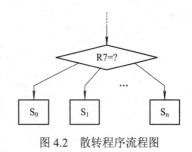

图 4.2　散转程序流程图

说明：

(1) 采用 AJMP 即把 PC 指向子程序的起始地址。

(2) R7 + R7 = R7 × 2，与 AJMP 的机器码匹配，因 n < 128，故不会进位。

(3) 如用 LJMP，则需 R7 × 3，程序需要做相应修改。

4.2.3 循环程序设计

循环是 CPU 重复多次地执行一串指令的基本程序结构。它有助于缩短程序，提高程序质量。

循环程序一般由四个部分组成，即循环初始化、循环体、循环控制和循环结束处理部分。其流程图如图 4.3 所示。

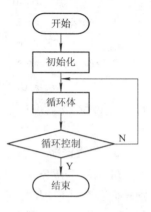

循环初始化：在程序进入循环体之前，需设置某些条件，如循环次数、工作单元清 0、变量设置等。

循环体：循环完成某种功能的主体部分。

循环控制：根据对循环控制变量的修改和判断，确定程序是否继续或结束。

循环结束处理：对循环程序的结果进行存储和进一步处理。

图 4.3 循环程序流程图

循环控制变量有两种。一种是条件控制，它需设置一个变量的给定值作为条件，当计算结果达到条件时结束循环，这时循环次数是不确定的，最常用的指令是 CJNE。另一种是递减计数，它首先设置一个计数值，每执行一次循环计数值减 1，直到计数值为 0 时结束循环，最常用的指令是 DJNZ。

例 1：对内部 RAM 50H 开始的 10 个无符号数求和。

求 n 个数的和的计算公式为：

$$y = \sum_{i=0}^{n} x_i$$

根据这个公式，很容易设计一种递推算法，其流程图如图 4.4(a)所示，两数相加过程如图 4.4(b)所示。

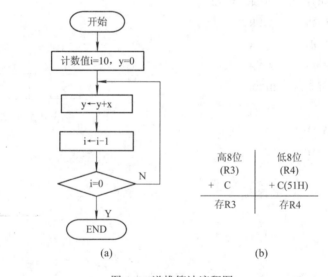

图 4.4 递推算法流程图

(a) 求和程序流程图；(b) 两数相加过程

源程序如下：

```
            ORG   0000H
ADD1:   MOV   R7，#10      ；循环次数 n = 10
        MOV   R3，#0       ；存放结果的高 8 位
        MOV   R4，#0       ；存放结果的低 8 位
        MOV   R0，#50H     ；数据存在从内部 RAM 50H 开始的单元中，注意：(50H) = ?
                           ；不知道
        CLR   C
LOOP:   MOV   A，R4
        ADD   A，@R0       ；(R4) + (5?H)→A
        MOV   R4，A        ；结果送回 R4
        CLR   A
        ADDC  A，R3        ；仅把进位位 C 加到高 8 位
        MOV   R3，A
        INC   R0          ；为下一次循环做准备
        DJNZ  R7，LOOP
        END
```

说明：程序中以下三条指令所起的作用主要是实现低 8 位向高 8 位的进位。

```
    CLR    A
    ADDC   A，R3
    MOV    R3，A
```

例 2：多重循环程序。延时 50 ms 子程序(12 MHz 晶振)。

源程序如下：

```
DEL:    MOV    R7，#200
DEL1:   MOV    R6，#125
DEL2:   DJNZ   R6，DEL2      ；2μs * 125 = 250 μs
        DJNZ   R7，DEL1      ；0.25 ms * 200   = 50 ms
        RET
```

说明：以上延时不精确，它没有考虑到除 DJNZ R6，DEL2 指令外的其他指令。

使用 12 MHz 晶振时，一个机器周期为 1 μs，执行 DJNZ 指令为 2 μs，加其他指令的时间，精确延时应为：

$$(250 + 1 + 2) * 200 + 2 = 50.602 \text{ ms}$$

如将 R6 的初始值改为 123 后，加一条 NOP 指令则延时为 50.002 ms。

例 3：从内部 RAM 22H 单元开始存有一个无符号数数据块，长度 n 存于 21H 中。求出数据块中的最小数，存于 20H 中。

搜索最小值的方法很多，最基本的方法是比较和交换依次进行。即先读第一个数与第二个数进行比较，并把前一个数作为基准数。比较结果若基准数小，则不进行交换，再取下一个数进行比较；若基准数大，则将小数取代原基准数，即作一次交换，然后再以新的基准数与下一个数进行比较。直至全部数据块比较完毕，基准数为最小数。此算法的流程图如图 4.5 所示。

将算法的流程图细化，根据单片机的特点，首先把 FFH 作为基准数，程序流程图如图 4.6 所示。

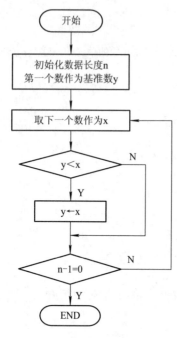

图 4.5 求最小数算法程序流程图

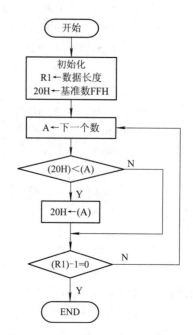

图 4.6 求最小数程序流程图

源程序如下：

```
            ORG     0030H
            MOV     R0，#22H         ; 数据块起始地址
            MOV     R1，21H          ; 数据个数 n
            MOV     20H，#0FFH       ; 初始化最小数为 0FFH
    LOOP：   MOV     A，@R0           ; 取新数
            INC     R0              ; 为取下一个新数做准备
            CJNE    A，20H，LOOP1    ; 与原最小数比较
    LOOP1： JNC      NEXT            ; 大于等于，原最小数保留
            MOV     20H，A           ; 小于，改变最小数
    NEXT：   DJNZ    R1，LOOP         ; 判断循环
            END
```

4.2.4 查表程序设计

在用汇编语言设计程序时，有时直接通过查表方式求得变量值，要比通过运算来得简单、方便。

MCS-51 系列单片机专门提供了两条查表指令：

```
    MOVC  A，@A + DPTR
    MOVC  A，@A + PC
```

例 1：设有一个巡回检测报警装置，需对 16 路输入进行控制，每路有一个最大允许值(为双字节)。控制时需根据测量的通道(在 R2 中)，找出每路的最大值，高、低 8 位分放于 R4、R3。

通道	00	01	02	03	04	05	06	07
允许值	1520H	3721H	4264H	7850H	3484H	3265H	8830H	9947H

```
            ORG 0000H
START:  MOV     A，R2              ; 待查通道数送 A
        ADD     A，R2              ; 待查通道数乘 2，与数据表中的地址相配
        MOV     R3，A              ; 保存通道数
        MOV     DPTR，#ADDR8       ; 表格首址送 DPTR
        MOVC    A，@A + DPTR       ; 查出对应通道的最大允许值高位字节
        INC     R3                ; 为指向下一个地址单元做准备
        XCH     A，R3
        MOVC    A，@A + DPTR       ; 查出对应通道的最大允许值低位字节
        MOV     R4，A              ; 存入 R4
                ⋮
ADDR8:  DW 2015H，2137H，6442H，5078H    ; 最大允许值表
        DW 8434H，6532H，3088H，4799H
        END
```

例 2：根据 A(小于 10)中的内容，用 PC 指针查 0～9 的平方表。

用 MOVC A，@A + PC 指令编写查表程序，要注意 PC 指针的值。下面的源程序中列出了程序的地址和机器码，以便确定 PC 值。

```
                    ORG 1000H
1000    2401    TA：ADD     A，#01H         ;     01H 为偏移量
1002    83          MOVC    A，@A + PC
1003    22          RET
1004    00          DB   0，1，4，9，16，25，36，49，64，81；0～9 的平方表可以用十进
                                                        ; 制书写
1005    01
1006    04
1007    09
1008    10
1009    19
100A    24
100B    31
100C    40
100D    51
```

偏移量的确定公式为：

偏移量 = 表首地址 − (查表指令下一条指令地址) = 1004H − 1003H = 01H

实际编写程序时，偏移量可以随便写个数，等汇编完后，调出 LST 文件，再根据上述公式计算。虽然要计算偏移量，但采用 MOVC A，@A + PC 指令编写查表程序比用 MOVC A，@A + DPTR 指令更紧凑。

4.2.5　子程序设计

在编制应用程序时，往往将需要多次应用运算或操作相同的程序段编制成一个子程序。

子程序的编写和调用应该做到：

(1) 标准化。注释中应该注明程序名、功能、入口、出口和所占用的寄存器和存储单元。

(2) 现场保护。如果在调用前，程序已经使用了某些存储单元或寄存器，在调用时，这些寄存器和存储单元又有其他用途，就应该先把这些单元和寄存器中的内容压入堆栈进行保护。调用完后，再从堆栈中弹出，加以恢复。如果有较多的寄存器需要保护，应让主程序和子程序使用不同的寄存器组。

下面给出一个编写好的子程序作为例子供读者参考。

```
        ; 程序名：BINBCD1
        ; 功能：0~FFH 内的二进制数转换为 BCD 码
        ; 入口：A 存放要转换的二进制数
        ; 出口：R0 存放 BCD 码百、十、个位数的首地址
        ; 所占用寄存器：  A、B、R0
BINBCD1: MOV    B，#100
        DIV    AB
        MOV    @R0，A
        INC    R0
        MOV    A，#10
        XCH    A，B        ; (A) = 原(B)，(B) = 10
        DIV    AB
        MOV    @R0，    A
        INC    R0
        XCH    AB，
        MOV    @R0，    A
        RET
```

📖 思考题与习题

1. 什么是伪指令？伪指令与指令有何区别？

2. 循环程序由哪几部分组成？

3. 编写一循环程序，将内部 RAM 的 20H ~ 2FH 共 16 个连续单元清零。

4. 编写一循环程序，查找内部 RAM 的 30H ~ 50H 单元中出现的 FFH 个数，并将查找

的结果存入 51H 单元。

5. 编写循环程序，计算 $\sum\limits_{i=1}^{10}2i$，将结果存入内部 RAM 的 30H(低 8 位)、31H(高 8 位)单元(i < 256)。

6. 试用循环转移指令编写延时 20 ms 的子程序(晶振为 12 MHz)。

7. 编写程序，把外部 RAM 的 1000H～10FFH 区域内的数据逐个搬到从 2000H 开始的区域。

8. 从内部 RAM 的 30H 单元开始存放着一组无符号数，其数目存放在 21H 单元中。试编写程序，求出这组无符号数中最大的数，并将其存入 20H 单元。

9. 设计一个循环灯程序，如图 4.7 所示，使这些发光二极管每次只点亮一个，依次一个一个地点亮，循环不止。

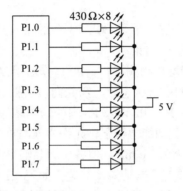

图 4.7　题 9 图

10. 利用查表方式将累加器 A 中的一位 BCD 码转换为相应的十进制数的 7 段码，结果仍放在 A 中(设显示 0～9 的 7 段码为 40H，79H，24H，30H，19H，12H，02H，78H，00H，1BH)。

11. 按下面的公式编写程序，x 为无符号数(x < 128)，存放在内部 30H 单元，y 存放在 31H 单元。

$$y=\begin{cases} 2x & x>40H \\ x & 20H\leqslant x\leqslant 40H \\ \bar{x} & x<20H \end{cases}$$

第5章

I/O 接口及简单应用

本章介绍 MCS-51 单片机 P0～P3 口的输入/输出(I/O)特性及简单应用实例。其中所介绍的显示、键盘方法，可使读者尽早地进行简单的单片机实验，把理论学习与实际应用结合起来。

初学者入门时可以先暂时不深入学习 P0～P3 口的输入/输出特性，而直接学习 I/O 口的应用。但应掌握以下几个重要的结论：

复位后，P0～P3 口各引脚均自动置"1"；P0 口作通用 I/O 口使用时，要加上拉电阻，而其余口可不加；在读 I/O 口的引脚状态时，需先向该引脚写"1"；各 I/O 口的单个引脚，允许灌入的最大电流为 10 mA；P1、P2 以及 P3 口(每个口都有 8 个引脚)，允许向其灌入的总电流最大为 15 mA，P0 口的驱动能力最强，允许灌入的总电流最大为 26 mA；全部的四个口所允许的灌电流之和，最大为 71 mA。但各引脚"输出高电平"的时候，输出电流不到 1 mA(仅 800 μA)。P3 口还具有第二功能，其定义如表 5.1 所示。

当然，在进一步的学习中，深入了解 P0～P3 口的输入/输出特性是很重要的。

注意： 51 单片机引脚的驱动能力与厂家及型号有关。上面的 I/O 口驱动能力参数来自 AT89C51 的数据手册。早期的 51 系列单片机的驱动能力很小，其引脚甚至不能驱动一般的发光二极管进行正常发光。在 51 系列单片机流行起来之后，制造商使其引脚的驱动能力大为增强，可以直接驱动发光二极管。51 系列单片机中有一个输出电流特别大的型号，即 AT89C2051，其单个引脚可允许最大为 20 mA 的灌电流输入。目前从晶宏科技的 STC89 系列单片机说明书可知：通用 I/O 口，复位后为准双向口/弱上拉(即普通 51 单片机中的传统 I/O 口)可设置成四种模式，即准双向口/弱上拉、推挽/强上拉、输入/高阻、开漏，每个 I/O 口驱动能力均可达到 20 mA，但整个芯片不超过 100 mA。

5.1　I/O 端口的输入/输出特性

单片机芯片内有一项主要资源就是并行 I/O 口。基本型 MCS-51 共有四个 8 位并行 I/O 口，分别记作 P0、P1、P2、P3，对应有同名称的特殊功能寄存器，并且具有字节寻址和位寻址功能。每个口都包含一个锁存器、一个输出驱动器和输入缓冲器。实际上，对它们的控制就是对同名称的特殊功能寄存器的控制。

在访问片外扩展存储器时，低 8 位地址和数据由 P0 口分时传送，高 8 位地址由 P2 口传送。在无片外扩展存储器的系统中，这四个口的每一位均可作为双向的 I/O 端口使用。

　　基本型 MCS-51 单片机的四个 I/O 口都是 8 位双向口，这些口在结构和特性上是基本相同的，但又各具特点，下面分别予以介绍。

5.1.1　P1 口

　　图 5.1 是 P1 口其中一位的结构原理图，P1 口由 8 个这样的电路组成。图中有一个锁存器起输出锁存作用；场效应管 V1 与上拉电阻组成输出驱动器，以增大负载能力；三态门 1 起输入缓冲器作用，三态门 2 在读锁存器端口时使用。

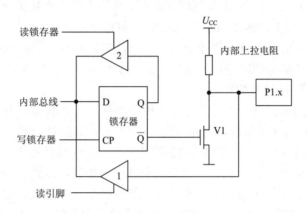

图 5.1　P1 口结构

　　为了便于理解，首先介绍三态门和锁存器的功能。

　　(1) 三态门：有三个状态，即高电平、低电平和高阻状态(或称为禁止状态)。图 5.1 中，锁存器的上端有缓冲器 2，要读取 D 锁存器输出端 Q 的数据，就得使这个缓冲器的三态控制端"读锁存器"有效("1"为有效，"0"为无效，下同)。锁存器的下端有缓冲器 1，要读取 P1.x 引脚上的状态，就必须使"读引脚"的三态缓冲器的控制端有效，这样引脚上的状态才会传输到单片机的内部数据总线上。

　　(2) 锁存器：由 D 触发器构成。一个 D 触发器可以保存一位二进制数(即具有保持功能)，51 单片机的 32 根 I/O 口线都是用一个 D 触发器来构成锁存器的。图 5.1 中的 D 锁存器，D 端是数据输入端，CP 是控制端(即时序控制信号输入端)，Q 是输出端，$\overline{Q}$ 是反向输出端。

　　当 D 输入端有一个输入信号时，如果控制端 CP 的时序脉冲没有到来，则输入端 D 的数据是无法传输到输出端 Q 及反向输出端 $\overline{Q}$ 的。一旦控制端 CP 的时序脉冲到来，D 端输入的数据就会传输到 Q 及 $\overline{Q}$ 端。此后，CP 的时序脉冲将消失，但输出端还会保持上次输入端 D 的数据(即把上次的数据锁存起来了)。当下一个 CP 时序控制脉冲信号到来时，D 端的数据才再次传送到 Q 端，改变 Q 端的状态。

　　P1 口作为通用 I/O 使用，具有输出、读引脚和读锁存器三种工作方式。

　　(1) 输出方式。单片机执行写 P1 口的指令，如"MOV P1，#data"时，P1 口工作于输出方式。此时数据经内部总线送入锁存器锁存。如果某位的数据为 1，则该位锁存器输出端 Q = 1，$\overline{Q} = 0$，使 V1 截止，从而在引脚 P1.x 上出现高电平；反之，如果数据为 0，则 Q = 0，$\overline{Q} = 1$，使 V1 导通，P1.x 上出现低电平。

　　(2) 读引脚方式。　单片机执行读引脚的指令一般都是以 I/O 端口为源操作数的指令，如"MOV A，P1"。这时"读引脚"端有效，控制器打开三态门 1，引脚 P1.x 上的数据经三态门 1 进入芯片的内部总线，并送到累加器 A。因此，读引脚输入时无锁存功能。

当单片机执行读引脚操作时，如果锁存器原来寄存的数据 Q = 0，那么由于 $\overline{Q} = 1$，将使 V1 导通，引脚 P1.x 被始终钳位在低电平，无法读到引脚输入的高电平。为此，用户在使用读引脚指令前，必须先用输出指令置 Q = 1、$\overline{Q} = 0$，使 V1 截止，这时才能读到引脚的真实状态。这就是 P1 被称为"准双向口"的含义(即输出可直接操作，但输入前需先置"1"再输入)。

(3) 读锁存器方式。MCS-51 系列单片机有不少指令可以直接进行端口操作，如 ANL、ORL、XRL、JBC、CPL、INC、DEC、DJNZ、MOV PX.x，C、CLR PX.x、SETB PX.x。这些指令的执行过程分成"读—修改—写"三步，即先将端口的数据读入 CPU，在 ALU 中进行运算，运算结果再送回端口。执行"读—修改—写"类指令时，CPU 实际上是通过三态门 2 读回锁存器 Q 端的数据。

这种读锁存器的方式是为了避免可能出现的一种错误。例如，用一根口线直接去驱动端口外的一个 NPN 晶体管基极，当向口线写"1"时，该晶体管导通，导通的三极管集极与发射极间电压接近 0 V，会把端口引脚的高电平拉低，这样直接读引脚就会把本来的"1"误读为"0"。但若从锁存器 Q 端读，就能避免这样的错误，得到正确的数据。也就是说，当某位输出为 1 时，若有外接器件拉低电平，就有区别了，读锁存器状态是 1，读引脚状态是 0，锁存器状态取决于单片机试图输出什么电平，引脚状态则是引脚的实际电平。

因此，当作为读引脚方式使用时，应先对该口写"1"，使场效应管截止，再进行读操作，以防止场效应管处于导通状态，使引脚为"0"，而引起误读。

P1 口能驱动四个 LSTTL 负载。P1 每位口最大灌入电流为 10 mA，8 位总共不能超过 15 mA。P1 有内部上拉电阻，因此在输入时，由集电极开路或漏极开路电路驱动，也无需外接上拉电阻。

5.1.2　P3 口

图 5.2 是 P3 口其中一位的结构原理图。P3 口为多功能口。

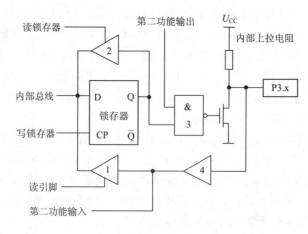

图 5.2　P3 口结构

当 P3 口作为第一功能即通用 I/O 口使用时，第二功能输出端应保持"1"。这时通过与非门 3 使得 P3 口的结构完全与 P1 相同，而且是一个准双向 I/O 口，其功能与 P1 相同。

当 P3 口作为第二功能(见表 5.1)使用时，相应的口锁存器 Q 端必须为"1"，这时与非门 3 的输出状态完全由第二功能输出端决定，从而反映第二功能的输出状态。

当 P3 口作为第二功能输入端使用时，相应的口锁存器 Q 端必须为"0"，从而使场效应管截止，第二功能输入取自缓冲器 4 得到引脚的输入信号。

表 5.1 P3 口第二功能定义

引脚	名称	第二功能定义
P3.0	RXD	串行通信数据接收端口
P3.1	TXD	串行通信数据发送端口
P3.2	$\overline{INT0}$	外部中断 0 请求端口
P3.3	$\overline{INT1}$	外部中断 1 请求端口
P3.4	T0	定时/计数器 0 外部计数输入端口
P3.5	T1	定时/计数器 1 外部计数输入端口
P3.6	$\overline{WR}$	外部数据存储器写选通
P3.7	$\overline{RD}$	外部数据存储器读选通

在应用中，P3 口的各位如不设定为第二功能，则自动处于第一功能。在更多情况下，根据需要可将几条口线设置为第二功能，其余口线作为第一功能使用，此时宜采用位操作形式。

图 5.2 下方的输入通道中有两个缓冲器 1 和 4。第二功能输入信号取自缓冲器 4；而通用输入信号取自"读引脚"缓冲器 1 的输出端。

P3 口的负载能力和 P1 口相同，能驱动四个 LSTTL 负载。每位口最大灌入电流为 10 mA，8 位总共不能超过 15 mA。

5.1.3 P0 口

图 5.3 是 P0 口其中一位的结构原理图。

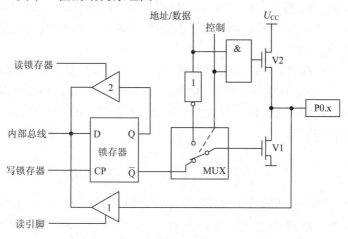

图 5.3 P0 口结构

P0 口的输出驱动电路由上拉场效应管 V2 和驱动场效应管 V1 组成，控制电路包括一个与门、一个非门和多路控制开关 MUX。

P0 口既可以作为通用 I/O 口进行数据的输入/输出，也可以作为单片机系统的地址/数据线使用，为此在 P0 口的电路中有一个多路控制开关 MUX。在控制信号的作用下，多路控制电路可以分别接通锁存器输出或地址/数据线。

P0 作为通用 I/O 口使用时，CPU 内部发出控制电平 0 封锁与门，即与门的输出为 0(不会受另一条输入端状态的限制)，多路控制开关与 $\overline{Q}$ 接通，上拉场效应管 V2 处于截止状态，此时，输出级是漏极开路电路，这时，P0 口与 P1 口一样，有三种工作方式：

(1) 输出方式。当写脉冲加在锁存器时钟端 CP 端上时，与内部总线相连的 D 端数据取反后出现在 $\overline{Q}$ 端，又经输出 V1 反相，在 P0 引脚上出现的数据正好是内部总线的数据。当从 P0 口输入数据时，引脚信息仍经输入缓冲器 1 进入内部总线。

在输出数据时，由于 V2 截止，输出级是漏极开路电路，要使"1"信号能正常输出，必须外接上拉电阻，上拉电阻的阻值一般为 4.7 kΩ～10 kΩ。

(2) 读引脚方式。P0 口作为通用 I/O 口使用时，是准双向口。其特点是在输入数据时，应先把端口置 1，此时锁存器的 $\overline{Q}$ 端为 0，使得输出级的两个场效应管 V1、V2 均截止，引脚处于悬浮状态，这时才可作高阻输入。原因是，从 P0 口引脚输入数据时，V2 一直处于截止状态，引脚上的外部信号既加在三态缓冲器 1 的输入端，又加在 V1 的漏极。若在此前曾给锁存器输出过数据 0，则 V1 是导通的，这样引脚上的电位就始终被钳位在低电平，使输入高电平无法读入。因此，在输入数据时，应先向端口引脚写"1"，使得 V1、V2 均截止，方可得到正确的引脚信息。

(3) 读锁存器方式。此时 V2 截止，与 P1 口在读锁存器方式时"读—修改—写"工作过程一样。

当 P0 作为地址/数据总线分时复用功能连接外部存储器时，由于访问外部存储器期间，CPU 会自动向 P0 口的锁存器写入 FFH，对用户而言，P0 口此时才是真正的三态双向口。

当访问片外存储器而需从 P0 口输出地址或数据信号时，控制信号应为高电平"1"，使多路控制开关 MUX 把反相器的输出端与 V2 连通，为打开与门做好准备。当地址或数据为"1"时，经反相器使 V1 截止，而经与门又使 V2 导通，P0.x 引脚上出现相应的高电平"1"；当地址或数据为"0"时，经反相器使 V1 导通而 V2 截止，引脚上出现相应的低电平"0"，将地址/数据的信号输出。

综上所述，P0 口在有外部扩展存储器时被作为地址/数据总线口，此时是一个真正的双向口；在没有外部扩展存储器时，P0 口也可作为通用 I/O 接口，但必须接上拉电阻，此时是一个准双向口。另外，P0 口能驱动八个 LSTTL 负载。P0 每位口最大灌入电流为 10 mA，8 位总共不能超过 26 mA。

5.1.4　P2 口

图 5.4 是 P2 口其中一位的结构原理图。P2 口既可以作为通用 I/O 口使用，也可以作为地址总线使用，所以它的位结构比 P1 口多了一个多路控制开关 MUX。

当 P2 口作为通用 I/O 口使用时，多路开关 MUX 倒向锁存器的输出端 Q，构成一个准双向口。其功能与 P1 口相同，有输出、读引脚、读锁存器三种工作方式。

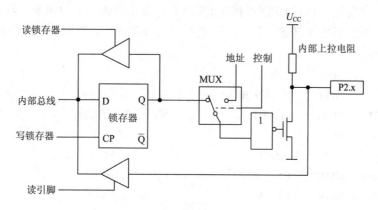

图 5.4　P2 口结构

　　P2 口的另一功能是作系统扩展的地址总线口。当单片机从片外 ROM 中取指令，或者执行访问片外 RAM、片外 ROM 的指令时，多路开关 MUX 接通"地址"，P2 口出现程序指针 PC 的高 8 位地址或数据指针 DPTR 的高 8 位地址。以上操作对锁存器的内容没有影响，所以，取指令或访问外部存储器结束后，由于多路开关 MUX 又与锁存器 Q 端接通，引脚将恢复原来的数据。

　　P2 口的负载能力和 P1 口相同，能驱动四个 LSTTL 负载。每位口最大灌入电流为 10 mA，8 位总共不能超过 15 mA。

5.2　I/O 端口的应用

5.2.1　I/O 的简单控制

　　下面举一个例子说明 I/O 的简单控制。

　　例：编制一个灯光循环闪烁程序。通过 P3 口连接八个发光二极管，其中一个发光二极管闪烁三次后，转移到下一个发光二极管闪烁三次，如此循环。电路原理图如图 5.5 所示。

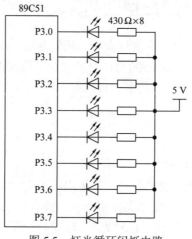

图 5.5　灯光循环闪烁电路

分析：八个发光二极管 LED 连接在 P3 口上。要让发光二极管闪烁，只需隔一段时间，P3 口输出的高低电平转换一次。为避免发光二极管烧坏，需加 430 Ω 左右的限流电阻。

程序如下：

```
              ORG      0000H
              MOV      A，#0FEH        ; 初值
     SHIFT:   ACALL    FLASH          ; 调闪烁 3 次子程序
              RL       A              ; 移向下一位
              SJMP     SHIFT
     FLASH:   MOV      R5，#03H        ; 闪烁 3 次子程序
     FLASH1:  MOV      P3，A
              ACALL    DELAY
              MOV      P3，#0FFH
              ACALL    DELAY
              DJNZ     R5，FLASH1
              RET
     DELAY:   MOV      R7，#00H        ; 延时子程序
        L1:   MOV      R6，#0FFH
        L2:   DJNZ     R6，L2
              DJNZ     R7，L1
              RET
              END
```

此例中，用到一个 430 Ω 左右的限流电阻 R，其计算公式如下：

$$R = \frac{U_{CC} - U_{LED} - U_{DRI}}{I_{LED}}$$

式中：U_{CC} 为电源电压；U_{LED} 为发光二极管压降(取 1.2 V～1.8 V)；U_{DRI} 为驱动器压降(取 0.3 V～0.5 V)；I_{LED} 为发光二极管工作电流(取 8 mA～20 mA)。

本例中取 $U_{CC} = 5$ V，$U_{LED} = 1.3$ V，U_{DRI} 未使用，$I_{LED} = 8$ mA，因此

$$R = \frac{5 - 1.5 - 0}{0.008} = 437.5 \approx 430 \text{ Ω}$$

I_{LED} 为发光二极管工作电流，其值越大，二极管越亮。为了提高亮度，可减小限流电阻，常用限流电阻的阻值为 200 Ω～500 Ω。也可以选用驱动器件以提供更大的电流，常用的驱动器件有 74LS06、74LS07、小功率三极管等。

5.2.2　LED 数码管显示

1. LED 显示器及其工作原理

LED 具有显示亮度高、响应快的特点。最常用的是七段 LED 显示器，又称数码管。七段 LED 显示器内部由七个条形发光二极管和一个小圆点发光二极管组成。这种显示器分共阳极和共阴极两种：共阳极 LED 显示器发光二极管的所有阳极连接在一起，为公共端，如图 5.6(a)所示；共阴极 LED 显示器发光二极管的所有阴极连接在一起，为公共端，如图 5.6(b)

所示。单个数码管的引脚配置如图 5.6(c)所示。其中 com 为公共端。

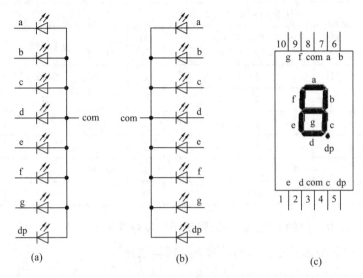

图 5.6　LED 显示器

(a) 共阳极；(b) 共阴极；(c) 数码管引脚

　　如图 5.6(c)所示，利用各段发光二极管的"亮"、"暗"可以组成各种数字和符号，这种组合称为段码。表 5.2 是段码表，如果数码管的引脚不是按表中所列的对应关系连接，也可以编写自己使用的段码表。

表 5.2　LED 数码管段码表

显示字符	共阴极时引脚连接对应关系								十六进制代码	
	D7 dp	D6 g	D5 f	D4 e	D3 d	D2 c	D1 b	D0 a	共阴极	共阳极
0	0	0	1	1	1	1	1	1	3FH	C0H
1	0	0	0	0	0	1	1	0	06H	F9H
2	0	1	0	1	1	0	1	1	5BH	A4H
3	0	1	0	0	1	1	1	1	4FH	B0H
4	0	1	1	0	0	1	1	0	66H	99H
5	0	1	1	0	1	1	0	1	6DH	92H
6	0	1	1	1	1	1	0	1	7DH	82H
7	0	0	0	0	0	1	1	1	07H	F8H
8	0	1	1	1	1	1	1	1	7FH	80H
9	0	1	1	0	1	1	1	1	6FH	90H
A	0	1	1	1	0	1	1	1	77H	88H
b	0	1	1	1	1	1	0	0	7CH	83H
C	0	0	1	1	1	0	0	1	39H	C6H

续表

显示字符	共阴极时引脚连接对应关系								十六进制代码	
	D7 dp	D6 g	D5 f	D4 e	D3 d	D2 c	D1 b	D0 a	共阴极	共阳极
d	0	1	0	1	1	1	1	0	5EH	A1H
E	0	1	1	1	1	0	0	1	79H	86H
F	0	1	1	1	0	0	0	1	71H	8EH
H	0	1	1	1	0	1	1	0	76H	89H
P	0	1	1	1	0	0	1	1	73H	8CH
黑	0	0	0	0	0	0	0	0	00H	FFH

2. 应用单片机 I/O 口的 LED 数码管显示接口及程序设计

数码管的接口有静态显示接口和动态显示接口之分。

静态显示接口为固定显示方式，无闪烁，其电路可采用一个并行口接一个数码管。采用这种接法，n 个数码管就需要 n 个 8 位的接口，占用资源多。将 MCS-51 单片机的四个口全部利用也只能接四个 LED 数码管。这里只举一个用 P1 口和 P3 口显示 2 位数的例子，图 5.7 为电路原理图，程序初始显示为 00，每秒加 1，直至 99，如此循环。

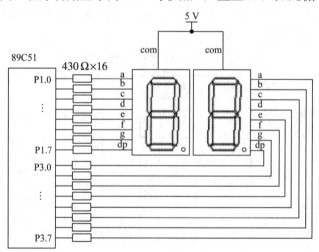

图 5.7　两位 LED 数码管静态显示

程序清单：

```
          ORG    0000H
BEGIN:    MOV    R0, #00H     ; 需显示的值，00～99
LOOP:     MOV    B, #10       ; 为分解需显示的值所需的除数为 10
          MOV    A, R0
          DIV    AB           ; 将需显示的值分解成十位数(存在 A)和个位数(存在 B)
          ACALL  STAB         ; 查十位数的段码
          MOV    P1, A        ; 送 P1 显示十位数
```

```
            MOV     A, B              ; 将需显示的值个位数(存在 B)送 A
            ACALL   STAB             ; 查个位数的段码
            MOV     P3, A            ; 送 P3 显示个位数
            ACALL   DELAY1s          ; 调延时子程序
            INC     R0               ; 将需显示的值加 1
            CJNE    R0, #100, LOOP   ; 是否为 100, 不是转 LOOP
            AJMP    BEGIN            ; 是, 转 BEGIN 从 00 开始显示
DELAY1s:    MOV     R7, #19          ; 延时子程序, 约 1 s(晶振 12 MHz)
    DL1:    MOV     R6, #200
    DL2:    MOV     R5, #125
    DL3:    DJNZ    R5, DL3
            DJNZ    R6, DL2
            DJNZ    R7, DL1
            RET
    STAB:   MOV     DPTR, #TAB       ; 根据 A 的内容查出段码
            MOVC    A, @A + DPTR
            RET
    TAB:    DB      0C0H, 0F9H, 0A4H, 0B0H, 99H, 92H, 82H, 0F8H, 80H, 90H
            END
```

　　动态显示采用各数码管循环显示的方法。当循环显示的时间间隔较小(如 10 ms)时，利用人眼的视觉暂留特性，看不出闪烁的现象。这种显示方式是将各个段码管的各段脚分别并接在一个端口上，输出段码；各个数码管的公共端分别由其他端口控制，完成数位的选择，控制各数码管轮流点亮。图 5.8 是 2 位数码管动态显示的简单例子。因公共端的电流较大(最大为点亮八个发光二极管所需的电流)，加了一个三极管作为驱动。因动态显示，限流电阻选 200 Ω。程序将显示"86"。其程序框图如图 5.9 所示。

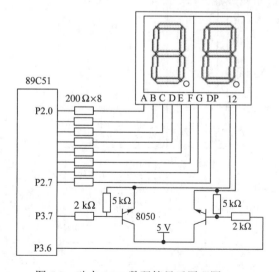

图 5.8　动态 LED 数码管显示原理图

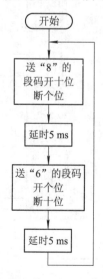

图 5.9　两位数码管动态显示程序框图

程序清单：

```
                ORG       0000H
      BEGIN：   MOV P2，  #80H         ；送"8"的段码
                SETB      P3.7          ；显示十位
                CLR       P3.6          ；关断个位
                ACALL     DELAY         ；调延时子程序，约 5 ms
                MOV       P2，#82H       ；送"6"的段码
                SETB      P3.6          ；显示个位
                CLR       P3.7          ；关断十位
                ACALL     DELAY
                AJMP      BEGIN         ；继续循环
      DELAY：   MOV       R7，#20        ；延时子程序，约 5 ms
        DL1：   MOV       R6，#125
        DL2：   DJNZ      R6，DL2
                DJNZ      R7，DL1
                RET
                END
```

以上程序 Proteus 仿真运行结果如图 5.10 所示，其中 Proteus 所使用的元件见表 5.3。

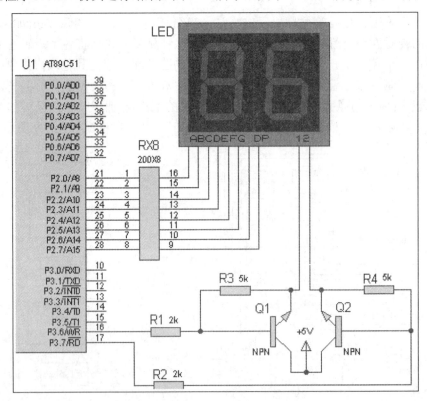

图 5.10　两位 LED 数码管动态仿真图

表 5.3　元件列表

元件编号	元件名	Proteus 中元件名	值
U1	51 单片机	AT89C51	
LED	共阳极 两位数码管	7SEG-MPX-CA	
R×8	排阻	R×8	200 Ω
R1～R4	电阻	RES	2 kΩ～5 kΩ
V1、V2	小功率三极管	NPN	

对于动态显示所需要的固定循环间隔时间(扫描时间),本程序是用软件延时解决的。实际应用时,CPU 还要执行其他应用程序,一般会采用定时器中断的方式解决定时扫描问题。本书的附录 A 实验 4 就是采用这种方案实现动态显示。用同样的原理,还可以显示 4、5、6、7、8 等多位 LED 数码管。

5.2.3　键盘

键盘是由若干个按键组成的,它是单片机最简单的输入设备。使用者通过键盘输入数据命令,实现简单的人机对话。按键就是一个简单的开关,当按键按下时,相当于开关闭合;当按键松开时,相当于开关断开。按键在闭合和断开时,会存在抖动现象。按键的抖动时间一般为(5～10)ms,抖动可能造成一次按键的多次处理问题。应采用措施消除抖动的影响。单片机应用常采用软件延时 10 ms 的办法来消除抖动的影响。如图 5.11 所示,当单片机检测到有键按下时,先延时 10 ms,然后再检测按键的状态,若仍是闭合状态,则认为真正有键按下。当需要检测到按键释放时,也需做同样的处理。

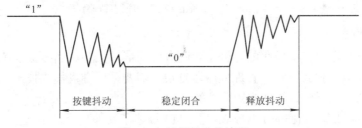

图 5.11　按键抖动的波形

常见键盘电路有独立式和行列式两种。独立式键盘用于按键较少(如 1～4 个键)的场合。行列式键盘用于按键较多的场合。

1. 独立式键盘

在独立式键盘中,每个按键占用一根 I/O 口线,每个按键电路相对独立,如图 5.12 所示,I/O 口通过按键与地连接,键闭合时,I/O 口与地接通。在读取 I/O 口状态时,需先向 I/O 口送 "1"。如 I/O 口无内部上拉电阻,则需加外部上拉电阻。

下面是一个处理图 5.12 的独立式键盘的程序,在检测按键是否按下时,采用了软件延时消抖的处

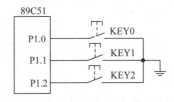

图 5.12　独立式键盘电路原理图

理，但未加键释放时的消抖处理。

程序如下：

```
KEY0:   SETB    P1.0
        JB      P1.0，KEY1   ；有键按下 P1.0 = 0；无键按下 P1.0 = 1，转检测 KEY1 键
        ACALL   DELAY       ；延时，防止抖动
        SETB    P1.0
        JB      P1.0，KEY0   ；如无键按下，说明按键不稳定，再次进行检测
        ACALL   Pkey0       ；转键处理程序
KEY1:   SETB    P1.1
        JB      P1.1，KEY2
        ACALL   DELAY
        SETB    P1.1
        JB      P1.1，KEY1
        ACALL   Pkey1
KEY2:   SETB    P1.2
        JB      P1.2，KEY0
        ACALL   DELAY
        SETB    P1.2
        JB      P1.2，KEY2
        ACALL   Pkey2
    Pkey0:                  ；KEY0 键处理程序(略)
    Pkey1：…                ；KEY1 键处理程序(略)
    Pkey2：…                ；KEY2 键处理程序(略)
```

2. 行列式键盘

独立式键盘只适合按键较少的场合，否则占用的端口太多。当按键较多时，可采用行列式键盘电路。但行列式键盘的管理程序较复杂，需要采用键盘扫描技术。常用的键盘扫描方式有扫描法、线反转法、状态矩阵法等。

本节只介绍线反转法(Line-Reverse)，图 5.13 描述了其编程原理。

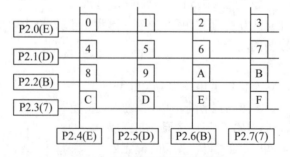

图 5.13　线反转法接线与键号图

I/O 端线分为行线和列线，按键跨接在行线和列线上，键按下时，行线与列线发生短路。

线反转法扫描的步骤如下：

(1) 从 P2 口的高 4 位输出低电平(列)，低 4 位输出高电平(行)，即 MOV P2, #0FH，再从 P2 口读取键盘状态。这时，如低 4 位中有一位出现"0"，说明此行中有键按下。各行有键按下时，从 P2 口读取的数值依次为 0EH、0DH、0BH、07H。

(2) 从 P2 口的低 4 位输出低电平(行)，高 4 位输出高电平(列)，即 MOV P2, #0F0H，再从 P2 口读取键盘状态。

这时，如高 4 位中有一位出现"0"，说明此列中有键按下。各列有键按下时，从 P2 口读取的数值依次为 E0H、D0H、B0H、70H。

(3) 将两次读取的特征值根据图 5.13 进行组合，即采用将两次读取的特征值"或"的方法，获得当前"按键的特征码"。

以下是按此过程编写的程序：

```
            ORG 0000H
            MOV 30H, #0FFH      ; 最终获得的键号 0～15 存放在 30H，如(30H)=0FFH，表示
                                ; 无按键按下
MAIN:       MOV P2, #0FH        ; 线反转法扫描中的第(1)步
            MOV A, P2
            MOV P2, #0F0H       ; 线反转法扫描中的第(2)步
            MOV B, P2
            ORL A, B            ; 线反转法扫描中的第(3)步

KEY0:       CJNE A, #0EEH, KEY1 ; 特征码如为"0EEH"，键号为 0
            MOV 30H, #00H
KEY1:       CJNE A, #0DEH, KEY2 ; 特征码如为"0DEH"，键号为 1
            MOV 30H, #01H
KEY2:       CJNE A, #0BEH, KEY3 ; 特征码如为"0BEH"，键号为 2
            MOV 30H, #02H
KEY3:       CJNE A, #7EH, KEY4  ; 特征码如为"07EH"，键号为 3
            MOV 30H, #03H
KEY4:       CJNE A, #0EDH, KEY5 ; 特征码如为"0EDH"，键号为 4
            MOV 30H, #04H
KEY5:       CJNE A, #0DDH, KEY6 ; 特征码如为"0DDH"，键号为 5
            MOV 30H, #05H
KEY6:       CJNE A, #0BDH, KEY7 ; 特征码如为"0BDH"，键号为 6
            MOV 30H, #06H
KEY7:       CJNE A, #7DH, KEY8  ; 特征码如为"07DH"，键号为 7
            MOV 30H, #07H
KEY8:       CJNE A, #0EBH, KEY9 ; 特征码如为"0EBH"，键号为 8
            MOV 30H, #08H
```

```
KEY9:      CJNE A, #0DBH, KEY10        ; 特征码如为"0DBH"，键号为 9
           MOV 30H, #09H

KEY10:     CJNE A, #0BBH, KEY11        ; 特征码如为"0BBH"，键号为 0AH=10
           MOV 30H, #0AH

KEY11:     CJNE A, #7BH, KEY12         ; 特征码如为"07BH"，键号为 0BH=11
           MOV 30H, #0BH

KEY12:     CJNE A, #0E7H, KEY13        ; 特征码如为"0E7H"，键号为 0CH=12
           MOV 30H, #0CH

KEY13:     CJNE A, #0D7H, KEY14        ; 特征码如为"0D7H"，键号为 0DH=13
           MOV 30H, #0DH

KEY14:     CJNE A, #0B7H, KEY15        ; 特征码如为"0B7H"，键号为 0EH=14
           MOV 30H, #0EH

KEY15:     CJNE A, #77H, KEYEND        ; 特征码如为"077H"，键号为 0FH=15
           MOV 30H, #0FH

KEYEND:    MOV P3, 30H                 ; 将键号送 P2 口，由 BCD 码 LED 数码管显示
           AJMP MAIN
           END
```

以上程序 Proteus 仿真运行结果如图 5.14 所示。

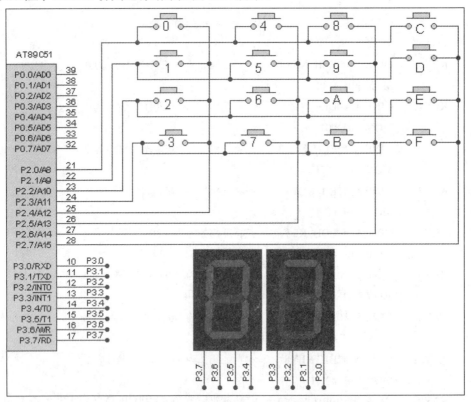

图 5.14　4×4 键盘的仿真效果图

接在 P3 口的 BCD 码 LED 数码管显示按键的键号，其中 BCD 码 LED 数码管(在 Proteus

中的元件名为 7SEG-BCD)有四根数据线，对应二进制的 4 位，可以不经译码显示 0~F。如它的四只引脚为 0111，则显示 "7"；若为 1010，则显示 "A"。在 Proteus 中可方便地用两个 BCD 数码管显示一个字节的数据而不需译码，调试程序非常方便，但在实际电路中很少使用。

5.3　LCM1602 字符型液晶显示模块

LCM 是将 LCD(Liquid Crystal Display，液晶显示器)、驱动和控制电路组合成的模块 (LCM，Liquid Crystal display Mould)。LCM 的种类繁多，最常用的有段式 LCM、字符型 LCM 和点阵型 LCM。段式 LCM 与 LED 数码管类似，只是每一段由液晶段组成。字符型的每个字符一般由 5×7 点阵组成(所以又称为 "点阵字符型")，可以显示数字和英文字母、标点符号等，一般自带显示符库。点阵型 LCM 全部由点阵的液晶组成(如 64×64、128×64、256×128、320×240 等)，可以显示汉字和图形。本节介绍最常用的字符型 LCM1602 模块(有时也称为 LCD1602)，如图 5.15 所示，其中图(a)为引脚图，图(b)为 LCM 实物照片的正面，图(c)为其背面。

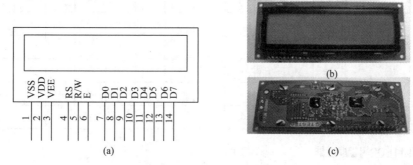

图 5.15　LCM 1602 液晶显示器及实物图

5.3.1　字符型 LCM1602 介绍

字符型 LCM1602 通常采用日立公司生产的控制器 HD44780 作为 LCD 的控制芯片。凡是基于 HD44780 液晶芯片的，其控制原理完全相同。因此，为 HD44780 写的控制程序可以很方便地应用于市面上大部分的字符型液晶模块。

1. LCM1602 的内部寄存器

LCM1602 带有以下内部寄存器。

(1) 具有字符发生器 ROM(Character Generator ROM，CGROM)，用来寄存固定的字符图形，可显示 192 个 5×7 点阵字符，如表 5.4 所示(绝大多数与 ASCII 码相同)。可以看出，1602 显示的数字和字母的码值，与 ASCII 码表中的数字和字母的码值相同。

(2) 具有 64 B 的自定义字符 RAM(Character Generator RAM，CGRAM)，用来寄存用户自定义的字符图形，可自行定义 8 个 5 ×7 点阵字符。

(3) 具有 80 B 的数据显示存储器 RAM(Display Data RAM，DDRAM)，用来寄存待显示的字符代码。

表 5.4　LCM 1602 显示字符表

Upper 4 bit / Lower 4 bit	LLLL	LLHL	LLHH	LHLL	LHLH	LHHL	LHHH	HLLL	HLLH	HLHL	HLHH	HHLL	HHLH	HHHL	HHHH
LLLL	CGRAM(1)		0	@	P	、	p				—	夕	ミ	α	p
LLLH	(2)	!	1	A	Q	a	q			。	ヌ	チ	ム	ä	q
LLHL	(3)	"	2	B	R	b	r			「	イ	ツ	メ	β	θ
LLHH	(4)	#	3	C	S	c	s			」	ウ	テ	モ	ε	∞
LHLL	(5)	$	4	D	T	d	t			\	エ	ト	ヤ	μ	Ω
LHLH	(6)	%	5	E	U	e	u			·	オ	ナ	ユ	σ	ü
LHHL	(7)	&	6	F	V	f	v			ヲ	カ	ニ	ヨ	ρ	Σ
LHHH	(8)	'	7	G	W	g	w			フ	キ	ヌ	ラ	g	π
HLLL	(1)	(	8	H	X	h	x			イ	ク	ネ	リ	√	$\bar{x}$
HLLH	(2)	)	9	I	Y	i	y			ウ	ケ	ノ	ル	$^{-1}$	y
HLHL	(3)	*	:	J	Z	j	z			エ	コ	ハ	レ	j	チ
HLHH	(4)	+	;	K	[	k	{			オ	サ	ヒ	ロ	×	万
HHLL	(5)	,	<	L	¥	l	|			ヤ	ツ	フ	ワ	φ	円
HHLH	(6)	–	=	M	]	m	}			ユ	ス	ヘ	ン	キ	÷
HHHL	(7)	·	>	N	^	n	→			ヨ	セ	ホ	゛	$\bar{n}$	
HHHH	(8)	/	?	O	—	o	←			ツ	ソ	マ	゜	ö	█

2. LCM1602 引脚功能

LCM1602 引脚功能见表 5.5。

表 5.5　LCM 1602 引脚功能

引　脚	符　号	功　能　说　明
1	VSS	电源地
2	VDD	+5 V 电源
3	VEE	驱动 LCD 电源(用于调节对比度)
4	RS	寄存器选择(1—指令；0—数据)
5	R/W	READ/WRITE 选择(1—READ；0—WRITE)
6	E	读写使能(下降沿使能)
7	D0	低 4 位三态、双向数据总线
8	D1	
9	D2	
10	D3	
11	D4	高 4 位三态、双向数据总线
12	D5	
13	D6	
14	D7	

3. LCM1602 显示器地址

LCM1602 能显示两行，每行 16 个字符。需要显示的字符需存入 DDRAM，每个显示字符与 DDRAM 地址的映射关系如下(用十六进制表示)：

80	81	82	83	84	85	86	87	88	89	8A	8B	8C	8D	8E	8F	第 1 行
C0	C1	C2	C3	C4	C5	C6	C7	C8	C9	CA	CB	CC	CD	CE	CF	第 2 行

也就是说，若想在 LCD1602 屏幕的第一行第一列显示一个"A"字，则只需向 DDRAM 的 80H 地址写入"A"字的代码"0100 0001 = 41H"(如表 5.4 所示，与 ASCII 码相同)即可。但写入时要按 LCD 模块的指令格式来进行。

4. LCM1602 的指令集

对 LCM1602 的操作，就是对它内部寄存器的操作。其寄存器的选择控制如下：

RS	R/W	操 作 说 明
0	0	写入指令寄存器(如清除屏幕等指令)
0	1	读 Busy flag(DB7)，以及读取地址计数器(DB0~DB6)值
1	0	写入数据寄存器(显示各字符等)
1	1	从数据寄存器读取数据

LCM1602 的指令共 11 条。

(1) 清屏指令。指令字描述如下：

指令 功能	控制线		数　据　线							
	RS	R/W	D7	D6	D5	D4	D3	D2	D1	D0
清除显示屏	0	0	0	0	0	0	0	0	0	1

功能：① 清屏，即将 DDRAM 的内容全部填入"空白"的 ASCII 码 20H；

　　　② 光标归位，即将光标撤回液晶显示屏的左上方；

　　　③ 将地址计数器(AC)的值设为 0。

(2) 光标归位指令。指令字描述如下：

指令功能	控制线		数　据　线							
	RS	R/W	D7	D6	D5	D4	D3	D2	D1	D0
光标归位	0	0	0	0	0	0	0	0	1	X

注：X 可为 0 或 1。

功能：① 把光标撤回到显示器的左上方；

　　　② 把地址计数器(AC)的值设置为 0；

　　　③ 保持 DDRAM 的内容不变。

(3) 模式设置指令。指令字描述如下：

指令功能	控制线		数　据　线							
	RS	R/W	D7	D6	D5	D4	D3	D2	D1	D0
模式设置	0	0	0	0	0	0	0	1	I/D	S

功能：设定每次写入 1 位数据后光标的移位方向，并且设定每次写入的一个字符是否移动。参数设定的情况如下：

位名	设　　置
I/D	= 0，写入新数据后光标左移；= 1，写入新数据后光标右移
S	= 0，写入新数据后显示屏不移动；= 1，写入新数据后显示屏整体右移 1 个字符

(4) 显示开关控制指令。指令字描述如下：

指令功能	控制线		数　据　线							
	RS	R/W	D7	D6	D5	D4	D3	D2	D1	D0
显示开关控制	0	0	0	0	0	0	1	D	C	B

功能：控制显示器开/关、光标显示/关闭以及光标是否闪烁。参数设定的情况如下：

位名	设　　置
D	= 0，显示功能关；= 1，显示功能开
C	= 0，无光标；= 1，有光标
B	= 0，光标闪烁；= 1，光标不闪烁

(5) 设定显示屏或光标移动方向指令。指令字描述如下：

指令功能	控制线		数　据　线							
	RS	R/W	D7	D6	D5	D4	D3	D2	D1	D0
设定显示屏或光标移动方向	0	0	0	0	0	0	S/C	R/L	X	X

功能：使光标移位或整个显示屏幕移位。参数设定的情况如下：

S/C	R/L	设　定　情　况
0	0	光标左移 1 格，且 AC 值减 1
0	1	光标右移 1 格，且 AC 值加 1
1	0	显示器上字符全部左移一格，但光标不动
1	1	显示器上字符全部右移一格，但光标不动

(6) 功能设定指令。指令字描述如下：

指令功能	控制线		数　据　线							
	RS	R/W	D7	D6	D5	D4	D3	D2	D1	D0
功能设定	0	0	0	0	1	DL	N	F	X	X

功能：设定数据总线位数、显示行数及字符。参数设定的情况如下：

位名	设　　置
DL	= 0，数据总线为 4 位；= 1，数据总线为 8 位
N	= 0，显示 1 行；= 1，显示 2 行
F	= 0，5×7 点阵/每字符；= 1，5×10 点阵/每字符

(7) 设定 CGRAM 地址指令。指令字描述如下：

指令功能	控制线		数　据　线							
	RS	R/W	D7	D6	D5	D4	D3	D2	D1	D0
设定 CGRAM 地址	0	0	0	0	CGRAM 地址(6 位)					

功能：设定下一个要存入数据的 CGRAM 的地址。

(8) 设定 DDRAM 地址指令。指令字描述如下：

指令功能	控制线		数　据　线							
	RS	R/W	D7	D6	D5	D4	D3	D2	D1	D0
设定 DDRAM 地址	0	0	1	DDRAM 地址(7 位)						

功能：设定下一个要存入数据的 CGRAM 的地址。

(9) 读取忙信号或 AC 地址指令。指令字描述如下：

指令功能	控制线		数　据　线							
	RS	R/W	D7	D6	D5	D4	D3	D2	D1	D0
读取忙信号或 AC 地址	0	1	FB	AC 内容(7 位)						

功能：① 读取忙信号 BF(Busy Flag)的内容，BF = 1 表示液晶显示器忙，暂时无法接收单片机送来的数据或指令；BF = 0 表示液晶显示器可以接收单片机送来的数据或指令。

　　　② 读取地址计数器(AC)的内容。

(10) 数据写入 DDRAM 或 CGRAM 指令。指令字描述如下：

指令功能	控制线		数　据　线							
	RS	R/W	D7	D6	D5	D4	D3	D2	D1	D0
数据写入 DDRAM 或 CGRAM	1	0	要写入的数据 D7～D0							

功能：① 将字符码写入 DDRAM，以使液晶显示屏显示相对应的字符。

　　　② 将使用者自己设计的图形存入 CGRAM。

(11) 从 CGRAM 或 DDRAM 读出数据的指令。指令字描述如下：

指令功能	控制线		数　据　线							
	RS	R/W	D7	D6	D5	D4	D3	D2	D1	D0
数据写入 DDRAM 或 CGRAM	1	1	要读出的数据 D7～D0							

功能：读取 DDRAM 或 CGRAM 中的内容。

基本操作时序如下：

读状态	输入：RS = L，RW = H，E = H；	输出：DB0～DB7 = 状态字
写指令	输入：RS = L，RW = L，E = 下降沿脉冲，DB0～DB7 = 指令码；	输出：无
读数据	输入：RS = H，RW = H，E = H；	输出：DB0～DB7 = 数据
写数据	输入：RS = H，RW = L，E = 下降沿脉冲，DB0～DB7 = 数据；	输出：无

5. LCM1602 的时序

LCM1602 的时序如图 5.16、图 5.17 和表 5.6 所示。不同厂家的 LCM1602 的时序可能略有差异。

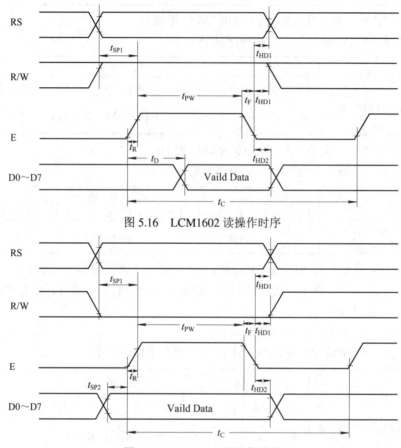

图 5.16   LCM1602 读操作时序

图 5.17   LCM1602 写操作时序

表 5.6   LCM1602 时序参数

时序参数	符号	极 限 值			单位	测试条件
		最小值	典型值	最大值		
E 信号周期	t_0	400	—	—	ns	引脚 E
E 脉冲宽度	t_{PW}	150	—	—	ns	
E 上升沿/下降沿时间	t_R, t_F	—	—	25	ns	
地址建立时间	t_{SP1}	30	—	—	ns	引脚 E、RS、R/W
地址保持时间	t_{HD1}	10	—	—	ns	
数据建立时间(读操作)	t_D	—	—	100	ns	引脚 D0～D7
数据保持时间(读操作)	t_{HD2}	20	—	—	ns	
数据建立时间(写操作)	t_{SP2}	40	—	—	ns	
数据保持时间(写操作)	t_{HD2}	10	—	—	ns	

5.3.2　LCM1602 与单片机的接口

LCM1602 与 51 单片机的接口原理图如图 5.18 所示，其中 10 kΩ 可调电阻的作用是调节 LCD 的背光亮度。P0 口接了一个 10 kΩ 的排阻，此排阻的内部结构和实物照片如图 5.19 所示，它是作为 P0 口的上拉电阻使用的。

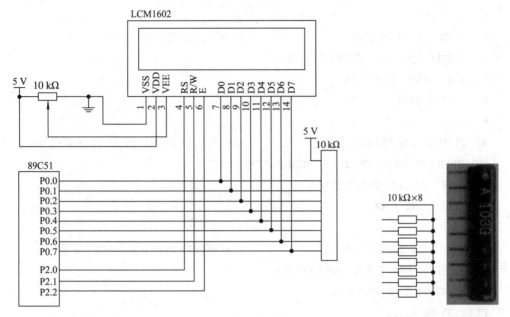

图 5.18　LCM1602 与 51 单片机的接口原理图　　图 5.19　10 kΩ 排阻的内部结构和实物照片

5.3.3　LCM1602 显示模块的应用

1. 模块化编程

模块化编程是一种软件设计方法。各模块程序分别编写、编译和调试，最后模块一起连接/定位，可以把一个复杂的程序分解成若干个简单的、功能单一的程序模块，每个模块完成一个明确的任务，实现某个具体功能，如对数据的处理、键盘管理、显示、A/D 转换、D/A 转换等。

模块化编程有以下优点：

(1) 程序共享，即一个模块中的程序可以被其他模块引用。

(2) 模块化编程使得要解决的问题与特定的模块分离，很容易发现程序的错误，大大方便了程序的调试。

模块化编程将一个大的程序按功能分割成一些小模块。各模块相对独立、功能单一、结构清晰、接口简单，大大降低了程序设计的复杂性。模块化编程缩短了程序开发周期，避免了程序开发的重复劳动，易于维护和功能扩充。

2. LCD1602.a51 程序模块的框架

汇编语言的模块化程序设计采用可重定位的汇编器(ASM51)，要牵涉到许多宏汇编的伪指令。本节只介绍能完成汇编语言模块设计的基本伪指令的两种框架模式。

1) 声明公用子程序框架

下面先给出一个 LCD1602.a51 程序模块的声明公用子程序框架，并给出详细的解释。

```
1    NAME LCD1602
2    ；LCM1602 与 89C51 接口的定义：
3    ...
4    PUBLIC LCD_INITIAL                ；声明 LCD_INITIAL 为公用子程序
5    ?PR?LCD_INITIAL SEGMENT CODE
6    RSEG ?PR?LCD_INITIAL
7    LCD_INITIAL:
8    ...
9    PUBLIC LCD_PRINT_CHAR             ；声明 LCD_PRINT_CHAR 为公用子程序
10   ?PR?LCD_PRINT_CHAR   SEGMENT CODE
11   RSEG ?PR?LCD_PRINT_CHAR
12   LCD_PRINT_CHAR:
13   ...
14   PUBLIC LCD_PRINT_S                ；声明 LCD_PRINT_S 为公用子程序
15   ?PR?LCD_PRINT_S SEGMENT CODE
16   RSEG ?PR?LCD_PRINT_S
17   LCD_PRINT_S:
18   ...
19   CHECK_BUSY:                       ；查询忙标志信号子程序
20   ...
21   WRITE_COM:                        ；写指令到 LCM1602 子程序
22   ...
23   WRITE_DATA:                       ；写数据到 LCM1602 子程序
24   ...
25   LCD_CLS:                          ；清除显示屏子程序
26   ...
27   DELAY:                            ；延时子程序
28   ...
29   END
```

解释如下：

第 1 行：通常会把一个程序分成多个模块，每个模块的源代码放在一个文件中，该文件的文件名就是模块名。本模块的文件名为 LCD1602.a51，其后缀可以是 a51 或 asm，但为了与主程序区别常用 a51，主程序的后缀用 asm。NAME 描述了模块名。不过 NAME 不是必需的伪指令，可以省略。

第 2、3 行，描述本模块中 LCM1602 与 89C51 接口管脚的定义。

第 4 行，声明 LCD_INITIAL 为公用子程序。

PUBLIC 伪指令说明本模块中的某些符号(包括子程序的名)是公共的，即这些符号可以提供给将被连接在一起的其他模块使用。

第 5 行，声明 LCD_INITIAL 的段名。

SEGMENT 用于声明一个段名，其前面的符号表示段名，后面的符号为段的类型，如CODE 为程序代码段，DATA 代表内部 RAM 段。?PR?为程序段名的前缀，后面紧跟着程序名。

第 6 行，用 RSEG 说明后面的段?PR?LCD_INITIAL 是可重定位的。

RSEG　xxx 声明以下的语句应位于可重定位的 xxx 段，在编译时不进行定位，只有在链接时才确定其固定地址。如果 xxx 是程序名，也要用 ?PR? 作为程序段名的前缀。

第 7、8 行，子程序 LCD_INITIAL 的汇编代码。

第 9~13 行，关于公用子程序 LCD_PRINT_CHAR 的声明和汇编代码。

第 14~18 行，关于公用子程序 LCD_PRINT_S 的声明和汇编代码。

第 19~28 行，模块中其他子程序的汇编代码。由于没有用 PUBLIC 进行声明，所以只能在本模块的文件中引用，不能被其他模块(包括主程序)引用。

第 29 行，用 END 标志一个模块文件的结束。

2) 包含模块程序框架

按 4.1.1 节所提供的格式编写所需要的子程序模块，但不要用伪指令"ORG"指定地址。然后主程序的最后用宏指令

　　　　$INCLUDE (xxxx.a51)

把 xxxx.a51 包含进去，就可以在主程序中引用 xxxx.a51 中的所有子程序。

本书第 12 章 12.2.6 节就采用了这种包含模块程序的方法，读者可以参考。

包含模块程序的框架形式把模块中所有的子程序都包含了，而声明公用子程序框架仅就需要使用的子程序进行声明，使程序更为清晰，本书大多采用这种框架。

3. LCD1602.a51 模块程序清单

LCD1602.a51 的程序清单如下，清单中对所有公用子程序都给出了详细的注释，包括如何使用的举例。这是一个模块程序的范例，希望读者学习这种风格。

模块中对 LCM1602 所进行的指令、数据的操作，是按 LCM1602 的时序(见图 5.16、图 5.17 和表 5.6)完成的。

```
NAME LCD1602

; ------------------------------------------------------------

; 模块名：LCD1602.a51

; 功能：LCM1602 的驱动模块

;       初始化 LCM1602、在指定的位置显示字符或字符串

; ------------------------------------------------------------

; LCM1602 与 89C51 接口的定义：

    RS   EQU P2.0

    R_W EQU P2.1
```

```
        E    EQU P2.2
        DB0_DB7 EQU P0
```

```
; ------------------------------------------------------------
; 子程序名：LCD_INITIAL
; 功能：初始化 LCM1602
; ------------------------------------------------------------
PUBLIC LCD_INITIAL                      ; 声明 LCD_INITIAL 为公用子程序
?PR?LCD_INITIAL SEGMENT CODE            ; 注意：LCD_INITIAL 前加了一个 "?PR?"
RSEG ?PR?LCD_INITIAL
LCD_INITIAL:
        MOV   A, #38H                   ; 显示功能
        ACALL  WRITE_COM
        MOV   A, #0CH                   ; 显示开关控制
        ACALL  WRITE_COM
        ACALL  LCD_CLS                  ; 清显示屏
        RET
```

```
; ------------------------------------------------------------
; 子程序名：LCD_PRINT_CHAR
; 功能：在指定的位置显示字符
; 参数：A—显示的位置，第 1 行为 80H~8FH，第 2 行为 C0H~CFH
;      R5—显示数据的个数
;      R1—显示数据的首地址
; 注意：显示的数据必须用 ASCII 码表示
; 占用寄存器：A、DPTR、R1、R5
; Examp：在第 2 行第 5~7 列显示 "156"
;        MOV A, #0C5H                   ; 在第 2 行第 6 列开始显示
;        MOV R5, #3                     ; 要显示 3 个字符
;        MOV R1, #20H                   ; 第 1 个字符存放的首地址为 20H
;        MOV 20H, #31H                  ; "1" 的 ASCII 码为 31H
;        MOV 21H, #35H                  ; "5" 的 ASCII 码为 35H
;        MOV 22H, #36H                  ; "6" 的 ASCII 码为 36H
;        ACALL LCD_PRINT_CHAR           ; 调用显示字符子程序
; ------------------------------------------------------------
PUBLIC LCD_PRINT_CHAR                   ; 声明 LCD_PRINT_CHAR 为公用子程序
?PR?LCD_PRINT_CHAR SEGMENT CODE
RSEG ?PR?LCD_PRINT_CHAR
LCD_PRINT_CHAR:
```

```
                ACALL WRITE_COM
LOOP:           MOV A, @R1
                ACALL WRITE_DATA
                INC R1
                MOV A, R1
                DJNZ R5, LOOP
                RET
```

```
; ------------------------------------------------------------
; 功能：在指定的位置显示字符串
; 参数：A—显示的位置，第 1 行为 80H～8FH，第 2 行为 C0H～CFH
;       DPTR—显示固定字符串表格首地址
; 占用寄存器：A、DPTR
; Examp:   在第 2 行第 0～15 列显示"WelcomeToStuelab"
;          MOV A, #0C0H
;          MOV DPTR, #TABLE
;          LCALL LCD_PRINT_S
; TABLE:   DB " WelcomeToStuelab", 00H；
; 注意：定义的字符串后要加"00H"。
; ------------------------------------------------------------
PUBLIC LCD_PRINT_S                      ; 声明 LCD_PRINT_S 为公用子程序
?PR?LCD_PRINT_S SEGMENT CODE
RSEG ?PR?LCD_PRINT_S
LCD_PRINT_S:
                ACALL WRITE_COM
                MOV R1, #00H
 LOOPS:         CLR A
                MOVC A, @A+DPTR
                ACALL WRITE_DATA
                INC DPTR
                CLR A
                MOVC A, @A+DPTR
                CJNE A, #00H, LOOPS
                RET

CHECK_BUSY:                             ; 查询忙标志信号子程序
                PUSH ACC
BUSY_LOOP:
                CLR E
```

```
                SETB R_W
                CLR RS
                SETB E
                ACALL DELAY；
                MOV A, DB0_DB7
                CLR E
                JB ACC.7, BUSY_LOOP
                POP ACC
                ACALL DELAY
                RET

        WRITE_COM:                          ；写指令到 LCM1602 子程序
                ACALL CHECK_BUSY
                CLR E
                CLR RS
                CLR R_W
                SETB E
                ACALL DELAY
                MOV DB0_DB7, A
                CLR E
                RET

        WRITE_DATA:                         ；写数据到 LCM1602 子程序
                ACALL CHECK_BUSY
                CLR E
                SETB RS
                CLR R_W
                SETB E
                ACALL DELAY
                MOV DB0_DB7, A
                CLR E
                RET

    LCD_CLS：MOV A, #01H                     ；清除显示屏子程序
                ACALL WRITE_COM
                RET
    DELAY：     MOV R6, #5                   ；延时子程序
    DELAY1：    MOV R7, #0FFH
                DJNZ R7, $
```

```
                DJNZ R6, DELAY1
                RET
                END
```

4. LCM1602 驱动程序的应用

下面是 LCM1602 在指定的位置显示数据"156"的演示程序的主程序清单。程序中对所引用的公共子程序用"EXTRN"进行了声明。

EXTRN 是宏汇编的伪指令，它说明本程序中所用的符号(包括子程序的名)是外部的，但这些符号要在将被连接在一起的其他模块中定义并用 PUBLIC 声明过。

```
        ; -----------------------------------------------
        ; 文件名：LCD1602demo.asm
        ; 功能：LCM1602 在指定的位置显示数据的演示程序的主程序
        ; -----------------------------------------------
        EXTRN   CODE(LCD_INITIAL)          ; 对需调用的 LCD1602 模块中公用子程序的声明
        EXTRN   CODE(LCD_PRINT_S)
        EXTRN   CODE(LCD_PRINT_CHAR)


                ORG 0000H
                AJMP MAIN


                ORG 0030H
        MAIN:   ACALL LCD_INITIAL          ; LCM1602 初始化

                MOV A, #81H                ; 在第 1 行第 1 列显示字符串
                MOV DPTR, #TABLE           ; 字符串首址放 DPTR
                ACALL LCD_PRINT_S          ; 调用显示字符串子程序

                MOV A, #0C6H               ; 在第 2 行第 6 列显示
                MOV R5, #3                 ; 显示 3 个字符
                MOV R1, #20H               ; 第 1 个字符存放的首地址为 20H
                MOV 20H, #31H              ; 显示"1"的 ASCII 码
                MOV 21H, #35H              ; 显示"5"的 ASCII 码
                MOV 22H, #36H              ; 显示"6"的 ASCII 码

                ACALL LCD_PRINT_CHAR       ; 调用显示字符子程序
                SJMP $
        TABLE:  DB "THE NUMBRT IS", 00H    ; 显示的字符串，注意：要以 00H 结束


                END
```

注意，以上程序仅根据 LCD1602.asm 使用了 LCD_INITIAL、LCD_PRINT_S 和 LCD_PRINT_CHAR 三个子程序。可见，只要认真理解模块中所提供的子程序，就可以很容易地写出 LCD1602 的应用程序。

当使用Keil开发平台对此 LCD1602DEMO.asm 进行调试时，将 LCD1602.a51 加入到工程中，就可以对全部程序进行编译。如图 5.20 所示。

以上程序 Proteus 仿真运行结果如图 5.21 所示，其中的 Proteus 所使用的元件见表 5.7。

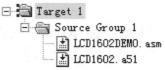

图 5.20　LCD1602 模块的工程目录

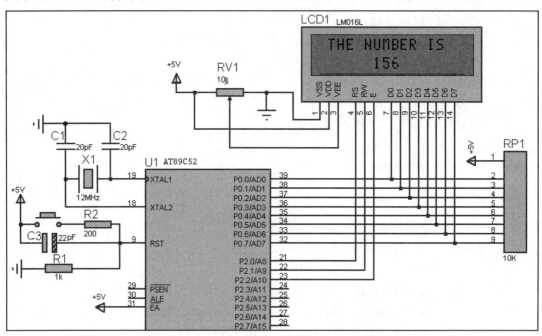

图 5.21　LCM1602 仿真显示效果图

表 5.7　LCM1602 Proteus 仿真显示元件列表

元件编号	元件名	Proteus 中元件名	值	元件编号	元件名	Proteus 中元件名	值
U1	51 单片机	AT89C52		X1	晶振	CRYSTAL	12 MHz
LCD1	字符型液晶模块	LM016L		C3	电解电容	CAP-ELEC	22 μF
RP1	排阻(上拉用)	RESPACK-8	10 kΩ	RV1	可变电阻	POT-LIN	10 kΩ
C1、C2	电容	CAP	20 pF	R1、R2	电阻	RES	1 kΩ、200 Ω

模块程序的编写对初学者来讲是较为复杂的。本章所提供的 LCD602.a51 模块可供初学者先行使用，等水平提高以后再仔细研究。在实际应用中，大多数厂商都会为自己的产品提供模块程序或称"驱动程序"，使用者在购买产品的同时可以索取这些程序，从而加快开发的速度。

　　读者可能觉得直接使用模块程序就不能学到更多更深入的东西，其实学习是一个循序渐进的过程，对于初学者而言，掌握学习方法显得更为重要。初学者可以先大概浏览一下本书的模块程序，重点放在文件中子程序的使用例子，再完成这种基于模块的应用程序的开发设计，从而提高自己的兴趣。随着学习和工作的深入，再掌握更加复杂的模块程序编写技巧(其实，一些搞单片机应用的技术人员自己不编写所有模块程序的现象是普遍存在的)。

　　本小节只介绍了 51 系列单片机用汇编语言完成模块化设计的最基本方法。一般复杂的模块化设计用 C51 要方便得多，对实时要求高的程序可用 C 语言与汇编语言混合编程来完成。

5.4　双 LED 数码管动态显示模块的设计

　　为了使用方便，这里将"5.2.2 LED 数码管显示"中的"双 LED 数码管动态显示"例题的程序改编成模块程序，但把数码管的数据输入端改为 P0 口，公共控制端改为 P2.6 和 P2.7。

　　改编后的模块程序清单如下：

```
NAME   LED2_DIS          ;模块的文件名 LED2_DIS.a51
LED1 EQU P2.6             ;定义显示个位的数码管的公共端接口
LED2 EQU P2.7             ;定义显示十位的数码管的公共端接口
LED_DATA EQU P0          ;定义数码管的数据输入端接口
; ------------------------------------------------------------
; 子程序名：LED2_DIS
; 功能：在 2 位 LED 数码管上动态显示数字
; 入口参数：31H—存放要显示的个位数
;          30H—存放要显示的十位数
; 占用的寄存器：A、DPTR、R6、R7
; ------------------------------------------------------------
PUBLIC LED2_DIS                           ;声明 LED2_DIS 为公用子程序
?PR?LED2_DIS SEGMENT CODE
RSEG ?PR?LED2_DIS
LED2_DIS:    MOV   A, 30H                 ;将要显示的个位数调入
             MOV   DPTR, #TAB             ;查个位数的段码
             MOVC A, @A+DPTR
             MOV   LED_DATA, #0FFH        ;Proteus 仿真需要，实际电路中可删除
             MOV   LED_DATA, A            ;送十位的段码
             SETB LED1                    ;显示个位
             CLR   LED2                   ;关断十位
             ACALL DELAY                  ;延时
```

```
            MOV   A, 31H                ; 将要显示的十位数调入
            MOV   DPTR, #TAB            ; 查十位数的段码
            MOVC A, @A+DPTR
            MOV   LED_DATA, #0FFH       ; Proteus 仿真需要，实际电路中可删除
            MOV   LED_DATA，A          ; 送个位的段码
            SETB LED2                   ; 显示十位
            CLR   LED1                  ; 关断个位
            ACALL DELAY                 ; 延时
            RET
DELAY：     MOV R7，#10                ; 延时子程序，约 5 ms
  DL1：     MOV R6，#125
  DL2：     DJNZ R6，DL2
            DJNZ R7，DL1
            RET
  TAB：     DB 0C0H, 0F9H, 0A4H, 0B0H, 99H, 92H, 82H, 0F8H, 80H, 90H    ; 0～9 的段码
            END
```

主程序如下：

```
    EXTRN CODE(LED2_DIS)
    ORG 0000H
MAIN：  MOV 30H，#8
        MOV 31H，#6
        ACALL LED2_DIS
        END
```

思考题与习题

1. 使用 51 单片机的 I/O 口时要注意哪些问题？

2. 51 单片机各端口的驱动能力为多少？

3. 为什么读取 I/O 引脚状态时要先向该引脚送 "1" ？

4. LED 数码管的段码是如何确定的？

5. 如何用 Keil 建立项目？在项目中应导入哪些文件？

6. 为什么要采用模块化编程？如何编写模块程序的格式？

7. 用 Proteus 设计一个动态显示 4 位 7 段 LED 数码管的电路，并编写程序，显示"1234"。

8. 用 Proteus 设计一个 4×4 的键盘和一位 7 段 LED 数码管(不能用 BCD 码的数码管)显示的电路，编写程序将按键的编码(0～F)显示出来。

9. 用 Proteus 设计一个 LCM1602 显示的电路，编写程序，使之显示 000～255(每秒加 1)。

第6章

中 断 系 统

中断系统在计算机中有着极其重要的作用。一个功能强大的中断系统，能大大提高计算机处理事件的能力，提高计算机的工作效率，增强实时性。本章讲述 MCS-51 系列单片机的中断系统。

学习中断系统，要特别注意对中断概念的理解，要能像讲述"故事"一样叙述中断的产生、允许、优先、中断保护、中断服务等响应过程。学习初期，不必过多了解中断的详细过程。

6.1　中断的概念

中断是指计算机在执行程序的过程中，当出现异常情况或特殊请求时，计算机停止现行程序的运行，自动转向对这些异常情况或特殊请求的处理，处理结束后再返回现行程序的间断处，继续执行原程序。

中断是单片机实时地处理内部或外部事件的一种内部机制。当某种内部或外部事件发生时，单片机的中断系统将迫使 CPU 暂停正在执行的程序，转而去进行中断事件的处理，中断处理完毕后，又返回被中断的程序处，继续执行下去。

中断的过程如图 6.1 所示，它包括以下几个部分。

中断源：产生中断的请求源，如一个电平的变化、一个脉冲的发生或计数器的溢出等。

中断响应：如何停止当前程序去响应中断，包括中断优先、保护断点等。

中断服务：对中断事件的处理。

中断返回：事件处理完后，返回原来被中止的程序。

计算机中的"中断"模仿了人脑处理突发事件的过程。在人们的日常生活中，"中断"现象十分普遍。例如，某人在看书，突然电话铃响，此人就会"中断"看书，并把书签夹在正看书的页码中，然后去接电话，接完电话，又从书签所做记号处继续看书。这种日常生活中处理中断的过程，几乎完全被计算机继承。"看书"可以理解成正执行当前程序；"电话铃响"可视

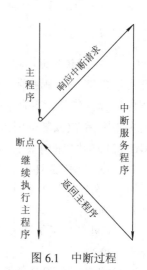

图 6.1　中断过程

为"突发事件"，称为"中断源"；如果同时还有"门铃响"、"水开了"等多个中断源，这

就有一个处理"事件"的先后次序问题，计算机称为"中断优先级"问题；在书中用书签做记号可认为是"保护断点"；接电话是执行"中断服务程序"；接完电话继续看书为"中断返回"。

中断与子程序有着本质的区别，虽然它们都是停止当前程序去执行另一程序，然后返回继续执行原程序，但是，中断是随机发生的，而子程序是预先安排好的。用前面所举的"看书接电话"的例子："中断"方式接电话时，看书人预先并不知道看到哪一页电话铃会响；"子程序"方式接电话，则意味看书人看到某一页(如 p32)时，电话铃一定响。显然，中断方式比子程序更容易处理这类突发事件。

中断技术是计算机技术的一次飞跃。处理中断的能力也在一定程度上反映了计算机能力的强弱。中断技术具有以下主要优点：

(1) 提高了 CPU 的工作效率。中断可以解决快速的 CPU 与慢速的外设之间的矛盾。CPU 在启动外设工作后继续执行主程序，同时外设也在工作。每当外设做完一件事就向 CPU 发出中断申请，CPU 停止它正在执行的程序，转去执行给外设布置任务的程序(一般情况是处理输入/输出数据)，布置完之后 CPU 恢复主程序的执行，外设也继续工作。用这样的方式，CPU 还可启动多个外设同时工作，大大地提高了 CPU 的效率。

键盘、打印机、A/D 转换器等处理速率较慢的外部设备一般都是采用中断方式工作的。

(2) 并行工作。中断可使计算机多任务同时并行工作。计算机可以分时在多任务中轮换处理各自的任务，从而在宏观上显示出并行工作。

(3) 实时处理。在实时控制中，现场的各种参数、信息均随时间而变化。这些外界变量可根据要求随时向 CPU 发出中断申请，请求 CPU 及时处理。如中断条件满足，CPU 马上就会响应，进行相应的处理，从而实现实时处理。

(4) 故障处理。针对难以预料的情况或故障，如掉电、存储出错、运算溢出等，可通过中断系统由故障源向 CPU 发出中断请求，再由 CPU 转到相应的故障处理程序进行处理。

6.2　中断系统的结构

基本型 MCS-51 系列单片机中的中断系统属于 8 位单片机中功能较强的一种中断系统，它可以提供五个中断源，每个中断源有两个中断优先级别可供选择，可实现两级中断服务程序嵌套。此外，所有中断均可由软件设定为允许中断或禁止中断，也就是说，用户可以用关中断指令(或复位)来屏蔽所有的中断请求，也可以用开中断指令使 CPU 接受中断请求。MCS-51 单片机的中断系统结构示意图如图 6.2 所示。

基本型 MCS-51 系列单片机的五个中断源为：

(1) 外部中断 0 请求：由 $\overline{\text{INT0}}$(P3.2)脚输入，当此口是低电平或是负跳变时，就向 CPU申请中断。

(2) 外部中断 1 请求：由 $\overline{\text{INT1}}$(P3.3)脚输入，当此口是低电平或是负跳变时，就向 CPU申请中断。

(3) 定时器 T0 中断请求：当定时器 T0 产生溢出时，请求中断处理。

(4) 定时器 T1 中断请求：当定时器 T1 产生溢出时，请求中断处理。

(5) 串行中断请求：当接收或发送完一串行帧时，请求中断。

MCS-51 系列增强型单片机如 89C52 有 6 个中断源，即增加了定时/计数器 2 的中断源。

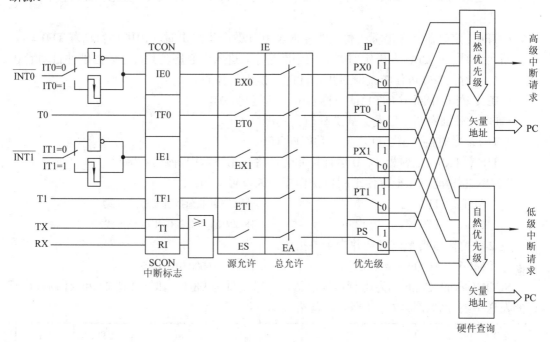

图 6.2　MCS-51 中断系统结构示意图

6.3　中断控制系统

中断控制系统包括中断请求、中断允许、中断优先级等，都是通过对单片机中的 4 个特殊功能寄存器 TCON、SCON、IE、IP 中的可寻址位的操作来完成的(实际上，MCS-51系列单片机的内部功能都是通过对特殊功能寄存器的操作完成的)。下面分别介绍关于中断的 4 个特殊功能寄存器。

6.3.1　中断请求标志寄存器(TCON、SCON)

TCON(Time/Counter Control)字节地址为 88H，可位寻址，其格式如下：

TCON	TF1	TR1	TF0	TR0	IE1	IT1	IE0	IT0
位地址	8FH	8EH	8DH	8CH	8BH	8AH	89H	88H

各位的功能如下：

- IE0：外部中断 0($\overline{\text{INT0}}$)中断申请标志位。
- IT0：外部中断 0($\overline{\text{INT0}}$)触发方式选择位。

IT0 = 0，电平触发方式，即 $\overline{\text{INT0}}$ 为低电平时，引起中断。要求低电平一直要保持请求到 CPU 中断同意为止。CPU 不会自动清除中断请求标志，要采用硬件方法才能清除。

IT0 = 1，跳变触发方式，当 CPU 前一个机器周期采集到 $\overline{INT0}$ 引脚为高电平，后一个机器周期采集到 $\overline{INT0}$ 引脚为低电平时(即从"1"→"0"，负跳变)，置 IE0 = 1，由 IE0 申请中断。这种方式即使 CPU 暂时不响应申请信号，中断申请也不会丢失。IE0 进入中断时被硬件清除。

- TF0：定时器 0 溢出标志位。当定时器 0 计数产生溢出时，由硬件自动置 TF0 = 1。在中断允许时，向 CPU 发出定时器 0 的中断请求，进入中断服务程序后，由硬件自动清 0。在中断屏蔽时，TF0 可作查询测试用，此时只能由软件清 0。
- IE1：外部中断 1($\overline{INT1}$)请求标志位，功能同 IE0。
- IT1：外部中断 1 触发方式选择位，功能同 IT0。
- TF1：定时器 1 溢出标志位，功能同 TF0。
- TR1、TR0：定时器 1、0 运行控制位，将在第 7 章中讲解。

TCON 的功能可以很方便地用位操作指令来设置，如：

```
SETB  IT1                ；外部中断 1 选择跳变触发方式
CLR   IT0                ；外部中断 0 选择电平触发方式
```

这 2 条位操作指令也可合并为 1 条指令：

```
MOV   TCON，#05H         ；TCON = 0000 0101B
```

SCON(Serial Control)为串行口控制器，字节地址为 98H。其低 2 位 TI 和 RI 锁存串行口的发送中断标志和接收中断标志。其格式如下：

SCON						TI	RI
位地址						99H	98H

各位的功能如下：

- TI：串行发送中断标志。CPU 将数据写入发送缓冲器 SBUF 时，就启动发送，每发送完一个串行帧，硬件将使 TI 置位。但 CPU 响应中断时并不清除 TI，必须由软件清除。
- RI：串行接收中断标志。在串行口允许接收时，每接收完一个串行帧，硬件将使 RI 置位。同样，CPU 在响应中断时不会清除 RI，必须由软件清除。

单片机系统复位后，TCON 和 SCON 均清 0，应用时要注意各位的初始状态。

6.3.2　中断允许寄存器(IE)

计算机中断系统有两种不同类型的中断：非屏蔽中断和可屏蔽中断。对非屏蔽中断，用户不能用软件的方法加以禁止，一旦有中断申请，CPU 必须予以响应。对可屏蔽中断，用户可以通过软件方法来控制是否允许某中断源的中断，允许中断称中断开放，不允许中断称中断屏蔽。MCS-51 系列单片机的 5 个中断源都是可屏蔽中断，其中断系统内部设有一个专用寄存器 IE，其字节地址为 A8H，用于控制 CPU 对各中断源的开放或屏蔽。IE(Interrupt Enable)寄存器的格式及各位定义如下：

IE	EA			ES	ET1	EX1	ET0	EX0
位地址	AFH			ACH	ABH	AAH	A9H	A8H

- EA：总中断允许控制位。EA = 1，开放所有中断，各中断源的允许和禁止可通过相应的中断允许位单独加以控制；EA = 0，禁止所有中断。
- ES：串行口中断允许位。ES = 1，允许串行口中断；ES = 0，禁止串行口中断。
- ET1：定时器 1 中断允许位。ET1 = 1，允许定时器 1 中断；ET1 = 0，禁止定时器 1 中断。
- EX1：外部中断 1 中断允许位。EX1 = 1，允许外部中断 1 中断；EX1 = 0，禁止外部中断 1 中断。
- ET0：定时器 0 中断允许位。ET0 = 1，允许定时器 0 中断；ET0 = 0，禁止定时器 0 中断。
- EX0：外部中断 0 中断允许位。EX0 = 1，允许外部中断 0 中断；EX0 = 0，禁止外部中断 0 中断。

8051 单片机系统复位后，IE 中各中断允许位均被清 0，即禁止所有中断。可以很方便地用位操作指令开放或屏蔽某些中断，如：

```
SETB   EA              ；开总中断
SETB   ET1             ；开 T1 中断
```

这 2 条位操作指令也可合并为 1 条指令：

```
MOV   IE，#88H
```

6.3.3　中断优先级寄存器(IP)及中断嵌套

1. 中断优先级寄存器

MCS-51 系列单片机基本型有 5 个中断源，当多个中断源同时发出中断请求时，要求单片机能确定哪个中断更紧迫，以便首先响应。为此，51 系列单片机给每个中断源规定了优先级别，称为优先权。51 系列单片机有两个中断优先级：高优先级和低优先级。每个中断源都可以通过编程确定为高优先级中断或低优先级中断。

寄存器 IP(Interrupt Priority)为中断优先级寄存器，字节地址为 B8H，它锁存各中断源优先级控制位，IP 中的每一位均可由软件来置 1 或清 0，1 表示高优先级，0 表示低优先级。其格式如下：

IP				PS	PT1	PX1	PT0	PX0
位地址				BCH	BBH	BAH	B9H	B8H

各位定义及功能如下：

- PS：串行口中断优先控制位。PS = 1，设定串行口为高优先级中断；PS = 0，设定串行口为低优先级中断。
- PT1：定时器 T1 中断优先控制位。PT1 = 1，设定定时器 T1 中断为高优先级中断；PT1 = 0，设定定时器 T1 中断为低优先级中断。
- PX1：外部中断 1 中断优先控制位。PX1 = 1，设定外部中断 1 为高优先级中断；PX1 = 0，设定外部中断 1 为低优先级中断。
- PT0：定时器 T0 中断优先控制位。PT0 = 1，设定定时器 T0 中断为高优先级中断；

PT0 = 0，设定定时器 T0 中断为低优先级中断。

- PX0：外部中断 0 中断优先控制位。PX0 = 1，设定外部中断 0 为高优先级中断；PX0 = 0，设定外部中断 0 为低优先级中断。

当系统复位后，IP 低 5 位全部清 0，所有中断源均设定为低优先级中断。

如果几个同一优先级的中断源同时向 CPU 申请中断，CPU 通过内部硬件查询逻辑，按同级优先级顺序确定先响应哪个中断请求。51 系列单片机中，同级优先级由硬件形成，优先级排队的自然顺序如表 6.1 所示。

表 6.1   中断优先级同级顺序

中 断 源		同级的中断优先级
符 号	名 称	
INT0	外部中断 0	最高
T0	定时/计数器 0	
INT1	外部中断 1	↓
T1	定时/计数器 1	
PS	串行口中断	最低

MCS-51 系列单片机中断优先级处理有三条原则：

- CPU 同时接收到几个中断时，首先响应优先级别高的中断请求。
- 正在进行的中断过程不能被新的同级或低优先级的中断请求所中断。
- 正进行的低优先级中断服务能被高优先级中断请求所中断。

MCS-51 系列单片机内部有两个用户不可寻址的"优先级状态触发器"，由它来实现这些原则。当其中一个置 1 时，表示正在进行高优先级的中断，它将阻止后来所有的中断请求。当另一个触发器置 1 时，表示低优先级的中断正在执行，而后所有同级的中断都被阻止，但不阻止高优先级别的中断。

按 MCS-51 系列单片机的中断优先排队规则，大多数中断排队顺序是可以实现的，但也有少数排队顺序无法实现，如 INT0→T1→INT1→T0→PS 这样的排队顺序就因优先级管理的限制而无法实现。

2. 中断嵌套

当 CPU 正处理一个中断请求时，又出现一个优先级比它高的中断请求，CPU 暂时中断当前的中断，并保留断点，响应高优先级中断，待高级中断处理结束以后，再继续进行被打断的低级中断，这个过程称为中断嵌套，其示意图如图 6.3 所示。如果发出新的中断请求的中断源的优先权级别与正在处理的中断源同级或更低时，CPU 不会响应这个中断请求，直至正在处理的中断服务程序执行完以后才去处理新的中断请求。但 51 单片机只可实现两级中断嵌套。

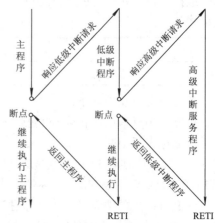

图 6.3   中断嵌套流程图

6.4 中断处理过程

6.4.1 中断响应条件

当单片机中断源有请求，并在中断允许寄存器 IE 相应位置 1 时(包括总中断 EA = 1 和相应的中断允许位置 1)，在每个机器周期的 S5P2 期间，对所有中断源按用户设置的优先级进行顺序检测，并在 S6 期间找到所有有效的中断请求。如有中断请求，且满足下列三个条件，则在下一个机器周期的 S1 期间响应中断，否则将丢弃中断采样的结果。这个过程称为中断采集。

(1) 无同级或高级中断正在处理。

(2) 现行指令执行到最后一个机器周期且已结束。

(3) 若现行指令为 RETI 或访问 IE、IP 的指令时，执行完该指令且紧随其后的另一条指令也已执行完毕。

6.4.2 中断响应过程

MCS-51 系列单片机响应中断的过程较为复杂，简要叙述如下。

CPU 响应中断后，由硬件自动执行如下的功能操作：

(1) 中断优先级查询，对相应的优先级状态触发器置 1，阻止后来的同级或低级中断请求。

(2) 保护断点，即把程序计数器 PC 的内容压入堆栈保存。

(3) 硬件清除可清除的中断请求标志位(IE0、IE1、TF0、TF1)。

(4) 把被响应的中断服务程序入口地址(又称中断矢量)送入 PC，由硬件生成长调指令"LCALL"，程序跳转到被响应的中断服务程序的入口地址，去执行那里的程序(即"中断服务程序")。各中断服务程序的入口地址如表 6.2 所示。

(5) 执行完 RETI 指令后，返回原程序继续运行。

表 6.2 中断入口地址

中 断 源	入 口 地 址
外部中断 0	0003H
定时/计数器 0	000BH
外部中断 1	0013H
定时/计数器 1	001BH
串行口中断	0023H

中断响应过程都是由单片机硬件自动完成的，但中断服务程序则必须由用户自己编写。对上述过程还需要做一些解释：

(1) 51 系列单片机 CPU 只是保护了"断点"，而没有保护"现场"，即没有自动保护

PSW、A 等寄存器或其他存储器的内容，如果需要，必须编写软件自己保护，并在中断服务后、中断返回前恢复现场。

(2) 响应的中断服务程序入口地址之间只相隔 8 个字节空间，如果中断服务程序较长，无法容纳，可写一条跳转指令，安排另一个较大的空间容纳中断服务程序。

(3) RETI 是中断服务程序结束的标记，CPU 执行完这条指令后，把响应中断时所置位的优先级状态触发器清 0，然后从堆栈中弹出顶上的两个字节送到程序计数器 PC，CPU 从原来中断处重新执行被中断的程序。

注意：不能用 RET 指令代替 RETI 指令，虽然用 RET 指令也能控制 PC 返回原来中断的地址，但 RET 没有清 0 优先级状态触发器，中断系统会认为中断仍在进行，其结果是与此同级的中断请求将不被响应。所以用户的中断复位程序的最后一条指令必须是 RETI。

如要详细了解中断响应过程，需要分析中断的响应时序，如图 6.4 所示。

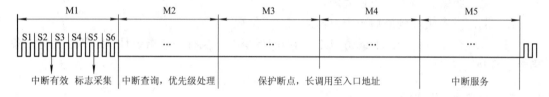

图 6.4　中断响应时序

图中 M1～M5 表示机器周期。若中断源在 M1 周期内发生中断请求，将置 TCON 中的对应标志位，且于 S5P2 期间其状态被采集。在接着的 M2 机器周期，执行中断查询和优先级处理。如果执行的当前指令不是 RET、RETI、IE、IP，而是其他指令的最后一个机器周期且中断请求有效，CPU 即响应中断。在 M3、M4 两个机器周期中，内部硬件自动生成长调用指令 LCALL，并置位中断优先级状态触发器，将断点地址(PC 的当前值)压入堆栈保护，把对应的中断服务程序入口地址送 PC，同时清除该中断请求标志位。但不会自动清 0 串行通信的中断请求标志位 RI、TI，必须通过软件才能清除它们。在 M5 机器周期开始执行中断服务程序。

从中断源提出中断申请，到 CPU 响应中断，自动转向中断矢量地址，执行中断服务程序，直到返回断点继续原程序的执行过程，就是中断响应的全过程。

6.4.3　中断的撤销

MCS-51 各中断源中断请求撤销的方法各不相同，分别为：

(1) 定时器中断请求的撤销。对于定时器 0 或 1 溢出中断，CPU 在响应中断后即由硬件自动撤销其中断标志位 TF0 或 TF1，无需采取其他措施。

(2) 串行口中断请求的撤销。对于串行口中断，CPU 在响应中断后，硬件不能自动撤销中断请求标志位 TI、RI，必须在中断服务程序中用软件将其撤销。

(3) 外部中断请求的撤销。外部中断可分为跳变触发型和电平触发型。

对于跳变触发的外部中断 0 或 1，CPU 在响应中断后由硬件自动清除其中断标志位 IE0 或 IE1，无需采取其他措施。

对于电平触发的外部中断，其中断请求撤除方法较复杂。首先，CPU 在响应中断后不会自动清除其中断标志位 IE0 或 IE1,在中断返回前,应撤销(清除)该中断请求标志。其次,因低电平引起外部中断,所以在 CPU 响应中断后,应立即撤销引脚上的低电平,否则会引起重复中断而导致错误。由于 CPU 不能控制引脚的信号,因此,只有通过硬件再配合相应软件才能解决这个问题。图 6.5 是可行方案之一。

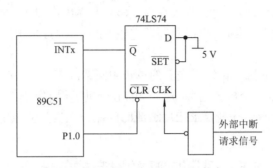

图 6.5　撤除外部中断请求的电路

由图 6.5 可知,外部中断请求信号不直接加在 $\overline{\text{INTx}}$ ($\overline{\text{INT0}}$ 或 $\overline{\text{INT1}}$)引脚上。当外部中断请求的低电平有效信号经反相器后送到 D 触发器的 CLK 端产生正跳变时,$\overline{\text{Q}}$ 端输出为 0,向单片机发出中断请求。可通过一根 I/O 口线(如 P1.0)来控制 $\overline{\text{CLR}}$ 端,输入一个负脉冲(持续时间为两个机器周期),即可使 $\overline{\text{Q}}$ 置 1,从而撤销中断请求。在中断服务程序中采用以下三条指令:

　　　CLR P1.0
　　　NOP
　　　SETB P1.0

它会在 P1.0 上输出一个宽度为两个机器周期的负脉冲,使 D 触发器复位,$\overline{\text{Q}}$=1,撤销中断请求,从而不会产生中断请求。

6.4.4　外部中断响应的时间

中断响应时间是指从中断请求标志位置到 CPU 开始执行中断服务程序的第一条指令所需要的时间。CPU 并非每时每刻对中断请求都予以响应。另外,不同的中断请求其响应时间也是不同的。

以外部中断为例,CPU 在每个机器周期的 S5P2 期间采样其输入引脚 $\overline{\text{INT0}}$ 或 $\overline{\text{INT1}}$ 端的电平,如果中断请求有效,则置位中断请求标志位 IE0 或 IE1,然后在下一个机器周期再对这些值进行查询,这就意味着中断请求信号的低电平至少应维持一个机器周期。这时,如果满足中断响应条件,则 CPU 响应中断请求,在下一个机器周期执行一条硬件长调用指令 "LACLL",使程序转入中断地址入口。该调用指令执行时间是两个机器周期,因此,外部中断响应时间至少需要三个机器周期,这是最短的中断响应时间。

如果中断请求不能满足前面所述的三个条件而被阻断,则要增加等待时间。例如一个同级或更高级的中断正在进行,则附加的等待时间取决于正在进行的中断服务程序的长度,等待时间不确定。

若没有同级或高优先级的中断正在进行,则所需要的附加等待时间为三至五个机器周期。

这是因为：

第一，如果正在执行的一条指令还没有进行到最后一个机器周期，则附加的等待时间为一至三个机器周期(因为即使是最长执行时间的指令 MUL、DIV，也只有四个机器周期)。

第二，如果查询周期恰逢 RET、RETI 或访问 IE、IP 指令(这些指令后面至少要再执行一条指令才能接受中断请求)，而这些指令后又碰巧是 MUL、DIV 指令，则此时引起的附加时间不会超过五个机器周期(一个机器周期完成 RET、RETI 或 IE、IP 指令再加四个机器周期完成 MUL、DIV)。

因此，对于外部中断源，在没有嵌套的单级中断情况下，响应时间为三个机器周期(最短响应外部中断时间)至八个机器周期(加最长的五个机器周期附加时间)。

中断响应的时间会给一些高要求应用造成时间差，在实际应用中应予以注意。

6.5　外部中断触发方式的选择

CPU 在采集外部中断时，会检测 $\overline{\text{INT0}}$、$\overline{\text{INT1}}$引脚的电平，这个电平对中断的触发方式可定义为两种：电平触发方式和跳变触发方式(设置方法见 6.3.1 节)。

若外部中断定义为电平触发方式，则外部中断申请标志位(IE0、IE1)的状态会随 CPU 在每个机器周期采样到的外部中断输入引脚的电平变化而变化。这样能提高 CPU 对外部中断请求的响应速度。这种方式要求外部中断请求的有效低电平一直保持到请求获得响应为止，不然就会丢失。同时要求在中断服务程序结束之前及时撤销其低电平，否则中断返回之后将再次产生中断。电平触发方式适合于外部中断输入为低电平，且中断服务程序能清除外部中断请求源的情况。

若外部中断定义为跳变触发方式，则外部中断申请标志位(IE0、IE1)的状态能被锁住。原因是：定义为跳变触发方式后，CPU 在前一个机器周期采样到外部中断输入为高电平，下一个机器周期采样到为低电平时(即从 "1" → "0"，负跳变)，则置 IE0 或 IE1 为逻辑 1。这样，即便是 CPU 暂时不能响应，中断申请标志也不会丢失。CPU 响应中断时会自动清零 IE0、IE1。因此，为保证下降沿能被可靠地采样到，$\overline{\text{INT0}}$ 或 $\overline{\text{INT1}}$ 上的高、低电平至少要保持一个机器周期(若晶振为 12 MHz，则 T 为 1 μs)。跳变触发方式适合于以负脉冲形式输入的外部中断请求，如 ADC0809 的转换结束标志 EOC 为正脉冲，经反相后就可以作为 51 单片机的外部中断输入。这种触发方式可靠性高，不易发生连续被中断响应的错误。

6.6　中断程序设计

编写中断服务程序时需注意以下几点：

(1) 各中断源的中断入口地址之间只相隔 8 个字节，容纳不下较长的中断服务程序，因此，在中断入口地址单元通常存放一条无条件转移指令，可将中断服务程序转至程序存储器的其他空间。

(2) 在保护和恢复现场时，为了不使现场数据遭到破坏或造成混乱，一般规定此时 CPU

不再响应新的中断请求。因此，在编写中断服务程序时，要注意在保护现场前关中断，在保护现场后若允许高优先级中断，则应开中断。同样，在恢复现场前也应先关中断，恢复之后再开中断。

(3) 若要在执行当前中断程序时禁止其他更高优先级中断，需先用软件关闭 CPU 中断，或用软件禁止相应高优先级的中断，在中断返回前再开放中断。

下面是一个简单的例子，较复杂的例子在学习完定时/计数器后再进行介绍。

例： 如图 6.6 所示，编写程序，每次按键使外部中断 0 产生中断，在中断服务程序中使外接发光二极管 LED 改变一次亮灭状态。

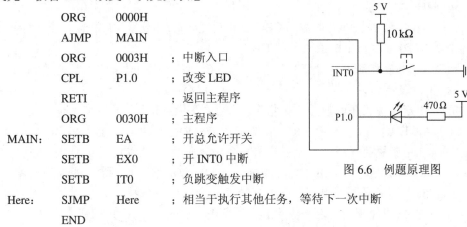

```
            ORG     0000H
            AJMP    MAIN
            ORG     0003H      ；中断入口
            CPL     P1.0       ；改变 LED
            RETI               ；返回主程序
            ORG     0030H      ；主程序
  MAIN:     SETB    EA         ；开总允许开关
            SETB    EX0        ；开 INT0 中断
            SETB    IT0        ；负跳变触发中断
  Here:     SJMP    Here       ；相当于执行其他任务，等待下一次中断
            END
```

图 6.6 例题原理图

程序分析：

① 中断服务程序的入口地址见表 6.2，范围在 0003H～0023H，为了避免主程序与中断服务程序的地址混淆，一般主程序会避开这个范围，习惯上从 0030H 开始主程序，所以第一条指令跳转到 0030H。

② 0003H 是外部中断 0 的中断服务程序的入口地址，由于任务简单，只有两条指令，RETI 是中断服务程序必需的最后一条指令；如果中断服务程序较长，可以在此处安排一条跳转指令跳转到另一个地址并在此位置安排中断服务程序。

③ 主程序首先对中断的初始条件进行设置。

④ Here：SJMP Here;(也可用 SJMP $;)是在等待中断的到来，由于本例题主程序没有其他任务，所以用这种特殊的方式(也可以理解成在执行一个任务)等待中断。如果有其他任务就可以去执行该任务。当中断到来时就会中断主程序的任务，进入中断服务程序，返回后仍然回到这条指令处。

思考题与习题

1. 问答题

1.1 什么是中断？什么是中断源？中断与调用子程序有何异同？举一生活中的例子说明这些概念。

1.2 MCS-51 系列基本型单片机提供了哪几个中断源？如何识别各中断源的状态？各中断源的优先级高低是如何排列确定的？

1.3　MCS-51 响应中断的条件是什么？各中断源的中断服务程序入口地址是多少？

1.4　简述 CPU 响应中断的过程。

1.5　保护断点和保护现场各解决什么问题？

2. 填空题

2.1　51 单片机有_____个中断源，有_____个中断优先级，优先级由软件填写特殊功能寄存器_____加以选择。

2.2　外部中断的请求标志是_____和_____。

3. 选择题

3.1　MCS-51 系列单片机中，CPU 正在处理定时/计数器 T1 中断，若有同一优先级的外部中断 INT0 又提出中断请求，则 CPU(　　)。

　　　A. 响应外部中断 INT0　　　　　　B. 继续进行原来的中断处理

　　　C. 发生错误　　　　　　　　　　D. 不确定

3.2　中断服务程序的最后一条指令必须是(　　)。

　　　A. END　　　　　B. RET　　　　　C. RETI　　　　D. AJMP

3.3　在中断服务程序中，至少应有一条指令必须是(　　)。

　　　A. 传送指令　　　B. 转移指令　　　C. 加法指令　　　D. 中断返回指令

3.4　51 单片机响应中断时，下列不会自动发生的操作是(　　)。

　　　A. 保护现场　　　B. 保护 PC　　　C. 转入中断入口地址

4. 问答题

第 6 章 6.6 节中的例题如果改成如下程序：

```
            ORG     0000H
            AJMP    MAIN
            ORG     0030H          ; 主程序
    MAIN:   JB      P3.2, MAIN     ; P3.2 为 INT0 的外部引脚
            CPL     P1.0
            AJMP    MAIN
            END
```

那么，仅就本例而言，采用此程序与采用中断的方法编程，在运行程序时结果是否有区别？用此程序的缺点有哪些？

定时/计数器

在单片机应用系统中，常常会有定时控制的需要，如定时输出、定时检测、定时扫描等；也经常要对外部事件进行计数。MCS-51 单片机基本型片内集成了两个可编程的定时/计数器：T0 和 T1。它们既可以工作于定时模式，也可以工作于对外部事件计数模式，此外，还可以作为串行口的波特率发生器。

7.1　定时/计数器的结构及其工作原理

7.1.1　定时/计数器的实质

定时/计数器(Timer/Counter)的实质是计数器，如图 7.1 所示。输入脉冲从"1"到"0"负跳变时，即每一次下降沿，计数器的数值将加 1，当计数器的数值计满后进位溢出标记向 CPU 申请中断。

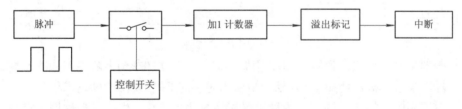

图 7.1　定时/计数器的原理

如果计数器的脉冲来源于单片机内部的机器周期(晶振的 12 分频)，则由于单片机的振荡周期极为精确，这时称为定时器。计数的脉冲如果来源于单片机外部的引脚，则由于其周期一般不固定，这时称为计数器。

控制开关可以控制计数器的启动和停止。

下面对几个计数器的基本概念作一解释。

计数器的容量：计数器的量程一般用二进制的位数来表示。如 8 位计数器，它最大计数量是 256，16 位计数器最大的计数量是 65 536。

加 1 计数器：每来一个脉冲，计数器的计数数值加 1。有些单片机的计数器是减 1 的。

计数器溢出：一个盛水的容器，当所盛的水超过其容量时就会"溢出"。计数器计到最大值时，如果再来一个脉冲，计数值会回到零，这种现象叫"溢出"。

溢出标记：计算器的"溢出"如同加法"进位"。计数器将"进位"置给溢出标记，在单片机中溢出标记会导致中断。

计数初值：如果计数器的容量是 16 位，则其最大的计数值是 FFFFH，即 65 535。因此，当计数到 65 535 时，再来一个脉冲，即 65 536 时就会产生溢出。在现实生活中，经常会有少于 65 536 个计数值的要求，这时可采用预置数的方法来解决这个问题。例如，要计 100 个脉冲，如果先放进 65 436，再来 100 个脉冲就到了 65 536 这个最大值，即产生溢出。这个 65 436 叫做计数初值。

7.1.2　定时/计数器的结构及其工作原理

MCS-51 基本型单片机定时/计数器的结构如图 7.2 所示。

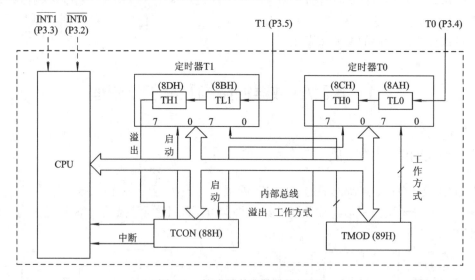

图 7.2　定时/计数器的结构框图

作计数器用时，加法计数器对芯片引脚 T0(P3.4)或 T1(P3.5)上的输入脉冲计数。每输入一个脉冲，加法计数器增加 1。加法计数溢出时可向 CPU 发出中断请求信号。

作定时器用时，加 1 计数器对内部机器周期的脉冲计数。由于机器周期是定值，精度高，因此计数值乘机器周期就是定时的时间，当晶振为 12 MHz 时，一个机器周期为 1 μs，当计数值为 100 时，定时时间正好为 100 μs。

加法计数器的初值可以由程序设定，设置的初值不同，计数值或定时时间就不同。在定时/计数器的工作过程中，计数器的内容可用程序读回到 CPU。

7.2　定时/计数器的控制

MCS-51 单片机的特点是用特殊功能寄存器对内部资源进行控制。定时/计数器的工作由两个特殊功能寄存器控制。TMOD(Timer/Counter Mode Control)用于设置其工作方式，TCON 用于控制其激发启动和中断申请。

7.2.1　方式控制寄存器(TMOD)

TMOD 为定时器 0、定时器 1 的工作方式，寄存器字节地址为 89H，其格式如下：

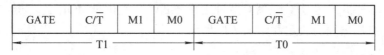

GATE	C/$\overline{T}$	M1	M0	GATE	C/$\overline{T}$	M1	M0
	T1				T0		

TMOD 的低 4 位为定时/计数器 0 的方式字段；高 4 位为定时/计数器 1 的方式字段，它们的含义完全相同。

C/$\overline{T}$：计数、定时功能选择位，当 C/$\overline{T}$ ＝ 1 时为计数方式；当 C/$\overline{T}$ ＝ 0 时为定时方式。它是 Counter/Time 的缩写，T 上的一横表示低电平有效，C 上无一横表示高电平有效，了解这些符号有助于记忆。

M1、M0：工作方式定义位，其具体定义方式如表 7.1 所示。

表 7.1　定时/计数器工作方式

M1	M0	工作方式	方　式　说　明
0	0	方式 0	13 位定时/计数器
0	1	方式 1	16 位定时/计数器
1	0	方式 2	8 位自动重装定时/计数器
1	1	方式 3	T0 分为两个独立的 8 位 C/$\overline{T}$；T1 停止使用

GATE：门控位。GATE ＝ 0 时，与外部中断无关，由 TCON 寄存器中的 TRx 位控制启/停。GATE ＝ 1 时，由控制位 TRx 和引脚 $\overline{INTx}$ 共同控制启/停。

应注意的是，由于 TMOD 不能进行位寻址，因此只能用字节指令设置定时/计数器的工作方式。单片机复位时 TMOD 所有位清 0。

7.2.2　控制寄存器(TCON)

TCON 控制寄存器的字节地址为 88H，可位寻址，其格式如下：

TF1	TR1	TF0	TR0	IE1	IT1	IE0	IT0

TCON 的低 4 位用于控制外部中断，在第 6 章中已解释了相关内容；高 4 位用于控制定时/计数器的启/停和中断申请。其中，TF1、TF0 在第 6 章中已解释了相关内容，但为了对定时/计数器有一个全面的了解，这里与 TR0、TR1 一起解释如下：

TF0(TF1)：为 T0(T1)定时器溢出中断标志位。当 T0(T1)计数溢出时，由硬件置位，并在允许中断的情况下，发出中断请求信号。当 CPU 响应中断转向中断服务程序时，由硬件自动将该位清 0。

TR0(TR1)：为 T0(T1)运行控制位。当 TR0(TR1) ＝ 1 时启动 T0(T1)；TR0(TR1)=0 时关闭 T0(T1)。该位由软件进行设置。

TCON 寄存器在复位时也被清 0。

7.3 定时/计数器的工作方式

MCS-51 单片机的定时/计数器有四种工作方式，分别由 TMOD 寄存器中的 M1、M0 两位组成的二进制编码所决定，如表 7.1 所示。

7.3.1 方式 0

当 M1M0 = 00 时，定时/计数器设定为工作方式 0。其逻辑结构如图 7.3 所示，图中 THx、TLx、Tx、TRx、TFx 中的"x"可全部用"0"或全部用"1"替换，表示定时/计数器 0、定时/计数器 1 的相关字节和位。

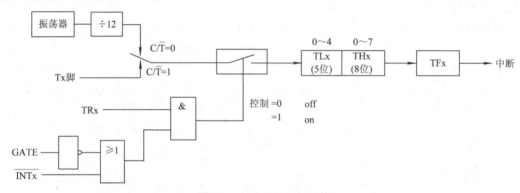

图 7.3 方式 0 的逻辑结构

下面的文字解释中也用同样的方法，避免了对两个定时/计数器的分别介绍。这些约定也适应于对另外几种工作方式的介绍。

工作方式 0 是 13 位定时/计数器。THx 全部 8 位和 TLx 低 5 位(TLx 的高 3 位无效)组成 13 位加 1 计数器。最大计数值为 $2^{13} = 8192$ 个脉冲。方式 0 采用 13 位计数器是为了与其早期的产品 MCS-48 系列单片机兼容，其初值的计算较麻烦，如果不是为了兼容，在实际应用中可不必使用，而采用方式 1。方式 0 的全部功能，方式 1 都可以代替，下面介绍方式 1。

7.3.2 方式 1

方式 1 逻辑结构如图 7.4 所示。THx 和 TLx 组成了 16 位加法计数器。其中，THx 为高 8 位，TLx 为低 8 位。当 TLx 低 8 位计数溢出时自动向 THx 进位，而 THx 溢出时向中断位 TFx 进位(硬件自动置位)，并申请中断。

当 $C/\overline{T} = 0$ 时，多路开关连接 12 分频器输出，计数器对机器周期计数，此时为定时器。

当 $C/\overline{T} = 1$ 时，多路开关与 Tx 相连，外部计数脉冲由 Tx 脚输入，当外部信号电平发生由 1 到 0 的负跳变时，计数器加 1，此时为计数器。

方式 1 下的计数器，其最大计数脉冲为 65 536。因此其最长定时时间(晶振为 12 MHz 时)为：$T \times 65\,536 = 65.536$ ms，其中 T 为机器周期，是晶振周期的 12 分频，当晶振为 12 MHz 时 $T = 1$ μs。

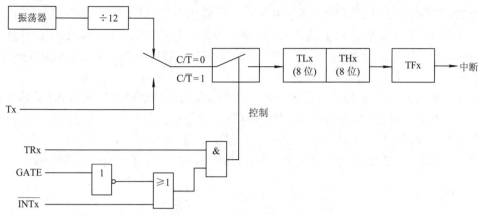

图 7.4　方式 1 的逻辑结构

当 GATE = 0 时，经非门后，或门输出 1，这样 TRx 将直接控制定时器的启动和关闭。这时如果 TRx = 1，则接通控制开关，定时器从初值开始计数直至溢出。溢出时，16 位计数器为 0，TFx 置位，并申请中断。如要循环计数，则计数器需重置初值，且需用软件将 TFx 复位。TRx = 0，则与门被封锁，控制开关被关断，停止计数。

当 GATE = 1 时，与门的输出由输入 INTx 的电平和 TRx 位的状态来确定。这时若 TRx = 1，则引脚 INTx 可直接开启或关断计数器：当 INTx 为高电平时，允许计数；低电平时则停止计数。若 TRx = 0，则与门被封锁(即输出为 0)，控制开关被关断，不能计数。

以上控制启动、停止计数方式总结如下：

(1) 非门控方式。当 GATE = 0 时，控制权由 TRx 决定，TRx = 1 计数启动，TRx = 0 计数停止。这种方式实际上是用软件控制启动、停止计数。

(2) 门控方式。当 GATE = 1、TRx = 1 时，控制权由 INTx 决定，INTx = 1 计数启动，INTx = 0 计数停止。这种方式实际上是用外部硬件 INTx 引脚控制启动、停止计数。

7.3.3　方式 2

定时/计数器工作于方式 2 时，其逻辑结构如图 7.5 所示。

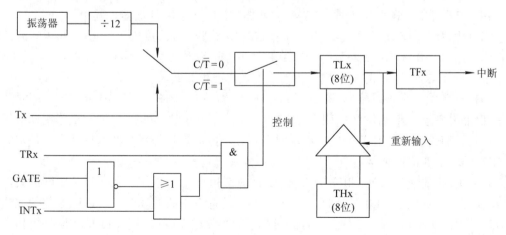

图 7.5　方式 2 的逻辑结构

　　由 7.5 图可知，在方式 2 时，16 位加法计数器的 THx 和 TLx 具有不同功能，其中 TLx 是 8 位计数器，THx 是重置初值的 8 位缓冲器。在程序初始化时，TLx 和 THx 由软件赋予相同的初值。一旦 TLx 计数溢出，TFx 将被置位，同时，THx 中的计数初值自动装入 TLx，从而进入新一轮计数，如此循环不止。

　　方式 0 和方式 1 用于循环计数时，每次计满溢出后，计数器都复位为 0，要进行新一轮计数还须重置计数初值。这不仅导致编程麻烦，而且影响定时时间精度。方式 2 具有初值自动装入功能，避免了上述缺陷，适合用作较精确的定时脉冲信号发生器。

　　方式 2 最大计数值为 256，最长定时时间(晶振 12 MHz 时 T = 1 μs)为 256 μs。

7.3.4　方式 3

　　定时/计数器工作于方式 3 时，其逻辑结构如图 7.6 所示。

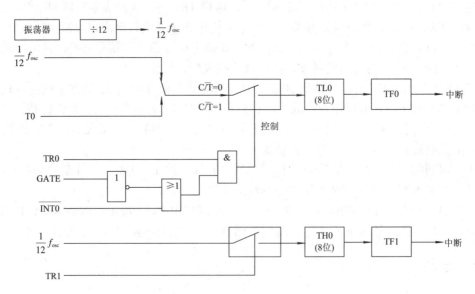

图 7.6　方式 3 的逻辑结构

　　由图 7.6 可知，在方式 3 时，T0 被分解成两个 8 位定时/计数器，其中：

　　TL0 作为一个定时/计数器，占用了原定时/计数器 T0 的控制位、引脚和中断源，即 GATE、TR0、TF0 和 T0(P3.4)引脚、INT0(P3.2)引脚。除计数位数不同于方式 0、方式 1 外，其功能、操作与方式 0、方式 1 完全相同，可定时亦可计数。

　　TH0 作为另一个定时/计数器，占用原定时/计数器 T1 的控制位 TF1 和 TR1，同时还占用了 T1 的中断源，其启动和关闭仅受 TR1 置 1 或清 0 控制。TH0 只能对机器周期进行计数，因此，TH0 只能用作简单的内部定时器用，不能用作对外部脉冲进行计数，是定时器 T0 附加的一个 8 位定时器。

　　因定时/计数器 T1 的控制位 TF1 和 TR1 被 TH0 计数时占用，为了避免中断冲突，当 T0 工作在方式 3 仅用 TL0 计数时，T1 一定不要用在有中断的场合，可以以 8 位的方式工作在方式 0、方式 1、方式 2 中。注意此时都不能再使用 T1 的中断，T1 的中断被工作在方式 3 的 T0 的 TH0 占用了。一般是在 T1 以工作方式 2 被当做波特率发生器使用时，才使

T0 工作于方式 3。

7.4　计数器对输入脉冲频率的要求

当定时/计数器作为计数器使用时，计数脉冲来自外部输入引脚 T0 或 T1。当输入脉冲从 "1" 到 "0" 负跳变，即每一次下降沿时，计数器数值将加 1。51 单片机在每个机器周期的 S5P2 时对外部信号采样。如在第一个周期中采样为 1，而在下一个周期中采到的值为 0，则在紧接着的再下一个周期 S3P1 期间计数器加 1。由于确认一次下降沿跳变要花两个机器周期，即 24 个振荡周期，因此 51 单片机能够检测到的外部输入脉冲的最高频率为振荡周期的 1/24。这样，如果 51 单片机采用的晶振是 6 MHz，则能够计数的外部脉冲最高频率为 250 kHz；如果晶振是 12 MHz，则能够计数的外部脉冲最高频率为 500 kHz。

7.5　定时/计数器的编程和应用举例

由于 MCS-51 单片机的定时/计数器是可编程的，因此在使用之前需要进行初始化。在编程时主要注意两点：第一要能正确写入控制字；第二要进行计数初值的计算。一般情况下，编程包括以下几个步骤：

(1) 确定工作方式，即对 TMOD 寄存器进行赋值。

(2) 计算计数初值，并写入寄存器 TH0、TL0 或 TH1、TL1 中。

(3) 需要时，置位 ETx 以允许定时/计数器中断，置位 EA 以开放中断。

(4) 置位 TRx 启动计数。

一般的程序如下：

MOV	TMOD, #xx	；选择方式
MOV	THx, #xx	；装入 Tx 计数初值
MOV	TLx, #xx	
SETB	EA	；开 Tx 中断
SETB	ETx	；允许 Tx 定时器中断
SETB	TRx	；启动 Tx 定时器

7.5.1　定时/计数器初值的计算

1. 计数方式公式

计数初值的公式为：

$$C = 2^n - N$$

其中：C——计数初值；

　　　N——需要的计数值；

　　　n——计数器的位数，方式 0 时 $n = 13$，方式 1 时 $n = 16$，方式 2、方式 3 时 $n = 8$。

例：计 100 个脉冲产生中断的计数初值。

方式 0：13 位计数器，为与早期的产品 MCS-48 系列单片机兼容时采用，在实际应用中可不使用，而采用方式 1。

这里 $C = 2^{13} - 100 = 1\text{F9CH}$

根据 13 位计数器的特性，初值为 THx = 0FCH，TLx = 1CH。

方式 1：$C = 10000\text{H} - 64\text{H} = \text{FF9CH}$ 或 $C = 65\,536 - 100 = 65\,436 = \text{FF9CH}$

方式 2：$C = 100\text{H} - 64\text{H} = 9\text{CH}$

这个公式实质上就是求 N 的补码。

2. 定时方式公式

定时计数初值的公式为：

$$C = 2^n - \frac{t}{T}$$

其中：t——需要定时的时间(s)；

$\quad T$——机器周期(s)，$T = 12/f_{osc}$，f_{osc} 为晶振的频率；

其余参数同计数方式公式。

7.5.2　定时/计数器应用举例

本节将举四个例子说明定时/计数器在定时、计数、测量外部脉冲宽度方面的应用。

1) 定时方面的应用

例 1：已知 MCS-51 单片机系统晶振频率为 12 MHz，试编写程序，用定时器 T0，工作方式 2，使 P1.0 引脚输出如图 7.7 所示的周期方波。

分析：每隔 0.1 ms 改变一次 P1.0 的输出状态，即形成周期方波，用 T0 方式 2 定时实现。

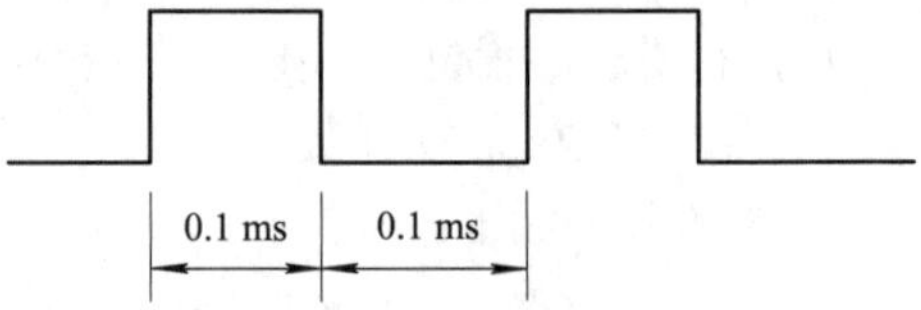

图 7.7　输出周期方波图

计算定时 0.1 ms 的计数初值：

$$C = 2^8 - \frac{t}{T} = 256 - \frac{0.0001}{10^{-6}} = 256 - 100 = 156 = 9\text{CH}$$

程序如下：

```
        ORG    0000H
        AJMP   MAIN
        ORG    000BH              ; T0 中断的硬件入口地址
        CPL    P1.0               ; 取反，产生方波
        RETI                      ; 中断返回
        ORG    0030H
MAIN:   MOV    TMOD, #02H         ; 中断方式
        MOV    TL0,  #9CH         ; 计数初值
        MOV    TH0,  #9CH
        SETB   EA                 ; 开放总中断
```

```
        SETB    ET0             ；开放 T0 中断
        SETB    TR0             ；启动定时器 T0
        SJMP    $               ；等待定时中断，相当于执行其他任务
        END
```

需要说明的是，例题程序在定时器初始化之后进入主程序，用执行 SJMP $ 等待定时器溢出产生中断。这是主程序处于无事状态等待中断的一种方法。在实际系统中的等待期间 CPU 完全可以去做其他事情。

例 2：如图 7.8 所示，用 P1.0 驱动 LED 亮 1 s、灭 1 s 地闪烁，设晶振频率为 12 MHz。

分析：MCS-51 定时器最长的定时时间达不到 1 s，这里采用了一种长定时方法：先做一个 10 ms，即 0.01 s 的定时，增加一个软件计数器(如 R7)，记录 0.01 s 定时中断次数，计满 100 个中断为 1 s。程序框图如图 7.9 所示。

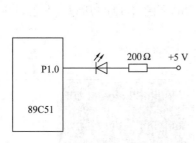

图 7.8 定时器例 2 电路图

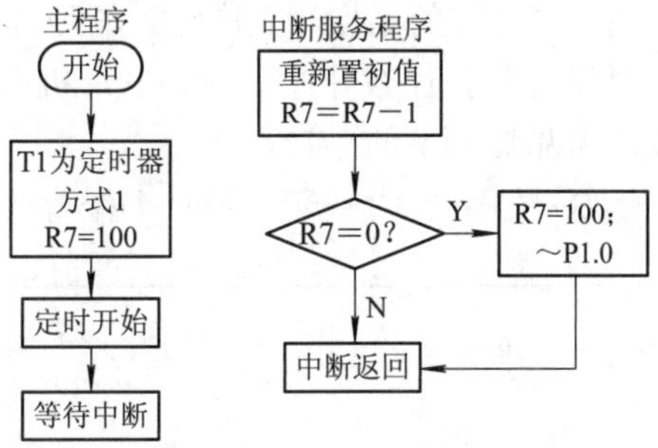

图 7.9 定时器例 2 程序框图

定时 0.01 s 的计数初值：

$$C = 2^{16} - \frac{t}{T} = 65\,536 - \frac{0.01}{10^{-6}} = 0D8F0H$$

程序如下：

```
        ORG     0000H
        AJMP    MAIN            ；转主程序
        ORG     001BH           ；T1 中断的硬件入口地址
        AJMP    PT1INT          ；跳转到 PT1INT
        ORG     0030H           ；主程序
START:  MOV     R7, #64H        ；中断次数计数器 R7 = 100
        MOV     TMOD, #10H      ；中断方式
        MOV     TL1, #0F0H      ；计数初值
        MOV     TH1, #0D8H
        SETB    EA              ；开放总中断
        SETB    ET1             ；开放 T1 中断
        SETB    TR1             ；启动定时器 T1
        SJMP    $               ；等待定时 100 ms 的中断，相当于执行其他任务
PT1INT: MOV     TL1, #0F0H            ；恢复计数初值
        MOV     TH1, #0D8H
```

DJNZ	R7，PEND	；判断是否发生了 100 次 0.01 s 的中断
MOV	R7，#100	；恢复 R7 = 100，汇编软件允许用十进制数据
CPL	P1.7	；1 s 后，将 P1.7 反相
PEND：RETI		；中断返回
END		

此例中的中断服务程序超过了 8 个字节，所以在 T1 中断的硬件入口地址 001BH 处放了一条跳转程序 AJMP PT1INT，将中断服务程序放在了其他地址区域。

2) 计数方式的应用

当定时/计数器定义为计数器时，计数脉冲来源于外部引脚 T0(P3.4)和 T1(P3.5)。当输入的脉冲信号由 1 到 0 沿边沿下降跳变时，计数器的值加 1，由于确认一次跳变需要花两个机器周期，即 24 个振荡周期，因此外部输入计数脉冲的最高频率为振荡器频率的 1/24。如选用 12 MHz 的晶振，允许输入的外部脉冲最高频率为 500 kHz。由于定时/计数器定义为定时器时，其计数脉冲来源于单片机内部的机器周期(晶振的 1/12)，所以计数脉冲的最高频率为晶振频率的 1/12。

例3： 如图 7.10 所示，设计一个程序，记录按键被按下的次数。

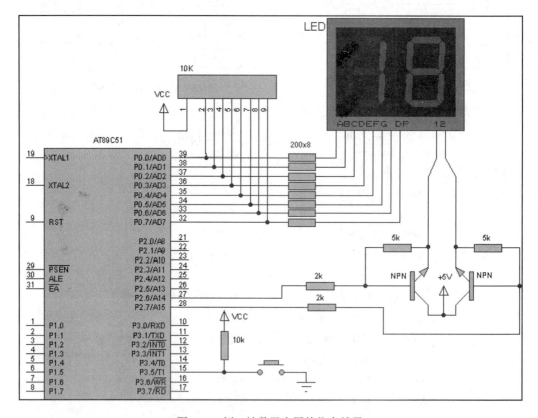

图 7.10　例 3 计数器应用的仿真效果

分析：将按键如图 7.10 所示连接在计数器 T1 的外部引脚上，设置 T1 为计数器工作方式 2，然后把计数器 TL1 的值进行显示。

主程序如下：

```
        EXTRN CODE(LED2_DIS)      ; 声明要采用 LED2_DIS 子程序模块
        ORG   0000H
        AJMP  MAIN


        ORG   0030H
MAIN:   MOV   TMOD, #60H          ; T1 为计数器、工作方式 2
        MOV   TL1, #00H           ; T1 计数器的初值都置为 0
        MOV   TH1, #00H
        SETB  TR1                 ; 启动计数
LOOP:   MOV   B, #10              ; 除数为 10
        MOV   A, TL1              ; 获取计数值
        DIV   AB                  ; 将计数值除以 10
        MOV   30H, A              ; 将计数值的十位送 30H
        MOV   31H,  B             ; 将计数值的个位送 31H
        ACALL  LED2_DIS           ; 调用 LED2_DIS 子程序显示计数值
        AJMP  LOOP
        END
```

此例中 T1 引脚上接一个 10 kΩ 上拉电阻，可以保证 T1 脚在未按键时是高平，不会进行计数。显示采用第 5 章 5.3.3 节中两位 LED 数码管的显示模块 LED2_DIS，由于只采用了两个数码管，此题能记录的按键次数最大为 99(本例对大于 99 的计数也未加处理，读者可以补充汇编语句加以处理)。要增大计数次数可用计数器工作方式 1，显示也可以改成多位数码管或 LCD 模块。

3) 测量外部脉冲宽度方面的应用

例 4： $\overline{INT1}$引脚输入被检测信号，用门控方式测量正脉冲宽度(设脉宽小于 65.5 ms)。

分析： 采用 T1 的门控制方式，使 T1 的启动受$\overline{INT1}$的控制，当 GATA = 1，TR1 = 1 时，一旦$\overline{INT1}$引脚输入高电平，T1 就启动计数，直至出现低电平，停止计数。为了确保真正从高电平上升沿开始计数，T1 的计数要先等到出现一个高电平后，下一个高电平到来时才开始进行，见图 7.11。

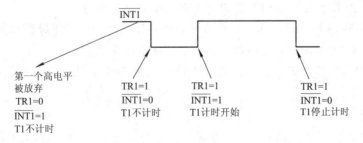

图 7.11　定时器例 4 图

程序主要部分如下：

```
START:    MOV    TMOD，#90H        ；T1，门控方式、定时器，工作方式 1
          MOV    TL1，#00H         ；计数初值
          MOV    TH1，#00H
WAIT1:    JB     P3.3，WAIT1       ；检测到的第一个高电平放弃，等待 INT1 出现低电平。
                                   ；如果没有这条语句，可能计数不是从正脉冲开始瞬间计
                                   ；数的，为计数做好准备
          SETB   TR1
WAIT2:    JNB    P3.3，WAIT2       ；等待下一个高电平的到来
WAIT3:    JB     P3.3，WAIT3       ；INT1 高电平时计数，低电平时停止
          CLR    TR1              ；停止计数
          MOV    R2，TL1           ；将计数结果送 R2、R3 以便进一步处理
          MOV    R3，TH1
          ⋮
```

注意：本例是在停止了计数后读取计数值的，这时计数结果已无法改变。如果需要在定时/计数器运行中读取计数值，可能会出错。原因是不可能在同一时刻读取 TH_x 和 TL_x 的内容。比如，先读 TL_x，后读 TH_x，由于计数器还在运行，在读 TH_x 前，恰好 TL_x 产生溢出向 TH_x 进位，这时 TL_x 的值就完全不同了。

一种解决的方法是：先读 TH_x，后读 TL_x，再读 TH_x，若两次读得的 TH_x 相同，则可确定读的内容是正确的。若前后两次读的 TH_x 有变化，则再重复上述过程，直至正确为止。有关程序如下：

```
RDTIME:   MOV  A，TH0             ；读 TH0
          MOV  R0，TL0            ；读 TL0
          CJNE A，TH0，RDTIME     ；比较两次 TH0 是否相等，不等重复上述过程
          MOV  R1，A              ；相等，把结果存入 R1、R0
          RET
```

思考题与习题

1. 问答题

1.1　T0、T1 用作定时器时，其定时时间与哪些因素有关？

1.2　MCS-51 单片机定时器的门控信号 GATE 设置为 1 时，定时器如何启动？

1.3　T0、T1 用作定时和计数时，其计数脉冲由谁提供？

1.4　当 T0 设为工作方式 3 时，由于 TR1 位已被 TH0 占用，如何控制定时器 T1 的启动和关闭？

2. 填空题

2.1　51 单片机计数器最大的计数值为_____，此时工作于工作方式_____。

2.2　当把定时/计数器 T0 定义为可自动重新装入初值的 8 位定时/计数器时，_____为 8 位计数器，_____为常数寄存器。

2.3 若系统晶振频率是 12 MHz，利用定时/计数器 T1 定时 1 ms，在方式 1 下定时初值为_____。

2.4 读以下程序，并回答问题。

```
              ORG      0000H
              AJMP     MAIN
              ORG      000BH
              LJMP     PRO1
MAIN:         MOV      TMOD，#01H
              MOV      TL0，#00H
              MOV      TH0，#00H
              SETB     TR0
              SETB     ET0
              SETB     EA
HERE:         AJMP     HERE
              ORG      2000H
PRO1:         INC      R7
              RETI
              END
```

(1) 本程序把定时/计数器 T0 设置成方式_____。

(2) 本程序执行时，R7 的内容将_____。

(3) 程序在_____语句处发生中断，执行完中断服务程序后，返回到_____语句处。

(4) 本程序中断服务程序的入口地址为_____。

(5) 是否可将 LJMP PRO1 改为 AJMP PRO1？ _____。

3. 选择题

3.1 下面仅适用于定时器 T0 的是(　　)。

　　A. 方式 0　　　　B. 方式 1　　　　C. 方式 2　　　　D. 方式 3

3.2 若 51 单片机的晶振频率是 24 MHz，则其内部定时/计数器利用计数器对外部输入脉冲的最高计数频率是(　　)。

　　A. 1 MHz　　　　B. 6 MHz　　　　C. 12 MHz　　　　D. 24 MHz

4. 设计题

4.1 已知单片机系统晶振频率为 6 MHz，试编写程序，用定时器 T0，工作方式 1，使 P1.0 输出如图 7.12 所示的周期波形。

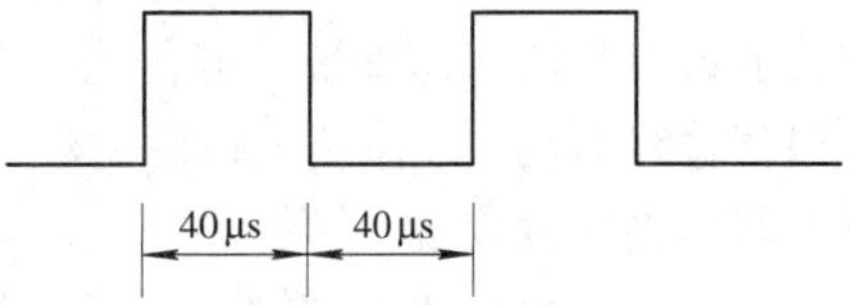

4.2 用 Proteus 完成例 4。

4.3 用 Proteus 完成例 3，将计数次数增加到 65 535，用 LCM1602 显示出来。

4.4 采用定时器中断的方法，完成第 5 章习题 8。

图 7.12　题 4.1 图

第8章

串行通信接口

串行通信是 CPU 与外界交换信息的一种基本方式。串行通信成本低，通信可靠，安装方便，因此得到了广泛的应用。单片机应用于数据采集或工业控制时，常作为下位机安装在工业现场，由于远离上位机，常采用串行通信方式将现场数据发送至上位机并进行处理，上位机也常通过串行通信发送命令给下位机。MCS-51 系列单片机自身有全双工的异步通信接口，实现串行通信极为方便。本章将介绍串行通信的基本概念、原理以及 MCS-51 单片机串行通信接口的控制和应用。

8.1 串行通信基本知识

计算机与外界的信息交换称为通信。基本通信方式有两种：

并行通信(Parallel Communication)：所传送数据的各位同时发送或接收。

串行通信(Serial Communication)：所传送数据的各位按顺序一位一位地发送或接收。

图 8.1 为这两种通信方式的示意图。

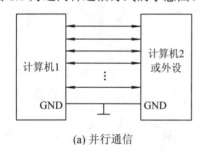
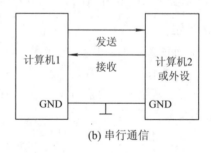

图 8.1　两种通信方式的示意图

在并行通信中，一个并行数据占多少位(二进制位)，就需要多少根数据传输线。这种方式的特点是通信速度快，但传输线多，价格较贵，故适合近距离传输；而串行通信仅需两根传输线即可，故在长距离传输数据时，成本较低。但由于串行通信只能一位一位传输，所以其传输速度较慢。

下面介绍串行通信中的一些基本概念。

1. 串行通信的制式

在串行通信中数据是在两个站之间进行传送的，按照数据传送方向，串行通信可分为单工(Simplex)、半双工(Half duplex)和全双工(Full duplex)三种制式。图 8.2 为三种制式的示意图。

在单工制式下，通信线的一端为发送器，一端为接收器，数据只能按照一个固定的方向传送，如图 8.2(a)所示。

在半双工制式下，系统的每个通信设备都包含一个发送器和一个接收器，如图 8.2(b)所示。在这种制式下，数据能从 A 站传送到 B 站，也可以从 B 站传送到 A 站，但是不能同时在两个方向上传送，即只能一端发送，一端接收。其收/发开关一般是由软件控制的电子开关。

全双工通信系统的每端都有发送器和接收器，可以同时发送和接收，即数据可以在两个方向上同时传送，如图 8.2(c)所示。

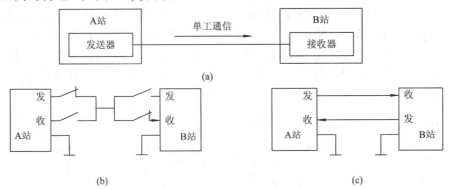

图 8.2　单工、半双工和全双工三种制式示意图

(a) 单工；(b) 半双工；(c) 全双工

在实际应用中，尽管多数串行通信接口电路具有全双工功能，但一般情况下，工作于半双工制式较多，因这种方法简单、实用。

2. 波特率(baud rate)

波特率为每秒传送二进制数的位数，单位为 b/s，即位/秒。波特率用于表征数据传输的速度，波特率越高，数据传输速度越快。

3. 异步串行通信

在异步串行通信中，数据是一帧一帧传送的，每帧数据包括一位起始位、一个字节数据、一位校验位和一位停止位。每帧数据之间可以插入若干个高电平的空闲位。

异步串行通信要求发送数据和接收数据双方约定相同的数据格式和波特率，用启、停位来协同发送与接收过程。接收和发送端采用独立的移位脉冲控制数据的串行移出与移入，发送移位脉冲与接收移位脉冲是异步，因此称为异步串行通信。

异步串行通信中，每帧数据只有一个字节数据，也不需要同步脉冲，因此应用较为灵活。但由于每帧数据需要插入启停位，故传输速度较慢。

4. 同步串行通信

同步串行通信是一种连续的数据传送方式。每次传送一帧数据，每帧数据由同步字符和若干个数据及校验字符组成。

同步串行通信中，发送和接收双方由同一个同步脉冲控制，数据位的串行移出与移入是同步，因此称为同步串行通信。同步串行通信速度快，适应于大量数据传输场合，但需要同步脉冲信号，控制较复杂。

8.2 MCS-51 串口控制器

MCS-51 有一个可编程的全双工串行通信接口，可作为通用异步接收/发送器(UART，Universal Asynchronous Receiver/Transmitter)，也可作为同步移位寄存器。其帧格式可为 8 位、10 位、11 位，并可设置多种不同的波特率。通过引脚 RXD 和 TXD 与外界进行通信。

MCS-51 内部有两个物理上独立的接收、发送缓冲器 SBUF。SBUF 属于特殊功能寄存器。一个用于存放接收到的数据，另一个用于存放欲发送的数据，可同时发送和接收数据。两个缓冲器共用一个地址 99H，通过对 SBUF 的读/写指令来区别是对接收缓冲器还是发送缓冲器进行操作。CPU 在写 SBUF 时，是使用发送缓冲器；读 SBUF 时，就是读接收缓冲器的内容。接收或发送数据，是通过串行口对外的两条独立收发信号线 RXD(P3.0)、TXD(P3.1)来实现的，因此可以同时发送、接收数据。串行口的结构如图 8.3 所示。

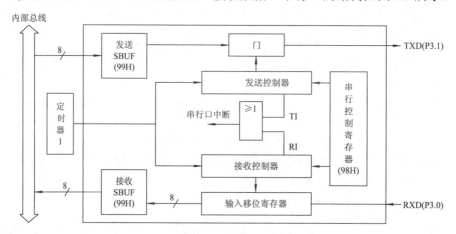

图 8.3 串行口结构示意图

与 MCS-51 串行口有关的特殊功能寄存器还有 SCON、PCON，下面分别进行详细讨论。

8.2.1 串口控制寄存器(SCON)

串口控制寄存器的字节地址是 98H，各位的定义如下：

位名称	SM0	SM1	SM2	REN	TB8	RB8	TI	RI
位地址	9FH	9EH	9DH	9CH	9BH	9AH	99H	98H

SM0、SM1——串行口四种工作方式的选择位。表 8.1 列出了它们的工作方式。

表 8.1 串行口的四种工作方式

SM0	SM1	工作方式	功 能 说 明	波 特 率
0	0	0	同步移位寄存器方式(用于扩展 I/O 口);	$f_{osc}/12$
0	1	1	8 位异步收发，一帧为 10 位	由定时器控制
1	0	2	9 位异步收发，一帧为 11 位	$f_{osc}/64$ 或 $f_{osc}/32$
1	1	3	9 位异步收发，一帧为 11 位	由定时器控制

SM2——多机通信控制位，主要用于方式 2 或方式 3 中。

当串行口以方式 2 或方式 3 接收时：

如果 SM2 = 1，则只有当接收到的第 9 位数据(RB8)为"1"时，才将接收到的前 8 位数据送入 SBUF，并将 RI 置"1"，产生中断请求；当接收到的第 9 位数据(RB8)为"0"时，则将接收到的前 8 位数据丢弃。

如果 SM2 = 0，则不论第 9 位数据是"1"还是"0"，都将前 8 位数据送入 SBUF 中，并将 RI 置"1"，产生中断请求。

在方式 1 下，如 SM2 = 1，则只有当收到有效停止位时，RI 才置"1"，以便接收下一帧数据。

在方式 0 下，SM2 必须为 0。

REN——允许串行接收位，要由软件置"1"或清"0"。

REN = 1，允许串行口接收数据；

REN = 0，禁止串行口接收数据。

TB8——发送的第 9 位数据。

在方式 2 和方式 3 下，TB8 是要发送的第 9 位数据，其值由用户通过软件设置，可作为奇偶校验位使用，RT = 1 作为地址帧标志，RT = 0 作为数据帧的标志。

RB8——接收到的第 9 位数据。

在方式 2 和方式 3 下，RB8 存放接收到的第 9 位数据，它代表接收到的数据的特征：可能是奇偶校验位，也可能是地址/数据帧的标志位。在方式 1 下，如果 SM2 = 0，则 RB8 是接收到的停止位。在方式 0 下，不使用 RB8。

TI——发送中断标志位。发送中 TI 必须保持零电平。

在方式 0 下，串行发送第 8 位数据结束时由硬件置"1"。在其他工作方式下，串行口发送停止位开始时置"1"。TI = 1，表示一帧数据发送结束，可供软件查询，也可申请中断。CPU 响应中断后，在中断服务程序中向 SBUF 写入要发送的下一帧数据，TI 必须由软件再清 0。

RI——接收中断标志位。接收中 RI 必须保持零电平。

在方式 0 下，接收完第 8 位数据时，RI 由硬件置 1。在其他工作方式下，串行接收到停止位时，该位置"1"。RI = 1，表示一帧数据接收完毕，并可申请中断，要求 CPU 从接收 SBUF 取走数据。该位的状态也可供软件查询。如果再接收，则 RI 必须由软件清"0"。

8.2.2　特殊功能寄存器(PCON)

特殊功能寄存器的字节地址为 87H，没有位寻址功能。其各位定义如下：

SMOD	—	—	—	—	—	—	—

SMOD：波特率选择位。当 SMOD = 1 时，在 SMOD = 0 时的波特率基础上加倍，因此也称 SMOD 位为波特率倍增位。

8.3 串行口的工作方式

8.3.1 方式 0

方式 0 为同步移位寄存器输入/输出方式，常用于外接移位寄存器，以扩展并行 I/O 口。

8 位数据为一帧，不设起始位和停止位，先发送或接收最低位。波特率固定为 $f_{osc}/12$。

1. 方式 0 发送

当 CPU 执行一条将数据写入发送缓冲器 SBUF 的指令时，产生一个正脉冲，串行口即把 SBUF 中的 8 位数据以 $f_{osc}/12$ 的固定波特率从 RXD 引脚串行输出，低位在先，TXD 引脚输出同步移位脉冲，发送完 8 位数据后，将中断标志位 TI 置"1"。时序如图 8.4 所示。

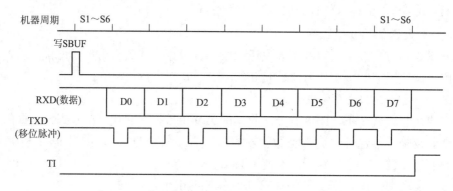

图 8.4　方式 0 发送时序

2. 方式 0 接收

方式 0 接收时，REN 为串行口接收允许接收控制位，REN = 0，禁止接收。

在方式 0 下，SCON 中的 TB8、RB8 位未用，发送或接收完 8 位数据后由硬件将 TI 或 RI 中断标志位置"1"，CPU 响应中断。TI 或 RI 标志位须由用户软件清"0"，可采用如下指令：

```
CLR   TI              ；TI 位清"0"
CLR   RI              ；RI 位清"0"
```

在方式 0 下，SM2 位(多机通信控制位)必须为 0。

8.3.2 方式 1

方式 1 用于数据的串行发送和接收。TXD 引脚和 RXD 引脚分别用于发送和接收数据。

方式 1 收发一帧的数据为 10 位，1 个起始位(0)，8 个数据位，1 个停止位(1)，先发送或接收最低位。时序如图 8.5 所示。

波特率由下式确定：

$$方式1波特率 = \frac{2^{SMOD}}{32} \times 定时器T1的溢出率$$

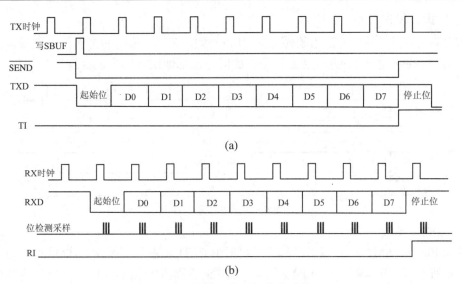

图 8.5 方式 1 发送与接收时序

(a) 发送时序；(b) 接收时序

SMOD 为 PCON 寄存器的最高位的值(0 或 1)。定时器 T1 的溢出率的计算见 8.4 节。

1. 方式 1 发送

方式 1 发送时，数据位由 TXD 端输出，一帧信息为 10 位，1 位起始位 0，8 位数据位(低位在先)和 1 位停止位 1。当 CPU 执行一条将数据写入发送缓冲器 SBUF 的指令时，就启动发送。图 8.5(a)中 TX 时钟的频率就是发送的波特率。发送开始时，内部发送控制信号变为有效，将起始位向 TXD 输出，此后，每经过一个 TX 时钟周期，便产生一个移位脉冲，并由 TXD 输出一个数据位。8 位数据位全部发送完毕后，中断标志位 TI 置"1"。TI 必须由用户清零以便下一次发送。

2. 方式 1 接收

接收数据的时序如图 8.5(b)所示。当 CPU 采样到 RXD 端从 1 到 0 的跳变时，开始接收数据(CPU 以波特率 16 倍的速率采样 RXD 上的电平，每一位都要采样 16 次，并把 7、8、9 三次采样中至少二次相同的值确认为数据)。一帧数据接收完毕以后，必须同时满足以下两个条件，这次接收才真正有效，然后 RI 自动置 1，向 CPU 发出中断请求，完成一次接收数据：

(1) RI = 0。

(2) SM2 = 0 或收到的停止位 = 1。

若这两个条件不满足，收到的该帧数据将丢失。中断标志 RI 必须由用户清零，以便下一次接收。通常情况下，串口在方式 1 工作时，SM2 = 0。

8.3.3 方式 2

方式 2 为 9 位异步通信方式。每帧数据为 11 位，1 位起始位 0，8 位数据位(先低位)，1 位可程控的第 9 位数据和 1 位停止位。方式 2 的波特率由下式确定：

$$方式2波特率 = \frac{2^{SMOD}}{64} \times f_{osc}$$

1. 方式 2 发送

发送前，先根据通信协议由软件设置 TB8(例如，双机通信时的奇偶校验位或多机通信时的地址/数据的标志位)。方式 2 发送数据的时序波形如图 8.6 所示。

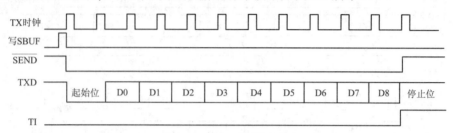

图 8.6 方式 2 发送时序

2. 方式 2 接收

置 SM0 = 1、SM1 = 0，且 REN = 1。数据由 RXD 端输入，接收 11 位信息。当位检测逻辑采样到 RXD 引脚从 1 到 0 的负跳变，并判断起始位有效后，便开始接收一帧信息，CPU 以波特率 16 倍的速率采样 RXD 上的电平，每一位都采样 16 次，并把 7、8、9 三次采样中至少二次相同的值确认为数据。在接收完第 9 位数据后，需满足以下两个条件，才能将接收到的数据送入 SBUF：

(1) RI = 0，意味着接收缓冲器为空。

(2) SM2 = 0 或接收到的第 9 位数据位 RB8 = 1。

当上述两个条件满足时，接收到的数据送入 SBUF(接收缓冲器)，第 9 位数据送入 RB8，并将 RI 置"1"。若不满足这两个条件，则接收的信息将被丢弃。

串行口方式 2 接收数据的时序波形如图 8.7 所示。

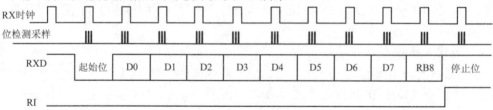

图 8.7 方式 2 接收时序

方式 2 的 TI、RI 也必须由用户软件清零，才能进行下一次的发送和接收。

8.3.4 方式 3

方式 3 为波特率可变的 9 位异步通信方式，除波特率外，方式 3 和方式 2 相同。方式 3 发送和接收数据的时序波形见方式 2 的图。方式 3 的波特率的计算由下式确定：

$$方式3波特率 = \frac{2^{SMOD}}{32} \times 定时器T1的溢出率$$

8.4 波特率的制定方法

方式 0 和方式 2 的波特率是固定的，方式 1 和方式 3 的波特率可由定时器 T1 的溢出率来确定。

(1) 方式 0 的波特率固定为时钟频率 f_{osc} 的 1/12，且不受 SMOD 位的值的影响。若 $f_{osc} = 12\ \text{MHz}$，波特率为 $f_{osc}/12$ 即 1 Mb/s。

(2) 方式 2 的波特率与 SMOD 位的值有关。

$$波特率 B = \frac{2^{\text{SMOD}}}{64} \times f_{osc}$$

若 $f_{osc} = 12\ \text{MHz}$，当 SMOD = 0 时，波特率 $B = 187.5\ \text{kb/s}$；当 SMOD = 1 时，波特率 $B = 375\ \text{kb/s}$。

(3) 串行口工作在方式 1 或方式 3 时，常用定时器 T1 作为波特率发生器，其波特率为

$$波特率 B = \frac{2^{\text{SMOD}}}{32} \times \text{T1 的溢出率}$$

其中，T1 的溢出率 = 定时器 T1 的溢出次数/秒。

实际设定波特率时，T1 常设置为方式 2 定时方式(自动装初值)，这种方式不仅操作方便，也可避免因软件重装初值而带来的定时误差。

当 T1 工作于方式 2 定时方式时，计数脉冲来源于晶振的 1/12，即每秒 $f_{osc}/12$ 次，若计数初值为 x，则每计数 $2^8 - x$ 次将产生一次溢出，所以

$$\text{T1 的溢出率} = \frac{f_{osc}}{12} \div (2^8 - x) = \frac{f_{osc}}{12 \times (2^8 - x)}$$

将此式代入方式 1、方式 3 波特率的计算公式，可得到计算初值的公式为

$$x = 256 - \frac{f_{osc}}{384 \times 2^{\text{SMOD}} \times B}$$

其中：x 为计数初值；B 为此条件下产生的波特率。

实际使用时，常需要根据已知波特率和晶振来计算 T1 的初值。为避免繁杂的初值计算，常用的波特率和初值间的关系列于表 8.2，以供查用。

表 8.2　定时器 1 产生的常用波特率

波特率/(b/s)	f_{osc}/MHz	SMOD	定时器 1		
			C/T	方式	初值
方式 0：1M	12	×	×	×	×
方式 2：375 k	12	1	×	×	×
方式 1、3：62.5 k	12	1	0	2	FFH
19.2 k	11.0592	1	0	2	FDH
9.6 k	11.0592	0	0	2	FDH
4.8 k	11.0592	0	0	2	FAH
2.4 k	11.0592	0	0	2	F4H
1.2 k	11.0592	0	0	2	E8H
137.5 k	11.986	0	0	2	1DH
110	6	0	0	2	72H

例：若 51 单片机的时钟振荡频率为 11.0592 MHz，选用 T1 为方式 2 定时方式，作为波特率发生器，波特率为 2400 b/s，求初值。

用上述公式计算 T1 的初值为

$$x = 256 - \frac{11.0592 \times 10^6}{384 \times 2^0 \times 2400} = 244 = \text{F4H}$$

上述结果可直接从表 8.2 中查到，为 F4H，与计算结果一致。

晶振选为 11.0592 MHz，可使计算过程无余数产生，初值为整数，从而产生精确的波特率。

8.5　串行通信的接口电路

8.5.1　RS-232C 接口

RS-232C 是使用最早、应用最多的一种异步串行通信总线标准，它是美国电子工业协会(EIA)1962 年公布的，1969 年最后修订而成。其中，RS 表示推荐标准(Recommended Standard)，232 是该标准的标识号，C 表示最后一次修订。1987 年 RS-232C 修订为 EIA-232D，1991 年修订为 EIA-232E，1997 年又修订为 EIA-232F。由于修订的不多，所以人们仍习惯使用早期的名字 "RS-232C"。

RS-232C 主要用来定义计算机系统的一些数据终端设备(DTE)和数据电路终端设备(DCE，Data Circuit-terminating Equipment)之间的电气性能。由于 MCS-51 系列单片机本身有一个全双工的串行接口，因此该系列单片机用 RS-232C 串行接口总线非常方便。

下面介绍 RS-232C 的一些主要特性。

1. 机械特性

RS-232C 接口规定使用 25 针连接器，但一般应用中并不一定用到 RS-232C 标准的全部信号线，而常常使用 9 针连接器，连接器的引脚定义如图 8.8 和表 8.3 所示。图中所示为阳头定义，通常的 PC 主板上都采用这种接头，对应的阴头用于连接线，它们的序号顺序是相反的，使用时要小心。

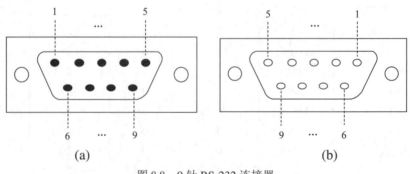

图 8.8　9 针 RS-232 连接器

(a) 阳头；(b) 阴头

表 8.3　9 针 RS-232C 接口引脚定义

序号	名称	功　　能	信号方向
1	PGND	保护接地	
2	RXD	接收数据(串行输入)	DTE←DCE
3	TXD	发送数据(串行输出)	DTE→DCE
4	DTR	DTE 就绪(数据终端准备就绪)	DTE→DCE
5	SGND	信号就绪	
6	DSR	DCE 就绪(数据电路端接收设备准备就绪)	DTE←DCE
7	RTS	请求发送	DTE→DCE
8	CTS	允许发送	DTE←DCE
9	RI	振铃指示	DTE←DCE

2．电气特性

RS-232C 规定了自己的电气标准，由于它是在 TTL 电路之前研制的，所以其电平不是 +5 V 和地，而是采用负逻辑电平，即逻辑"0"：+3 V～+15 V；逻辑"1"：−3 V～−15 V。因此，RS-232C 不能和 TTL 电平直接相连，使用时必须进行电平转换，否则将使 TTL 电路烧坏，在实际应用时必须注意！

RS-232C 串行接口总线适用于设备之间通信距离不大于 15 m，传输速率小于 20 kb/s 的情况。

3．RS-232C 电平与 TTL 电平转换器

MCS-51 系列单片机串行口与 PC 机的 RS-232C 接口不能直接对接，必须进行电平转换。常用的电平转换芯片有 MAX232、MAX202 等。它们可以满足 RS-232C 的电气规范，且仅用+5 V 电源，其内置电子泵电压转换器将 +5 V 电源转换成 −10 V～+10 V。这类芯片与 TTL/CMOS 电平兼容，片内有两个发送器和两个接收器，使用比较方便。图 8.9 为 MAX202、MAX232 的引脚及典型工作电路图，使用 MAX202 芯片，电容 $C1$～$C4$ 选用 0.1 μF；使用 MAX232 芯片，电容 $C1$～$C4$ 选用 1 μF。若电容小，则电压升不起来，通信时干扰大，容易错码；若电容大，则降低了通信速率。C5 是旁路电容，常用 0.1 μF。

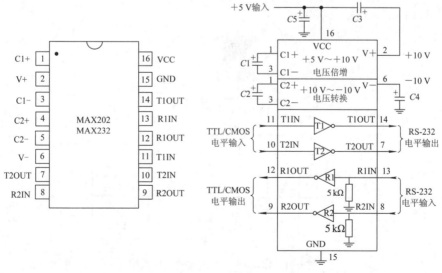

图 8.9　MAX202/MAX232 引脚及典型工作电路图

8.5.2 RS-485 接口

由于串行通信简单易用,在工业领域也大量使用串行通信作为数据交换的手段。可是工业环境通常会有噪声干扰传输线路,在用 RS-232 串行通信进行传输时经常会受到外界的电气干扰而使信号发生错误。为了解决以上问题,RS-485 串行通信方式就应运而生了。

RS-232C 的逻辑电平是利用传输信号线与公共地之间的电压差表示的;RS-485 的逻辑电平是利用信号导线之间的电压差表示的(+2 V~+6 V 表示逻辑"1",−2 V~−6 V 表示逻辑"0")。RS-485 通信接口要通过平衡驱动器,把 TTL 逻辑电平变换成信号导线之间的电位差,完成始端的信号传送,再通过差动接收器,把电位差转换成 TTL 逻辑电平,完成终端信号的接收,如图 8.10 所示。

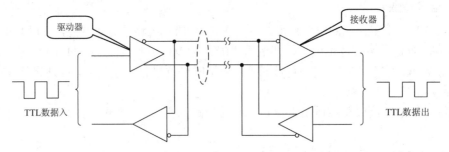

图 8.10　RS-485 接口示意图

RS-485 比 RS-232C 传输距离长、速度快,传输速率最大可达 10 Mb/s,最大距离可达1200 m。

RS-485 是一点对多点的通信接口,一般采用双绞线的结构。普通的 PC 一般不带 RS-485接口,因此要使用 RS-232/RS-485 转换器。在计算机和单片机组成的 RS-485 通信系统(如图 8.11 所示)中,下位机由单片机系统组成,主要完成工业现场信号的采集和控制。上位机为工业 PC,负责监视下位机的运行状态,并对其状态信息进行集中处理,以图文方式显示下位机的工作状态和工业现场被控设备的工作状态。系统中的各节点(包括上位机)的识别是通过设置不同的站地址来实现的。

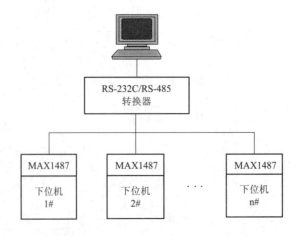

图 8.11　RS-485 总线组成的测控系统

对于单片机可以通过 MAX1487 来完成 TTL/RS-485 的电平转换, 图 8.12 和表 8.4 是它的引脚和引脚说明。类似的芯片还有 75LBC184 等。

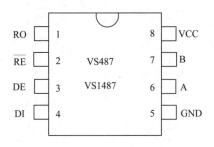

图 8.12　MAX1487 引脚

表 8.4　MAX1487 引脚说明

序号	名称	功　　能
1	RO	接收器输出。如果 A > B 200 mV, 则 RO 为高电平; 如果 A < B 200 mV, 则 RO 为低电平
2	$\overline{\text{RE}}$	接收器输出使能。当 $\overline{\text{RE}}$ 为低电平时, RO 有效; 当 $\overline{\text{RE}}$ 为高电平时, RO 为高阻状态
3	DE	驱动器输出使能。当 DE 为高电平时, 驱动器输出有效; 当 DE 为低电平时, 驱动器输出为高阻态 当驱动器输出有效时, 器件被用作线驱动器 而在高阻状态下, 若 $\overline{\text{RE}}$ 为低电平, 则器件被用作线接收器
4	DI	驱动器输入
5	GND	地
6	A	接收器同相输入端和驱动器同相输出端
7	B	接收器反相输入端和驱动器反相输出端
8	VCC	正电源输入, VCC≥4.75 V

8.6　串口的编程与应用

8.6.1　用串行口扩展并行 I/O 口

在方式 0 下, MCS-51 的串行口作为同步移位寄存器使用。它可以与"并入串出"功能(如 74LS165、74HC165、CD4014 等), 或"串入并出"功能(如 74LS164、74HC164、CD4096 等)的移位寄存器配合使用。

图 8.13 是 74LS165 和 74LS164 的引脚图。

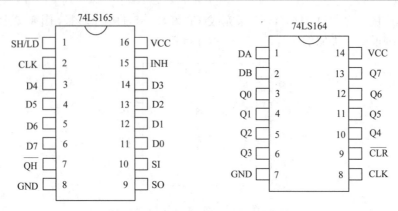

图 8.13　74LS165、74LS164 引脚图

1. 用并行输入 8 位移位寄存器 74LS165 扩展输入口

74LS165 的引脚为：DA、DB 为串口数据输入端；Q0～Q7 为并行数据输出端，低电平输出时电流达 20 mA，不需加驱动；CLK 为移位时钟端；CLR 为清零端。

图 8.14 是利用并行输入 8 位移位寄存器 74LS165 扩展输入口的电路图。从理论上讲，利用这种方法可以扩展更多的输入口，但扩展得越多，输入口的操作速度会越低。74LS165 的串行输出数据 SO 端（$\overline{\text{QH}}$ 为数据反向输出端，SO 的逻辑非信号）接到 RXD 作为单片机串行口的数据输入，而 74LS165 的移位时钟由单片机 TXD 端提供。P3.2 作为 74LS165 的接收和移位控制端 SH/$\overline{\text{LD}}$，当 SH/$\overline{\text{LD}}$ = 0 时，允许 74LS165 置入并行数据；当 SH/$\overline{\text{LD}}$ = 1 时，允许 74LS165 串行移位输出数据。SI 为级联端，可以与下一个 74LS165 的 SO 连接，形成级联。INH 为 CLK 时钟禁止，INH = 0 允许 CLK，INH = 1 禁止 CLK。

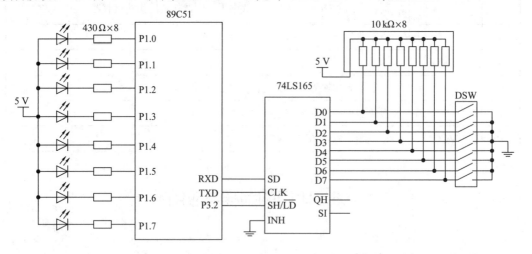

图 8.14　利用 74LS165 串行扩展输入口电路原理图

在图 8.14 中，74LS165 从一个 8 位的拨码盘 DSW(即图 8.14 所示的 8 个开关)获取每一个开关的闭合信息。由于 74LS165 的 D0～D7 都接了 10 kΩ 的上拉电阻，所以当 DSW 中对应的开关未闭合时为高电平"1"，闭合接地时为低电平"0"。这些信息通过 SO、CLK 串行传送给 89C51，并通过 P1 口上的 LED 发光二极管显示。当然，也可以用这些信息通过接口电路去控制其他的设备。

程序选用方式 0，将 SCON 的 REN 置位后，就开始一个数据的接收过程。程序从 8 位扩展口读入数据。

程序代码如下：

```
            ORG     0000H
            MOV     SCON, #10H          ; 串口方式 0，启动接收
START:      CLR     P3.2               ; 允许并行置入数据
            SETB    P3.2               ; 允许串行移位
            JNB     RI, $              ; 等待接收一帧数据结束
            CLR     RI                 ; 接收结束，清 RI 中断标志
            MOV     A, SBUF            ; 读取串行缓冲器中的数据
            MOV     P1, A              ; 放入片内 RAM 中
            ACALL   DELAY
            AJMP    START
DELAY:      MOV     R7, #10
            DJNZ    R7, $
            RET                        ; 延时
            END
```

2. 用 8 位并行输出串行移位寄存器 74LS164 扩展输出口

74LS164 的引脚为：D0～D7 为数据输入端；CLK 为移位时钟端；SO 为串行输出数据端；$\overline{QH}$ 为数据反向(SO 的非)输出端；SH/$\overline{LD}$ 为接收和移位控制端，SH/$\overline{LD}$ =0 时允许 74LS164 置入并行数据，SH/$\overline{LD}$ =1 时允许 74LS164 串行移位输出数据；SI 为级联端；INH 为时钟禁止功能端。

图 8.15 是 MCS51 串口配合 8 位并行输出串行移位寄存器 74LS164 扩展输出口的 LED 显示原理图。

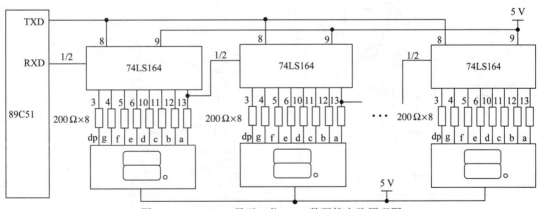

图 8.15　74LS164 显示 8 位 LED 数码管电路原理图

图中串行口的数据通过 RXD 加到 74LS164 的输入端，单片机的 TXD 引脚作为移位时钟加到 74LS164 的 CLK 端。图中的 8 位共阳极七段 LED 显示器，由于 74LS164 在低电平输出时，允许通过的电流可达 20 mA，因此不需要再加 LED 驱动电路。

程序将 78H～7FH 中的数据(0～9)送到 8 位 LED 中显示。

子程序如下：

```
            MOV   SCON,  #00H          ；此句放在主程序中，方式 0，RI = 0，REN = 0
    DIR:    MOV   R7,  #08H            ；8 位 LED
            MOV   R0,  #7FH            ；显示缓冲区首址
    DL0:    MOV   A, @R0              ；取出要显示的数
            MOV  DPTR, #TAB           ；查表
            MOVC A,  @A+DPTR
            MOV  SBUF,  A             ；送出显示
    DL1:    JNB TI,  DL1             ；输出完否？
            CLR  TI                  ；完，清中断标志
            DEC R0                   ；再取下一个数
            DJNZ  R7, DL0
            RET                      ；返回
    TAB:    DB 0C0H, 0F9H, 0A4H, 0B0H, 99H, 92H, 82H, 0F8H, 80H, 98H    ；0～9 的段码
```

8.6.2　单片机与单片机通信

要实现两台单片机点对点的通信，可将一台的 RXD、TXD 与另一台的 TXD、RXD 交叉连接，地线共连。

为保证两台单片机通信的准确，双方要遵循一个简单协议。以下是一个简单的通信协议，协议的程序框图如图 8.16 所示。

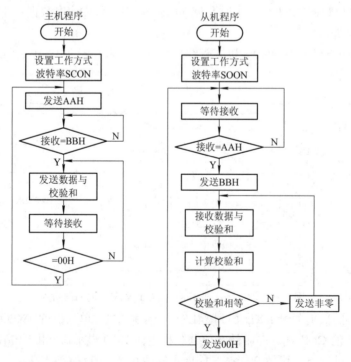

图 8.16　两台单片机通信协议的程序框图

通信开始，主机首先向从机发送 AAH，从机收到后发给主机应答 BBH，表示同意接收。主机收到从机应答 BBH 后，发送数据块，并发送校验和。注意：AAH、BBH 不是唯一的发送、应答标志，还可以采用其他标志。

从机接收到主机发送的数据后保存，收齐一个数据块后，再接收主机发来的校验和，并与从机本身求得的校验和比较：如相等，则说明接收正确，向主机发应答 00H；若不等，则说明接收不正确，向主机发应答非零数据，请求主机重发。

如后面的图 8.17 所示，U1 为主机，U2 为从机，两机通过串口连接(注意 RXD 和 TXD 相反互接)，主机按以上通信协议发送 6 个数据给从机，从机也按这个协议接收这 6 个数据，接收与发送成功后，把发送、接收的结果显示在 LCM1602 上。程序清单如下。

主机程序清单(详细解释参考注释)：

```
        EXTRN CODE(LCD_INITIAL)      ; 引用 LCD1602 模块中公用子程序的声明
        EXTRN CODE(LCD_PRINT_CHAR)
        EXTRN CODE(LCD_PRINT_S)
        ORG 0000H
        AJMP MAIN
        ORG 0030H
MAIN:                                ; 主程序
        MOV 20H, #0AH                ; 要发送的 6 个数据存入 20H～25H
        MOV 21H, #1BH
        MOV 22H, #2CH
        MOV 23H, #3DH
        MOV 24H, #4EH
        MOV 25H, #5FH
        ACALL LCD_INITIAL            ; 初始化 LCM1602
        ACALL INIT_ES                ; 设置串口
        MOV A, #81H                  ; 在 LCD 第 1 行，第 1 列
        MOV DPTR, #TAB1
        ACALL LCD_PRINT_S            ; 显示 TAB1 的字符串
        ACALL SEND                   ; 发送数据
        ACALL LCD_DISPLAY            ; 将发送的数据显示在 LCD
        AJMP $
INIT_ES:                             ; 串口初始化子程序
        MOV TMOD, #20H               ; T1 工作于方式 2
        MOV PCON, #00H
        MOV TL1, #0E8H               ; 波特率为 1200
        MOV TH1, #0E8H
        MOV SCON, #50H               ; 串口工作于方式 1，允许接收
        SETB TR1                     ; 启动 T1
        RET
```

```
;--------------------------------------------------------------------------------
; 子程序名：SEND
; 功能：主机向从机发送数据
; 数据存放地址：内部 RAM 20H~5H
; 发送协议：
;     ① 主机发送 AAH
;     ② 从机如收到了 AAH，发 BBH 应答
;     ③ 主机收到 BBH 后发送 6 个数据
;     ④ 主机收到如不是 BBH 后，返回①
;     ⑤ 发送 6 个数据的累加和(结果只采用一个字节)
;     ⑥ 接收从机的答复，如是 00H，发送结束
;     ⑦ 如非零，重发 6 个数据与累加和
;--------------------------------------------------------------------------------
SEND:       MOV A, #0AAH            ; 发送 AAH
            ACALL TO_SBUF
            ACALL FROM_SBUF         ; 接收从机的应答
            CJNE A, #0BBH, SEND     ; 如不是 BBH，重新发送
SEND0:      MOV R0, #20H            ; 从 20H~25H 中依次发送数据
            MOV R7, #6
            MOV B, #00H
SEND1:      MOV A, @R0
            ACALL TO_SBUF
            ADD A, B                ; 求累加和
            MOV B, A
            INC R0
            DJNZ R7, SEND1
            MOV A, B                ; 将累加和发送给从机
            ACALL TO_SBUF
            ACALL FROM_SBUF         ; 接收从机的回答
            JNZ SEND0               ; 非零重发 6 个数据
            RET
TO_SBUF:    MOV SBUF,  A            ; 发送一个字节子程序
            JNB TI,  $
            CLR TI
            RET
FROM_SBUF:                         ; 接收一个字节子程序
            JNB RI,  $
            CLR RI
            MOV A,  SBUF
            RET
```

```
; -------------------------------------------------------------------------------
; 子程序名：LCD_DISPLAY
; 功能：将数据块 20H～25H 的内容送 LCD 显示
; 原理：把要显示的一个字节分解成高 4 位和低 4 位(用除 16 实现)
;       查表，将它们分别转换成 ASCII 码，依次放入 30H 起始的单元
;       调 LCD_PRINT_CHAR 进行显示
; -------------------------------------------------------------------------------
LCD_DISPLAY:
                MOV R0, #20H
                MOV R1, #30H
                MOV R5, #6              ; 循环 6 次值
LOOP:           MOV A, @R0             ; 取出数据
                MOV B, #16             ; 分解成高、低 4 位
                DIV AB
                MOV DPTR, #TAB         ; 查表，形成 ASCII 码
                MOVC A, @A+DPTR
                MOV @R1, A             ; 放入 30H 开始的单元
                INC R1
                MOV A, B
                MOVC A, @A+DPTR
                MOV @R1, A
                INC R1
                INC R0
                DJNZ R5, LOOP
                MOV 3CH, #00H          ; 显示字符串最后一个为 00H 标志
                MOV R1, #30H
                MOV R5, #12            ; 在 LCD 第 2 行第 3 列开始显示
                MOV A,   #0C2H
                ACALL LCD_PRINT_CHAR
                RET
TAB:            DB 30H, 31H, 32H, 33H, 34H, 35H, 36H, 37H, 38H, 39H    ; 0～9 的 ASCII 码
                DB 41H, 42H, 43H, 44H, 45H, 46H;    ; A～F 的 ASCII 码
TAB1:           DB "THE SEND DATA", 00H         ; LCD 第 1 行要显示的字符串
                END
```

从机程序清单如下(详细解释参考注释)：

```
    EXTRN CODE (LCD_INITIAL)              ; 引用 LCD1602 模块中公用子程序的声明
    EXTRN CODE (LCD_PRINT_CHAR)
    EXTRN CODE (LCD_PRINT_S)
                ORG 0000H
                AJMP MAIN
```

```
                    ORG 0030H
MAIN:               ACALL LCD_INITIAL
                    ACALL INIT_ES
                    MOV DPTR, #TAB1
                    MOV A, #80H
                    ACALL LCD_PRINT_S
                    ACALL RECEIVE
                    ACALL LCD_DISPLAY
                    MOV R7, #0
                    DJNZ R7, $
                    AJMP $
```

; ---

; 子程序名：RECEIVE

; 功能：从机从主机接收数据

; 接收数据存放地址：内部 RAM 20H～25H

; 接收协议：

;　　① 接收主机发送的 AAH，收到了 AAH，发 BBH 应答，否则重收

;　　② 从机接收主机发送的 6 个数据与累加和

;　　③ 与从机本身求得的校验和比较：如相等，向主机应答 00H；

;　　　 若不等，向主机应答非零数据，请求主机重发

; ---

```
RECEIVE:            ACALL FROM_SBUF             ; 接收主机 AAH
                    CJNE A, #0AAH, RECEIVE      ; 若不是 AAH 重收
                    MOV A, #0BBH                ; 若是，向主机发送 BBH
                    ACALL TO_SBUF
RECEIVE0:                                       ; 接收 6 个数据
                    MOV R7, #6
                    MOV R0, #20H
                    MOV B, #00H
RECEIVE1:
                    ACALL FROM_SBUF
                    MOV @R0, A                  ; 求 6 个数据累加和
                    ADD A, B
                    MOV B, A
                    INC R0
                    DJNZ R7, RECEIVE1
                    ACALL FROM_SBUF
                    CLR C                       ; 将收到的累加和与计算的累加和比较
                    SUBB A, B
```

　　　　　　ACALL TO_SBUF　　　　　　　　；累加和比较的结果送主机

　　　　　　JNZ RECEIVE0　　　　　　　　　；累加和比较结果非零，重新接收 6 个数据

　　　　RET

；以下的子程序、ASCII 码表与主程序清单相同

INIT_ES：

TO_SBUF：

FROM_SBUF：

LCD_DISPLAY：

TAB：

TAB1：　　DB "THE RECEIVE DATA", 00H　　；LCD 第 1 行要显示的字符串

　　　　END

　　程序中都引用了 LCD1602.a51 模块中的公用子程序，因此在汇编时要把 LCD1602.a51
加入到工程项目中，两台单片机通信仿真效果如图 8.17 所示。

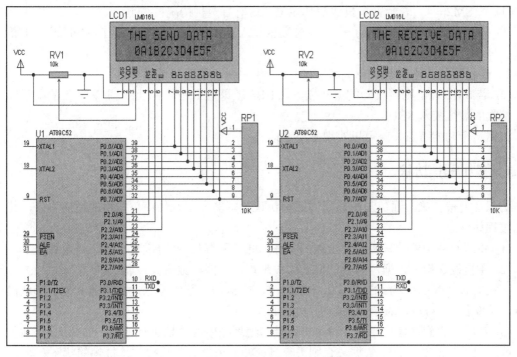

图 8.17　两台单片机通信仿真效果图

8.7　多机通信

　　MCS-51 串行口的方式 2 和方式 3 可以用于多机通信，通常采用主从式多机通信方式
来实现。在这种方式中，采用一台主机和多台从机。主机发送的信息可以传送到各个从机
或指定的从机，各从机发送的信息只能被主机接收，从机与从机之间不能进行通信。图 8.18
是这种主从方式多机通信的连接示意图。

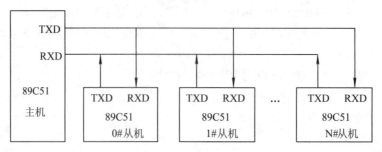

图 8.18　主从方式多机通信

多机通信的实现是依靠主、从机之间正确地设置与判断 SM2 和发送接收的第 9 位数据来(TB8 或 RB8)完成的。在方式 2 和方式 3 下，SM2 只对接收有影响，当 SM2 = 1 时，只接收第 9 位等于 1 的帧(称地址帧)，而 SM2 = 0 时，将接收全部数据，不受第 9 位的影响。SM2 和 TB8(RB8)的作用总结如下：

在单片机串行口以方式 2 或方式 3 接收时：

(1) 若 SM2 = 1，表示置多机通信功能位。这时有两种情况：

① 接收到第 9 位数据 RB8 = 1，此时数据装入 SBUF，并置 RI = 1，向 CPU 发送中断请求；

② 接收到第 9 位数据 RB8 = 0，此时不产生中断，信息将被丢弃。

(2) 若 SM2 = 0，则接收到的第 9 位信息 RB8 无论是 1 还是 0，都产生 RI = 1 的中断标志，接收的数据装入 SBUF。

根据这个功能特点，就可以实现多机通信。

8.7.1　多机通信协议

为保证通信正确，通信工程离不开通信协议。本例介绍一种简单常用的通信协议，其通信过程如下：

(1) 将所有从机处于只接收地址帧的状态，此时所有从机的控制位 SM2 被设置为 1。

(2) 主机发送指令数据，指令的格式为：地址、功能、数据、校验。

主机的 SCON 设置为：SM2 = 0、REN = 1、TB8 = 1，其中发送地址时前 8 位表示从机地址，第 9 位 TB8 = 1，表示当前帧为地址帧。

(3) 从机接收到地址信息后，将本机地址与地址帧中的地址进行比较，如果地址相同，则接收主机发送的其他指令数据，否则丢弃当前帧，依然处于只接收地址帧的状态。

从机对接收到的主机指令数据进行分析，根据收到的地址、功能和最后的校验结果判断数据接收是否正确。若校验正确，则完成相应的功能；若错误，则不执行相应的功能。这一过程中其他从机不受影响，根据功能，同时向主机发送应答数据。然后，从机又回到准备接收地址帧的状态。

(4) 主机接收从机"应答数据"，接收完成后，根据收到的地址、功能和最后的校验结果判断从机数据接收是否正确。若校验正确，则完成相应的功能；若错误，可重新与从机进行通信联系。

当主机需要与其他从机进行数据传输时，可以发送指令数据通过地址帧呼叫从机，重复这一过程。

一个常用的单片机点对多点数据传输的数据帧结构如表 8.5 所示。

表 8.5　通信协议的数据帧结构

地址	功能字节	数据字节	校验字节
1 字节	1 字节	N 字节	1 字节

功能字节和数据字节可以根据需要自己定义。例如：在某程序中，可以定义

01H——获取 A/D 转换的数据，N = 2，即 A/D 转换的结果为 2 个字节；

02H——命令从机启动电机命令，N = 3，为 3 号电机启动；

03H——命令从机停止电机命令，N = 2，为 2 号电机停止；

等等，设计者可以根据测控的需要进行设计。

8.7.2　多机通信程序设计

例： 如图 8.19 所示，一个主机通过 RS-485 总线(采用 MAX487 芯片)把 2 个从机(1#、2#)P1 口的控制信息(由 DSW 拨码盘控制)传送给主机，并用条形 LED 显示出来。

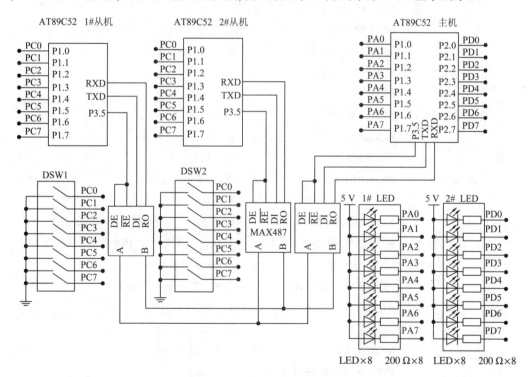

图 8.19　多机 485 通信电路原理图

本例的通信协议如表 8.5 所示，其功能是这样定义的：

功能 01H 为获取从机 P1 口的状态，数据字节 N = 1。

校验采用累加和方式，只校验和的最低字节。

主机的程序流程图如图 8.20 所示。

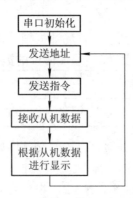

图 8.20　主机程序流程图

主机程序及说明(见注释语句)如下:

```
                ORG 0000H
                AJMP MAIN
                ORG 0030H
MAIN:           MOV SCON, #0D8H        ; 按 8.7.1 节设置 SM2 = 0, 允许接收, TB8 = 1
                MOV PCON, #00H         ; 波特率不倍增
                MOV TMOD, #20H         ; T1 为定时、方式 2, 产生波特率用
                MOV TL1, #0E8H         ; 波特率为 1200 的初值
                MOV TH1, #0E8H
                SETB TR1               ; 启动 T1 定时
MAIN1:          ACALL MASTER1          ; 主机与#1 从机通信
                ACALL MASTER2          ; 主机与#2 从机通信
                AJMP MAIN1             ; 主程序循环
MASTER1:        MOV 20H, #01H          ; 按 8.7.1 节过程(2)向 1#从机发送指令; 01H 为
                                       ; 从机地址号
                MOV 21H, #01H          ; 01H 为功能号, 获取的 P1 口状态
                MOV 22H, #01H          ; 从机需要返回的 P1 口状态字节数为 1 个字节
                MOV 23H, #03H          ; 20H～22H 的校验和
                ACALL SEND_DATA        ; 将 20H～23H 发送给 1#从机
                ACALL RECEIVE          ; 接收 1#从机的回答
                ACALL SUM              ; 求校验和
                MOV A, 20H             ; 如地址不是 1, 退出
                CJNE A, #01H, MASTER3
                MOV A, 21H             ; 如功能不是 1, 退出
                CJNE A, #01H, MASTER3
                MOV A, 23H             ; 如校验和不等, 退出
                CJNE A, B, MASTER3
                MOV P1, 22H            ; 将 1#从机 P1 口的状态送主机的 P1 口显示
```

```
                    RET
MASTER2:        MOV 20H, #02H          ; 按 8.7.1 节过程(2)向 2#从机发送指令；
                                       ; 注释与 MASTER1 同
                MOV 21H, #01H
                MOV 22H, #01H
                MOV 23H, #04H
                ACALL SEND_DATA
                ACALL RECEIVE
                ACALL SUM
                MOV A, 20H
                CJNE A, #01H, MASTER3
                MOV A, 21H
                CJNE A, #01H, MASTER3
                MOV A, 23H
                CJNE A, B, MASTER3
                MOV P2, 22H            ; 将 2#从机 P1 口的状态送主机的 P2 口显示
MASTER3：        RET
```

; --
; 子程序名：RECEIVE
; 功能：接收从机应答数据
; 参数：接收从机发来的 4 个数据, 存放在 20H～23H
;   20H－从机地址
;   21H－功能(返回的 P1 状态)
;   22H－从机 P1 口的状态值
;   23H－20H～22H 的校验和(只取最低字节)

; --

```
RECEIVE:        MOV R7, #4
                MOV R0, #20H
RECEIVE1：       ACALL FROM_SBUF
                MOV @R0, A
                INC R0
                DJNZ R7, RECEIVE1
                RET
```

; --

; 子程序名：SEND_DATA
; 功能：发送数据或命令
; 参数：发送 4 个数据, 存放在 20H～23H
;   20H－从机地址

```
;          21H－功能(返回的 P1 状态)
;          22H－从机需要返回的 P1 状态字节数
;          23H－20H～22H 的校验和(只取最低字节)
; -----------------------------------------------------------
SEND_DATA:      MOV R0, #20H
                MOV R7, #4
SEND_DAT1：      MOV A, @R0
                ACALL TO_SBUF
                INC R0
                DJNZ R7, SEND_DAT1
                RET


; -----------------------------------------------------------
; 子程序名：SUM
; 功能：求 20H～23H 的校验和
; 参数：校验和(只取最低字节)存放在 B
; -------------------------------------------
SUM:           MOV R7, #3
               MOV R0, #20H
               MOV B, #0
               CLR C
SUM1：          MOV A, @R0
               ADDC A, B
               MOV B, A
               INC R0
               DJNZ R7, SUM1
               RET


; 发送一个字节子程序
TO_SBUF：SETB P3.5              ; 置 MAX485 为发送状态
               MOV SBUF, A
               JNB TI, $
               CLR TI
               RET


; 接收一个字节子程序
FROM_SBUF：CLR P3.5             ; 置 MAX485 为接收状态
               JNB RI, $
```

```
    CLR RI
    MOV A, SBUF
    RET
    END
```

从机的程序流程图如图 8.21 所示。

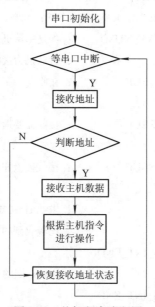

图 8.21　从机程序流程图

从机采用串口中断接收方式。程序清单及说明(见注释语句)如下：

```
SLAVE_NUM EQU 01H          ；定义的#1 从机地址(2#从机为 02H)
        ORG 0000H
        AJMP MAIN
        ORG 0023H          ；串口中断入口地址
        AJMP S_INT
        ORG 0030H
MAIN：  MOV SCON, #0F0H     ；按 8.7.1 节过程(1)设置 SM2 = 1，串口方式 3，允许接收，
                           ；TB8 = 1，SM2 = 1 说明从机目前处于接收地址帧状态
        MOV PCON, #00H     ；波特率不倍增
        MOV TMOD, #20H     ；T1 为定时、方式 2，产生波特率用
        MOV TL1, #0E8H     ；查表 8.2，波特率为 1200 的初值
        MOV TH1, #0E8H
        SETB TR1           ；启动 T1 定时
        SETB EA            ；允许总中断
        SETB ES            ；允许串口中断
        CLR  P3.5          ；MAX487 设置为接收状态
        AJMP $             ；从机等待串口中断
```

```
; ----------------------------------------------
; 功能：串口中断服务程序
; 原理：按 8.7.1 节过程(1)、(3)、(4)接收发送数据
; ----------------------------------------------
S_INT:      ACALL FROM_SBUF                     ; 接收主机发送的地址
            CJNE A, #SLAVE_NUM, S_INT_END       ; 判断是否是本从机地址号，如不是退出中断
            MOV 20H, #SLAVE_NUM                 ; 如是本从机地址号，存入 20H
            CLR SM2                             ; 置从机为接收数据状态
            ACALL FROM_SBUF                     ; 接收功能字节，存 21H
            MOV 21H, A
            ACALL FROM_SBUF                     ; 接收需要返回的 P1 状态字节数，存 22H
            MOV 22H, A
            ACALL FROM_SBUF                     ; 接收校验和，存 23H
            MOV 23H, A
            ACALL SUM                           ; 求 20H~22H 的校验和，结果存 B
            MOV A, 21H                          ; 比较收到的功能字节是否为 01H，否则退出
            CJNE A, #01H, S_INT_END
            MOV A, 22H                          ; 比较返回的 P1 状态字节数是否为 01H，否则退出
            CJNE A, #01H, S_INT_END
            MOV A, 23H
            CJNE A, B, S_INT_END                ; 比较收到的校验和是否与计算的相等，否则退出
            MOV P1, #0FFH                        ; 如满足以上条件，将从机 P1 口的状态送 22H
            MOV 22H, P1                          ; MOV P1, #0FFH 为根据读取准双向口的要求，先送 1
            ACALL SUM                            ; 求 20H~22H 的校验和，结果存 B
            MOV 23H, B                           ; 校验和存 23H
            ACALL SEND_DATA                      ; 从机发给主机 20H~23H 的内容
S_INT_END:
            SETB SM2                             ; 从机恢复到接收地址帧状态
            CLR  P3.5                            ; 从机置 MAX487 为接收状态
            RETI                                 ; 中断服务程序返回指令

; 以下子程序与主机的程序清单相同
SEND_DATA: ...                                   ; 发送 20H~23H 的子程序
SUM: ...                                         ; 求 20H~22H 校验和子程序
TO_SBUF:  ...                                    ; 发送一个字节子程序
FROM_SBUF:  ...                                  ; 接收一个字节子程序
            END
```

8.8　单片机与 PC 的串口通信

PC 的串口一般为 RS-232C，它采用负逻辑电平：$(-15 \sim -3)$V 为逻辑 1；$(+3 \sim +15)$V 为逻辑 0，$(-3 \sim +3)$V 为过渡区，不作定义。因此，MCS-51 系列单片机串行口与 PC 的 RS-232C 接口不能直接对接，必须进行电平转换。常用的有 MAX202、MAX232 等芯片。

本节将举一个例子说明 PC 与 51 单片机双机通信的软件设计要点。图 8.22 是单片机与 PC 串口通信的硬件连接原理图。

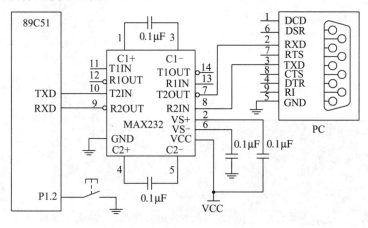

图 8.22　单片机与 PC 的串行接口图

在 PC 上通常采用 VB、VC 等可视化语言设计界面。本节选用 VB 作为 PC 的软件开发环境，介绍如何建立 PC 与单片机的串行通信。

例： 编写程序，建立 PC 与 51 单片机的串行通信，通信过程为：PC 先向单片机发送一组指令"AAH、03H、01H"，单片机正确接收数据后，每隔 2 秒向 PC 连续发送 15 个数据。

PC 的界面和软件设计步骤如下：

(1) 启动 VB，建立"标准 EXE"工程，如图 8.23 所示。

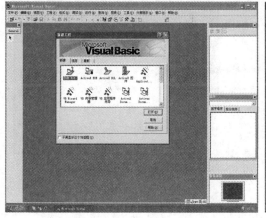
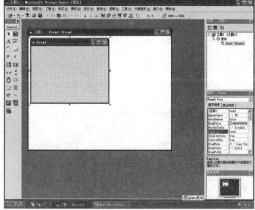

图 8.23　启动 VB，建立"标准 EXE"工程

(2) 准备添加串口部件。单击"工程"菜单，选择"部件"，如图 8.24 所示。

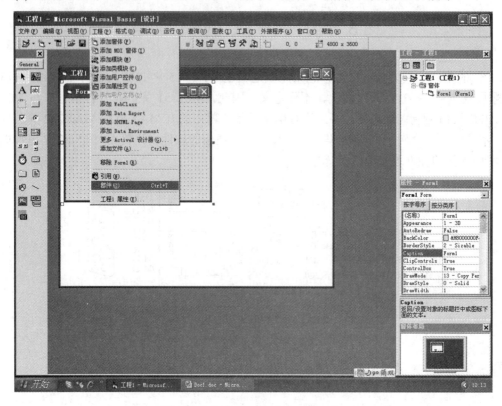

图 8.24 准备添加串口部件

(3) 在弹出的"部件"对话框的"控件"标签中找到"Microsoft Comm Control 6.0"，并选中，然后单击"确定"，如图 8.25 所示。

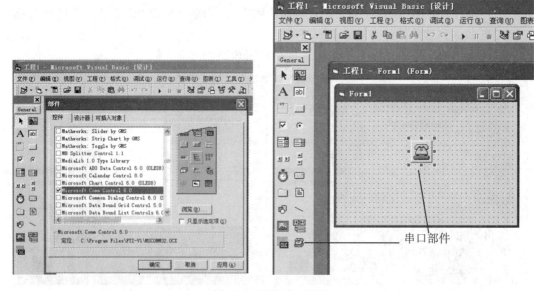

图 8.25 添加串口部件

(4) 按图 8.26 所示，在窗口中添加其余部件和文字。

图 8.26　在窗口中添加其余部件和文字

(5) 在相应的代码窗口，输入如下函数：

```
Dim InBte() As Byte
Dim OutByte(0) As Byte
Private Sub ComPortOpen()
    With MSComm1
        .CommPort = 3
        .Settings = "9600, n, 8, 1"
        .InBufferSize = 100
        .OutBufferSize = 1
        .InputMode = 1
        .InputLen = 100
        .SThreshold = 1
        .InBufferCount = 0 '清除接收缓冲区
        .RThreshold = 15
    End With
End Sub
Private Sub Command1_Click()
    Dim j,   n
    n = 0
```

```
        If MSComm1.PortOpen = False Then
            MSComm1.PortOpen = True
        End If
        If Text1.Text = "" Then
            MsgBox ("请输入需要发送的数据")
        Else
            For j = 1 To Len(Text1.Text)
                OutByte(0) = Val("&H" & Mid(Text1.Text,  j,  2))
                MSComm1.Output = OutByte
                j = j + 1
                n = n + 1
            Next j
            Text3.Text = Val(Text3.Text) + n
        End If
End Sub
Private Sub Command2_Click()
        Text1.Text = ""
End Sub

Private Sub Command3_Click()
        Text2.Text = ""
End Sub
Private Sub Form_Load()
        Call ComPortOpen
        MSComm1.PortOpen = True
        i = 0
End Sub
Private Sub MSComm1_OnComm()
        Dim Buf,  temp
        With MSComm1
            Select Case .CommEvent '判断通信事件
                Case comEvReceive: '收到 Rthreshold 个字节产生的接收事件
                    InByte = MSComm1.Input
                    For j = 0 To UBound(InByte)
                        If Len(Hex(InByte(j))) < 2 Then
                            Buf = Buf & "0" & Hex(InByte(j)) & " "
                        Else
                            Buf = Buf & Hex(InByte(j)) & " "
                        End If
```

```
                            Next j
                            Text2.Text = Text2.Text & Buf
                            MSComm1.InBufferCount = 0
                    End Select
                End With
            End Sub
```

(6) 生成"工程 1.exe"文件。

根据功能要求，单片机的程序设计如下：

```
                ORG 0000H
                AJMP MAIN
                ORG 0023H            ; 中断入口地址
                AJMP S_INT           ; 转串口中断服务程序
                ORG 0030H
MAIN:           MOV TMOD, #20H       ; 定时器 1 初始化，设置波特率用
                MOV TH1, #0FDH       ; 波特率为 9600 的初值
                MOV TL1, #0FDH
                MOV SCON, #50H       ; 串口方式 1，允许接收
                MOV PCON, #00H       ; 波特率不倍增
                SETB TR1             ; 启动定时器
                SETB EA              ; 开中断
                SETB ES              ; 允许串口中断
                SJMP $               ; 等待串口中断
S_INT:                               ; 中断服务程序
                CLR ES               ; 暂时禁止串口中断
                MOV R0, #20H
                MOV R7, #3
RECEIVE:        JNB RI, $            ; 接收 PC 发的信息
                CLR RI
                MOV A, SBUF
                MOV @R0, A           ; 接收的字节放入 20H～22H
                INC R0
                DJNZ R7, RECEIVE
                MOV A, 20H           ; 验证收到的是否是 AAH、03H、01H
                CJNE A, #0AAH, S_INT_END
                MOV A, 21H
                CJNE A, #03H, S_INT_END
                MOV A, 22H
                CJNE A, #01H, S_INT_END
                MOV DPTR, #TAB       ; 发送 15 个数据
```

```
                 MOV R7, #15
SEND:            CLR A
                 MOVC A, @A+DPTR
                 MOV SBUF, A
                 JNB TI, $
                 CLR TI
                 INC DPTR
                 DJNZ R7, SEND
S_INT_END:
                 SETB ES                         ;重新允许串口中断
                 RETI                            ;中断程序返回
TAB:             DB 00, 01H, 02H, 03H, 04H, 05H, 06H, 07H, 08H, 09H, 0A0H, 0A1H, 0A2H,
                 0A3H, 0A4H
                 END
```

单片机与 PC 连接好后，同时运行程序。当 PC 向单片机发送 "AA0301" 后，如果单片机接收正确，则向 PC 传送 15 个数据，PC 会把数据显示在文件框内，如图 8.27 所示。

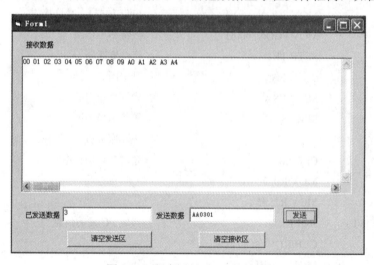

图 8.27　程序运行后 PC 的结果

思考题与习题

1. 计算机并行通信和串行通信各有什么特点？

2. 波特率的具体含义是什么？为什么串行通信双方的波特率必须相同？

3. 试叙述利用 SM2 控制位进行多级通信的过程。

4. 用 Proteus 设计仿真两个 89C51 单片机进行通信。其功能为：单片机 A 在 P1 口设置 8 个键；单片机 B 在 P1 口有 8 个 LED 显示，在 P3.7 上有一个按键；两个单片机通过串口连接。单片机 B 作为主机，单片机 A 作为从机。当 B 机的键按下后，通过串口向 A 发出一次请求，A 把 8 个键的状态通过串口传给 B，B 通过 P1 口显示 A 机键的状态。

第9章

存储器和并行口的扩展

单片机在一块芯片上集成了计算机的基本部分。一般设计较简单的应用系统，可直接采用单片机构成的最小系统而不必扩展外围芯片。但在很多情况下，单片机内部 ROM、RAM 和 I/O 接口功能有限，不够使用，这就需要扩展。本章将对最常用的程序存储器、数据存储器和并行 I/O 口的扩展给予介绍。

存储器扩展中所涉及的原理，如总线、时序以及相关的外围芯片的使用是计算机硬件接口技术的基础。掌握这些知识对于进一步提高单片机技术的应用能力是不可缺少的。

由于目前技术人员都选用 MCS-51 系列中内部带程序存储器的机型，因此初学者可以不必学习程序存储器的扩展部分，而把重点放在 RAM 和并行口的扩展上。

9.1　系统扩展概述

9.1.1　单片机最小系统

所谓单片机最小系统，就是使单片机能运行的最少器件构成的系统。

对于基本型 MCS-51 单片机，如 89C51，因其有内部 ROM，所以只要将单片机接上时钟电路和复位电路即构成了最小系统，如图 9.1 所示(图中未画电源)。

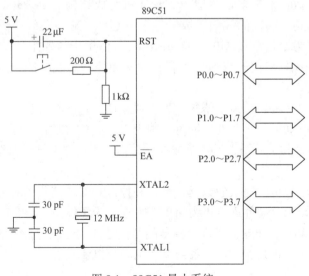

图 9.1　89C51 最小系统

该最小系统有 4 KB 的程序存储器空间，所有 P0～P3 口都供用户使用，用户只要在这些口上加上键盘、显示器和一些其他功能器件，就可以完成相关任务。

对于无内部 ROM 的 MCS-51 单片机，如 8031，除了时钟电路和复位电路外，还需要扩展外部 ROM，图 9.2 就是一个扩展了 16 KB ROM 的最小系统。该系统扩展 ROM 时占用了 P0、P2 口，用户只能使用 P1 和 P3 口。

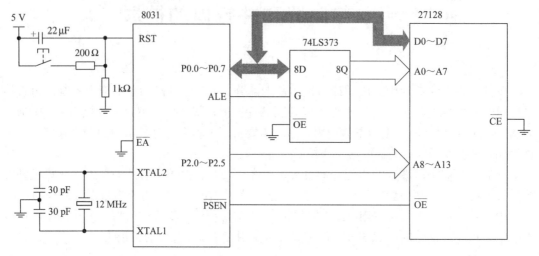

图 9.2　8031 最小系统

在 8031 组成的最小系统中，增加了 EPROM 芯片、74LS373 锁存器。它们是根据什么原理与 CPU 连接的？为什么要用 74LS373 锁存器？下面将讲述这些内容。

9.1.2　总线的概念

复杂的计算机系统是由众多功能部件组成的，每个功能部件分别完成系统整体功能中的一部分，所以各功能部件与 CPU 之间就存在着相互连接并实现信息流通的问题。如果所需连接线的数量非常多，就造成了计算机组成结构的复杂化。为了减少连接线，简化组成结构，把具有共性的线归并成一组公共连线，称为总线。例如，专门用于传输数据用的公用线称为数据总线(DB，Data Bus)，专门用于传输地址的公用线称为地址总线(AB，Address Bus)，专门的选通、控制的线称为控制总线(CB，Control Bus)，它们统称为"三总线"。

MCS-51 系列单片机属总线型结构，片内通过内部总线把各个功能部件、器件连成一个整体，当片外进行功能部、器件扩展时，则由 P0 和 P2 口组成外部 8 位数据总线和 16 位地址总线，P3 口及相关专用选通线组成控制总线，所以它是一个典型的三总线结构，如图 9.3 所示。

MCS-51 系列单片机所提供的数据、地址和控制总线，简化了对外部存储器及多功能部件和器件的要求，而且硬件连接极为简单、方便。为了能与 MCS-51 系列单片机的总线配套，Intel 公司和其他公司设计了许多标准的外围芯片，为应用系统的扩展提供了既方便又丰富的硬件资源。这也是 MCS-51 系列单片机的突出优点之一。

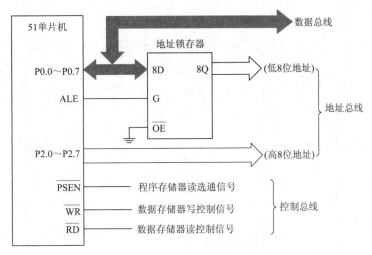

图 9.3　MCS-51 单片机总线信号

9.2　数据存储器的扩展

数据存储器即随机存取存储器(Random Access Memory)，简称 RAM，用于存放可随时修改的数据信息，对 RAM 可以进行读、写操作。RAM 为易失性存储器，断电后所存信息立即消失。按其工作方式，RAM 又分为动态 RAM(DRAM，Dynamic RAM)和静态 RAM(SRAM，Static RAM)。

动态 RAM 一般容量较大，但要定时刷新才能维持所存信息，使用略复杂，单片机中使用较少。静态 RAM 只要上电，所存信息就能可靠保存，不需要刷新，扩展电路简单，单片机中使用较多。

MCS-51 单片机基本型片内只有 128 B 的 RAM，增强型(如 89C52)有 256 B 的 RAM。应用系统需要更多的 RAM 时，可以片外扩展，可扩展的最大容量为 64 KB。

9.2.1　SRAM 芯片

Intel 公司的 SRAM 芯片有 6264、62128、62256 等。其型号的前两位数 62 表示 SRAM；"62"后面的数字表示其存储容量，除以 8 为字节容量。如 6264，有 $64 \div 8 = 8$ KB 容量。图 9.4 列出了几种 SRAM 芯片的引脚图。

引脚的功能如下：

A0～A15：地址输入线。

D0～D7：双向三态数据线。

$\overline{CE}$：片选信号输入线，低电平有效。

$\overline{OE}$：读选通信号输入线，低电平有效。

$\overline{WE}$(或 $\overline{WR}$)：写允许信号输入线，低电平有效。

VCC：工作电源，+5 V。

GND：地线。

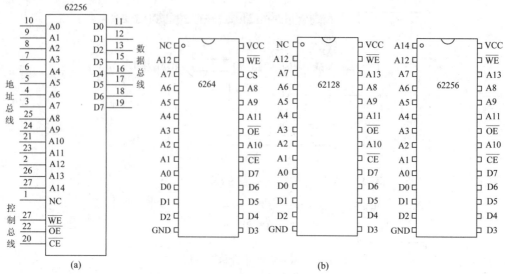

图 9.4　SRAM 引脚图

(a) 引脚分类；(b) 引脚图

SRAM 通常有读、写、维持三种工作方式，如表 9.1 所示。

表 9.1　SRAM 的工作方式

方式	$\overline{CE}$	$\overline{OE}$	$\overline{WE}$	D0～D7
读	0	0	1	数据输出
写	0	1	0	数据输入
维持	1	任意	任意	高阻状态

SRAM 数据存储器在电源关断后，存储的数据将全部丢失，除非加掉电保护电路。

9.2.2　典型外部数据存储器的连接

图 9.5 是 89C51 与 62128 的连接示意图。显然，它们是按"三总线"的原则连接的：单片机的 P0 作为数据总线与数据存储器的 D0～D7 连接；单片机的 P2.0～P2.5 作为地址

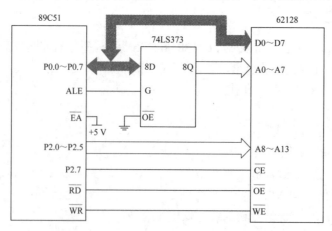

图 9.5　89C51 与 62128 的连接示意图

总线的高 6 位与数据存储器的 A8~A13 连接；单片机的 P0 通过地址锁存器 74LS373 作为地址总线的低 8 位与数据存储器的 A0~A7 连接；单片机的 $\overline{RD}$、$\overline{WR}$ 作为控制总线与数据存储器的 $\overline{OE}$、$\overline{WE}$ 连接；单片机的 P2.7 作为片选信号与数据存储器的 $\overline{CE}$ 连接。

如需要写、读 62128 中 1000H 的数据，可用以下程序实现：

```
MOV DPTR，#1000H
MOV A，#data
MOVX @DPTR，A          ；将 A 的内容写入 62128 中 1000H 单元
MOVX A，@DPTR          ；将 62128 中 1000H 单元的内容读入 A
```

9.2.3 地址锁存器和外扩 RAM 的操作时序

从图 9.5 所示的连接图中可以看出，MCS-51 单片机地址总线为 P0、P2 口，但 P0 口同时也是数据总线，如果不做处理，低 8 位地址总线与数据总线就会发生冲突。解决办法是，采用地址锁存器，分时共用 P0 口，将地址与数据隔离。

地址锁存器常用的型号有 74LS373、74LS573、74LS273，引脚如图 9.6 所示。74LS573 的内部结构与 74LS373 完全一样，只是其引脚的排列与 74LS373 不同，输入的 D 端和输出的 Q 端依次排在芯片的两侧，为绘制印刷电路板时的布线提供了方便，推荐读者优先选用。

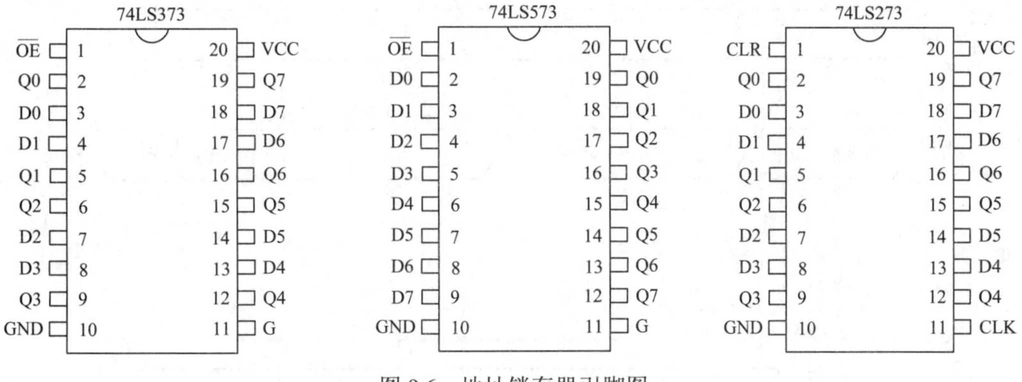

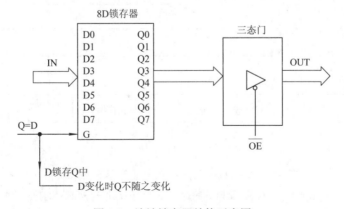

图 9.6 地址锁存器引脚图

地址锁存器是一个带三态输出缓冲器的 8D 锁存器，其结构示意图如图 9.7 所示。

图 9.7 地址锁存器结构示意图

D0～D7 为 8D 锁存器的数据输入端，Q0～Q7 为 8D 锁存器的数据输出端。

$\overline{\text{OE}}$ 为三态门的控制端。"三态门"的输出有三种状态：高电平、低电平、高阻悬浮状态。$\overline{\text{OE}}$ 为低电平时，三态门导通，输出 OUT 的数值与 Q0～Q7 一致。当该信号为高电平时，输出线呈高阻态。

G 为数据打入端，当 G 为"1"时，锁存器输出状态(Q0～Q7)同输入状态(D0～D7)，即 8D 锁存器的数据输出端 Q 跟随输入端 D 变化；当 G 由"1"变"0"，即"负跳变"时，数据打入锁存器中，这时如果外部数据使 D 端发生变化，Q 也不随之变化。

74LS273 的数据打入端为 11 脚"CLK"；三态门控制端 1 脚"CLR"的逻辑与 74LS373 相反。使用时应加以注意。

MCS-51 单片机读、写外部数据存储器的操作时序如图 9.8 所示。

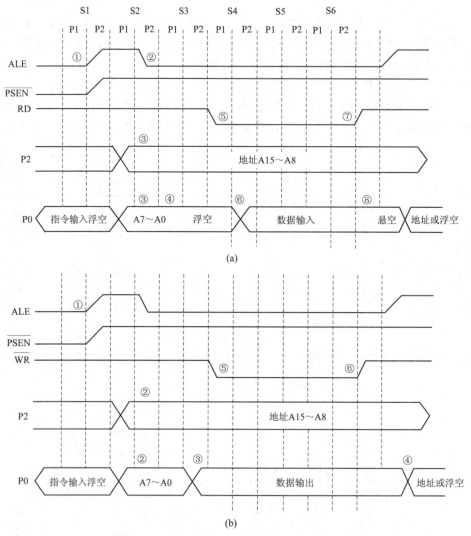

图 9.8　单片机读、写外部数据存储器的操作时序

(a) 片外数据存储器读时序；(b) 片外数据存储器写时序

读外部数据存储器的时序：如图 9.8(a)所示，在第一个机器周期 S1，ALE 由低电平变

高电平①，读周期开始。在 S2 状态，CPU 把低 8 位地址送上 P0，把高 8 位地址送上 P2。ALE 的下降沿②用来把低 8 位地址锁存在外加地址锁存器内③，而高 8 位地址此后一直锁存在 P2 口上，无需外加外锁存。在 S3，P0 进入高阻状态④。在 S4，读控制信号 $\overline{RD}$ 变为有效⑤，它使得被寻址的数据存储器把有效的数据送上 P0⑥，当 $\overline{RD}$ 回到高电平后⑦，被寻址的存储器把其本身的总线悬浮起来⑧，使 P0 进入高阻状态。

写外部数据存储器的时序与上述类同(如图 9.8(b)所示)，但写的过程是 CPU 主动把数据送上总线，故在时序上，CPU 向 P0 送完被寻址存储器的低 8 位地址后，在 S3 状态就送数据上总线 P0③。其间，总线 P0 不再出现高阻悬浮状态。在 S4 状态，写控制信号 $\overline{WR}$ 有效，选通了被寻址的数据存储器。之后，P0 上的数据就写到被寻址的存储器内。

9.2.4 确定扩展芯片地址的方法

单片机应用系统中，为了唯一地确定某一存储单元或 I/O 端口，需要进行两次选择。一是先找到该存储单元或 I/O 端口所在的芯片，称为"片选"；二是通过对芯片本身所具有的地址线进行译码，最后确定存储单元或 I/O 端口，称为"字选"。

唯一地确定某一存储单元或 I/O 端口并不意味着这些存储单元或 I/O 端口的地址是唯一的。如果在译码中，即"片选"和"字选"中使用了全部地址线，这样地址与存储单元或 I/O 端口一一对应，只占用一个唯一的地址，称为全地址译码。如果仅使用了部分地址线，地址与存储单元或 I/O 端口不是一一对应，而是一个存储单元或 I/O 端口占用了几个地址，则称为部分地址译码。部分地址译码选择同一个存储单元或 I/O 端口的地址可能有几个，但物理目标却是唯一的。就像同一地点有几个地名一样，地名不同但地点是唯一的。

片选保证每次只选中某一芯片或 I/O 端口，常用的片选法有线选法和地址译码法。

1. 线选法

线选法是直接利用系统地址总线最高几位空余线(如 P2.7 或 P2.6、P2.5 等)中的一根作为片选控制线来选择一个芯片的方法。线选法的硬件开支少，方法简单，常用于应用系统扩展芯片较少的场合。

在设计地址译码电路时，如果采用地址译码关系图的话，将会带来很大的方便。所谓地址译码关系图，就是一种用简单的符号来表示全部地址译码关系的示意图表。例如，图 9.5 扩展的数据存储器地址译码关系如表 9.2 所示。

表 9.2　图 9.5 扩展的数据存储器地址译码关系

P2.7	P2.6	P2.5	P2.4	P2.3	P2.2	P2.1	P2.0	P0.7	P0.6	P0.5	P0.4	P0.3	P0.2	P0.1	P0.0
A15	A14	A13	A12	A11	A10	A9	A8	A7	A6	A5	A4	A3	A2	A1	A0
0	·	X	X	X	X	X	X	X	X	X	X	X	X	X	X

从地址译码关系表中可以明确几点：

(1) 是完全地址译码还是部分地址译码；

(2) 译码线有多少根；

(3) 所占用的全部地址范围为多少。

此关系表中，地址线中有 1 个"·"(P2.6 未用)，表示为部分地址译码，本例中，每个单元占用了 2 个地址。若 2 根地址线不用，则一个单元占用 4 个地址；3 根地址线不用，则占用 8 个地址，依此类推。

该数据存储器片内译码线有 14 根(A0～A13)，其所占用的地址范围如下：

当 A14 为 0 时，所占用地址为 0000 0000 0000 0000～0011 1111 1111 1111，即 0000H～3FFFH。当 A14 为 1 时，所占用地址为 0100 0000 0000 0000～0111 1111 1111 1111，即 4000H～7FFFH。它共占用了两组地址，这两组地址在使用中实际上是对 62128 中的同一个存储单元进行操作。实际应用中，可把 A14 接地或 VCC，使它形成唯一的地址。

图 9.9 是用线选法扩展 3 片 6264 的电路图，其地址译码关系如表 9.3 所示，它采用了 3 根地址译码线，属完全地址译码。

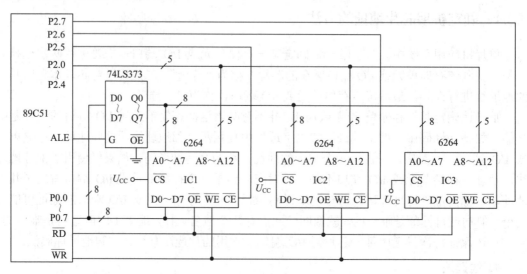

图 9.9 线选法扩展 3 片 6264 电路图

表 9.3 图 9.9 的地址译码关系

选中芯片	P2.7	P2.6	P2.5	P2.4	P2.3	P2.2	P2.1	P2.0	P0.7	P0.6	P0.5	P0.4	P0.3	P0.2	P0.1	P0.0	地址范围
	A15	A14	A13	A12	A11	A10	A9	A8	A7	A6	A5	A4	A3	A2	A1	A0	
IC1	1	1	0	X	X	X	X	X	X	X	X	X	X	X	X	X	C000H～DFFFH
IC2	1	0	1	X	X	X	X	X	X	X	X	X	X	X	X	X	A000H～BFFFH
IC3	0	1	1	X	X	X	X	X	X	X	X	X	X	X	X	X	6000H～7FFFH

2. 地址译码法

地址译码法是用单片机系统中的空余地址线去控制外部地址译码器，以译码器的输出作为片选控制信号的方法。地址译码法常用于系统中扩展芯片较多而空余的地址线不够的场合。

常用的地址译码器有 74LS138(3-8 译码器)、74LS139(双 2-4 译码器)、74LS154(4-16 译码器)等。下面仅介绍 74LS138 和 74LS139。

74LS138 是一种 3-8 译码器，有三个数据输入端，经译码产生 8 种状态。其引脚及真值表如图 9.10 所示。

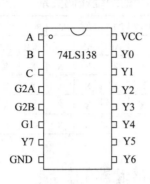

输 入 端						输出端
允 许			选 择			
G1	G2A	G2B	C	B	A	
0	X	X	X	X	X	全部为1
X	1	X	X	X	X	全部为1
X	X	1	X	X	X	全部为1
1	0	0	0	0	0	Y0=0
1	0	0	0	0	1	Y1=0
1	0	0	0	1	0	Y2=0
1	0	0	0	1	1	Y3=0
1	0	0	1	0	0	Y4=0
1	0	0	1	0	1	Y5=0
1	0	0	1	1	0	Y6=0
1	0	0	1	1	1	Y7=0

图 9.10 74LS138 引脚及真值表

74LS139 具有两个 2-4 译码器。这两个译码器完全独立，分别有各自的数据输入端、译码状态输出端以及数据输入允许端。其引脚及真值表如图 9.11 所示，真值表为其中任一路 2-4 译码器的输入/输出状态。

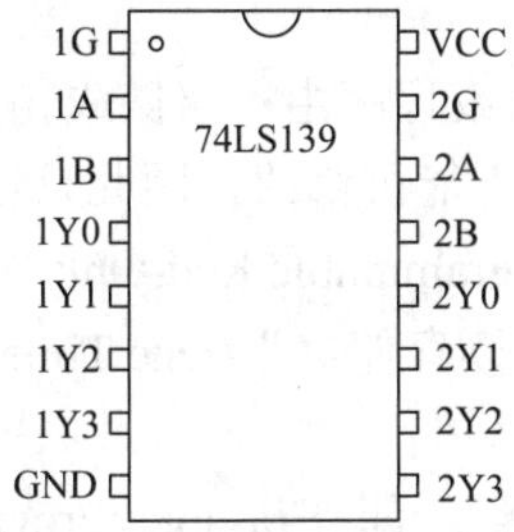

输入端			输出端
允许	选择		
G	B	A	
0	0	0	Y0=0
0	0	1	Y1=0
0	1	0	Y2=0
0	1	1	Y3=0

图 9.11 74LS139 引脚及真值表

使用译码器后，只需要单片机少数的引脚就可以获得更多的片选信号。图 9.12 是用译码选通法扩展的 4 片 62128 的电路图，它采用了 P2 口中剩余的 2 根地址线，属完全译码。其地址译码关系如表 9.4 所示。

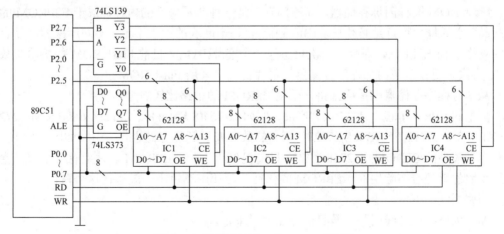

图 9.12 译码法扩展 4 片 62128 电路图

表 9.4　图 9.12 的地址译码关系

选中芯片	P2.7	P2.6	P2.5	P2.4	P2.3	P2.2	P2.1	P2.0	P0.7	P0.6	P0.5	P0.4	P0.3	P0.2	P0.1	P0.0	地址范围
	A15	A14	A13	A12	A11	A10	A9	A8	A7	A6	A5	A4	A3	A2	A1	A0	
IC1	0	0	X	X	X	X	X	X	X	X	X	X	X	X	X	X	0000H～3FFFH
IC2	0	1	X	X	X	X	X	X	X	X	X	X	X	X	X	X	4000H～7FFFH
IC3	1	0	X	X	X	X	X	X	X	X	X	X	X	X	X	X	8000H～BFFFH
IC4	1	1	X	X	X	X	X	X	X	X	X	X	X	X	X	X	C000H～FFFFH

9.3　程序存储器的扩展

9.3.1　ROM 芯片

程序存储器一般采用只读存储器(ROM，Read Only Memory)。这类存储器的特点是把信息写入后能长期保存，不会因电源断电而丢失。单片机中 ROM 用来存放程序和表格等数据。

根据写入和擦除方式的不同，ROM 可分为 MASK ROM、PROM、EPROM、EEPROM、Flash ROM 等。

MASK ROM 指的是掩膜 ROM，用户的数据或程序由厂家做成光刻板，在芯片制造过程中由厂家写入。掩膜 ROM 只能写入一次，且不能再修改，因此只适合于批量生产。

PROM 指的是"可编程只读存储器"，即 Programmable Red-Only Memory。这样的产品只允许写入一次，所以也被称为"一次可编程只读存储器"(One Time Programming ROM，OTP-ROM)。

EPROM 指的是"可擦写可编程只读存储器"，即 Erasable Programmable Read-Only Memory。它的特点是具有可擦除功能，擦除后即可进行再编程，但缺点是擦除需要使用紫外线照射一定的时间。这一类芯片特别容易识别，其封装中包含一个"石英玻璃窗"。

EEPROM 又称 E^2PROM，指的是"电可擦除可编程只读存储器"，即 Electrically Erasable Programmable Read-Only Memory。它的最大优点是可直接用电信号擦除，也可用电信号写入。

Flash ROM 又称闪烁存储器，简称闪存，是一种非易失性的内存，属于 E2PROM 的改进产品。它的最大特点是必须按块(Block)擦除(每个区块的大小不定，不同厂家的产品有不同的规格)，而 E2PROM 则可以一次只擦除一个字节(Byte)。目前 Flash ROM 的擦除次数高达 10 万次。现在自带内部程序存储器的单片机大多采用 Flash ROM。

从学习程序存储器的扩展来讲，采用 EPROM 的电路比较典型。

典型的 EPROM 芯片是 27 系列产品，例如，2764(8 KB × 8)、27128(16 KB × 8)、27256 (32 KB × 8)、27512(64 KB × 8)。"27"后面的数字表示其位存储容量，引脚如图 9.13 所示。一些容量较小的 EPROM 如 2716、2732 目前已停止生产。EPROM 芯片上有一个玻璃窗口是用来照射紫外线擦除用的。EPROM 固化后，应使用黑色不干胶遮住这个窗口。

引脚功能如下：

A0～A15：地址线引脚。数目由存储容量来定。

D0～D7：数据线。

$\overline{CE}$：片选输入端。

$\overline{\text{OE}}$：输出允许控制端(允许"读"信号端)。

$\overline{\text{PGM}}$：编程时，加编程脉冲的输入端。

VPP：编程用，编程电压(+ 12.5 V)输入端。

VCC：+ 5 V，芯片的工作电压。

GND：数字地。

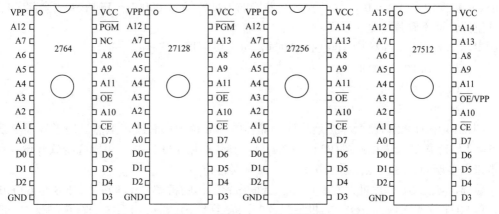

图 9.13 常见 EPROM 引脚图

注意，EPROM 程序的固化(也称"烧录")与校验，需要用专门的编程器进行。程序的擦除也需用专门的紫外线擦除器。这是 EPROM 的不方便之处。

已固化好的 EPROM 在使用时，只有"读"和"维持"两种工作方式，没有"写"方式。

9.3.2 程序存储器的扩展

图 9.14 是 89C51 与一片 27128 的连接示意图。很明显，它也是按"三总线"的原则连接的：单片机的 P0 作为数据总线与 EPROM 的 D0～D7 连接；单片机的 P2.0～P2.5 作为地址总线的高 6 位与 EPROM 的 A8～A13 连接；单片机的 P0 通过地址锁存器 74LS573 作为地址总线的低 8 位与 EPROM 的 A0～A7 连接；单片机的 $\overline{\text{PSEN}}$ 作为"读"控制与 EPROM 的 $\overline{\text{OE}}$ 连接；此例中单片机只扩展了一片 EPROM，所以 $\overline{\text{CE}}$ 始终接地。

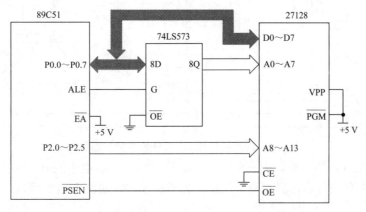

图 9.14 89C51 与 27128 的连接示意图

对于自带内部 ROM 的单片机系统，在正常运行时，应把 $\overline{\text{EA}}$ 引脚接高电平($\overline{\text{EA}}$ = 1)，使程序从内部 ROM 开始执行。当 PC 值超过内部 ROM 的容量时，会自动转向外部程序存储器地址空间执行。如：89C51 自带 4 KB 的内部 ROM，地址范围为 0000H～0FFFH，则片外地址范围为 1000H～FFFFH(本例中外部程序存储器的容量为 16 KB，所以片外地址为 1000H～4FFF)。当 PC 值超过 0FFFH 时会自动转向外部 1000H 的地址空间。对这类单片机，若把 $\overline{\text{EA}}$ 接低电平($\overline{\text{EA}}$ = 0)，片外程序存储器的地址范围为 0000H～FFFFH 的全部 64 KB 地址空间，而不管片内是否实际存在程序存储器。

本例中，如需要读 27128 中 1000H 的数据，可用以下程序实现：

```
MOVDPTR，#1000H
CLR      A
MOVC     A，@A + DPTR
```

图 9.14 中的 P2 口已用作扩展程序存储器的高 8 位地址总线，虽然只用了 6 根(P2.0～P2.5)，但 P2 脚其余未用引脚(P2.6、P2.7)已不宜作通用 I/O 口线，否则会给软件设计和使用带来很多麻烦，这一点在系统接口设计时务必注意。

目前，MCS-51 单片机大都有内部自带程序存储器的机型，其容量从 1 KB 至 64 KB 都有，像 8031 这类无内部 ROM 的机型已停产。如果不是由于应用系统的特殊需要，一般并不主张扩展程序存储器 ROM。因此，有关扩展程序存储器的时序分析等内容，本书不再讲解，读者可以参考有关资料。

9.4　程序存储器和数据存储器的综合扩展

图 9.15 所示为 MCS-51 单片机采用线选法扩展 1 片 16 KB 的 RAM 和 1 片 16 KB 的 EPROM 接口电路。

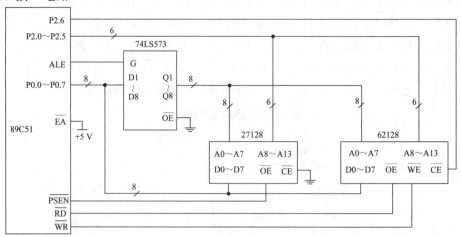

图 9.15　线选法扩展 EPROM 和 RAM 电路图

图 9.15 的地址译码关系如表 9.5 所示。此表中 P2.7 可以取 1 或 0，所以 62128 是不完全译码，每一个存储器单元都有两个地址，编写程序时，对两个地址所进行的操作，效果是相同的。

表 9.5　图 9.15 的地址译码关系

选中芯片	P2.7	P2.6	P2.5~P2.0	地址范围
	A15	A14	A13~A0	
62128	0	0	X…X	0000H~3FFFH
	1	0	X…X	8000H ~BFFFH

图中的 27128 片选端 $\overline{CE}$ 始终接地。在访问 27128 时，62128 的地址、数据总线也满足了访问的要求，但 27128 的"读"控制线是由 $\overline{PSEN}$ 提供的，而 62128 的"读"、"写"控制信号是由 $\overline{RD}$、$\overline{WR}$ 提供的，因此两个芯片的数据不会发生冲突。

9.5　并行接口的扩展

9.5.1　总线驱动器

MCS-51 系列单片机的外部扩展空间很大，但总线口(P0、P2)和控制信号线的负载能力有限。P0 口可以驱动 8 个 TTL 负载，其他 P1、P2、P3 口能驱动 4 个 TTL 负载。当需要扩展的芯片较多，超过单片机口的负载能力时，就需要加总线驱动器。

P0 口需加双向数据总线驱动器 74LS245，其引脚和逻辑图如图 9.16 所示。可以看出，74LS245 实际上就是两组 8 位三态门电路，无锁存功能，每个引脚输出电流为 15 mA，灌入电流为 24 mA。$\overline{G}$ 是使能端，低电平有效。DIR 为方向控制端，$\overline{G}$ 有效时，DIR = 1，A→B；DIR = 0，A←B。74LS245 与 P0 口的连接图如图 9.17 所示。

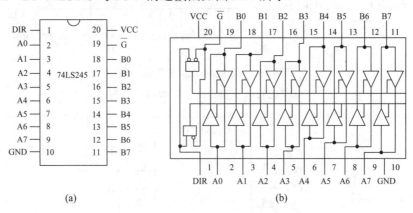

图 9.16　74LS245 双向数据驱动器

(a) 74LS245 引脚；(b) 74LS245 逻辑图

P2 口可用单向数据总线驱动器 74LS244，其引脚、逻辑图如图 9.18 所示。可以看出，74LS244 实际上就是两组 4 位三态门电路，无锁存功能，每个引脚输出电流为 15 mA，灌入电流为 24 mA。当 $\overline{1G}$ 和 $\overline{2G}$ 均为低电平时，两组三态门开通，输入 A 端数据直通到输出 Y 端；当 $\overline{1G}$ 和 $\overline{2G}$ 均为高电平时，三态门不开通，输出端 Y 端呈高阻状态。74LS244 与 P2 口的连接图如图 9.19 所示。

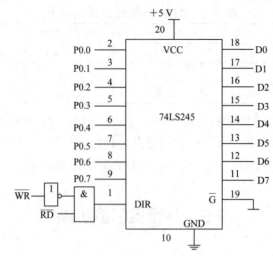

图 9.17　74LS245 与 P0 口的接口

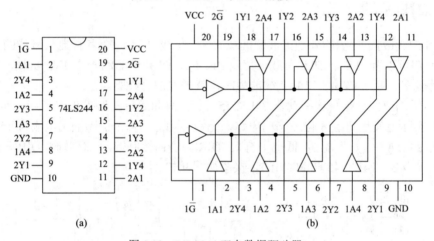

(a)　　　　　　　　　　　　　　　　　　(b)

图 9.18　74LS244 双向数据驱动器

(a) 74LS244 引脚；(b) 74LS244 逻辑图

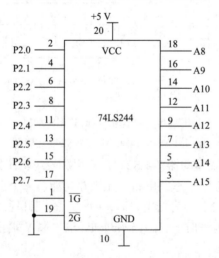

图 9.19　74LS244 与 P2 口的接口

74LS245、74LS244 也可以作为并行输入/输出口的简单扩展使用。

9.5.2　用 74LS 系列 TTL 电路扩展并行 I/O 口

用 TTL 电路作并行 I/O 口的特点是电路口线少，利用率高。选用 TTL 作并行 I/O 时，要灵活运用"输入三态，输出锁存"的原则，选择与总线相连接的 TTL 芯片。图 9.20 是一片 74LS573 作并行输出，另一片 74LS573 作并行输入的接口电路。

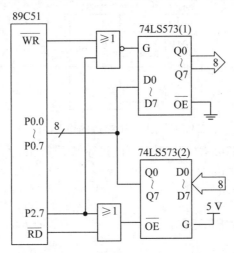

图 9.20　采用 74LS573 电路的 I/O 接口

考虑到输入操作时只有 $\overline{RD}$ 信号有效，输出操作时只有 $\overline{WR}$ 信号有效，故电路的输入/输出口共用一个地址 7FFFH。

将一个字节写入 74LS573(1)的指令为：

```
MOV     DPTR，#7FFFH
MOV     A，#data
MOVX    @DPTR，A
```

参照 9.2.3 节的时序，分析以上程序可知，MOVX @DPTR，A 指令的执行过程可以分为两步：

(1) 准备地址。此时 P2 口的状态为 7FH，即 P2.7 引脚为 0，其他引脚为 1；P0 口的状态为 FFH。

(2) 送数据。此时 P0 线上将出现 A 中的内容，P0 口第一步中的状态 FFH 被 A 中的内容取代，且 $\overline{RD}$ = 1，$\overline{WR}$ = 0。这时，图 9.20 引脚的状态为：P0 = A；P2.7 = 0；$\overline{RD}$ = 1；$\overline{WR}$ = 0。这样，或非门的输出为 1，则 74LS573(1)的 G = 1，由于 $\overline{OE}$ = 0，则 Q = D，即 Q0～Q7 将全部呈现 P0 的状态，也就是呈现了 A 中的结果，达到了输出数据的目的。

接收 74LS573(2)上输入的 8 位数据读到累加器 A 中的指令如下：

```
MOV      DPTR，#7FFFH
MOVX     A，@DPTR
```

参照 9.2.3 节的时序可知，MOVX　A, @DPTR 指令的执行过程也可分为两步：

(1) 准备地址。此时 P2 口的状态为 7FH，即 P2.7 引脚为 0，其他引脚为 1；P0 口的状态为 FFH；但 $\overline{RD} = 0$，$\overline{WR} = 1$。

(2) 读数据。这时，图 9.20 引脚的状态为：P2.7 = 0；$\overline{RD} = 0$；$\overline{WR} = 1$，这样，或门的输出为 0，则 74LS573(2) 的 $\overline{OE} = 0$，由于 G = 1，则 Q = D，P0 线上将出现 74LS573(2) 输入端 D 的内容，达到了获取输入数据的目的。

利用 74LS245 扩展输入接口的电路也很简单，如图 9.21 所示。

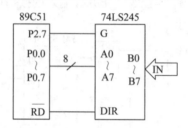

图 9.21　采用 74LS245 的输入接口

如果单片机要从 74LS245 输入数据，可以执行如下指令：

```
MOV     DPTR, #7FFFH
MOVX    A, @DPTR
```

9.5.3　并行可编程芯片 8255A

所谓可编程的接口芯片，是指其功能可由程序来加以改变的接口芯片，利用编程的方法，可以使一个接口芯片执行不同的接口功能。8255A 是最常用的并行可编程芯片之一。它和 MCS-51 相连，可为外设提供三个 8 位的 I/O 端口：A 口、B 口和 C 口。三个端口的功能完全由编程来决定。

1. 8255A 的内部结构和引脚排列

图 9.22 为 8255A 的内部结构和引脚图。

1) 内部结构

8255A 可编程接口由以下 4 个逻辑结构组成：

(1) A 口、B 口和 C 口。A 口、B 口和 C 口均为 8 位 I/O 数据口，但结构上略有差别。A 口输入/输出都带锁存器。C 口可编程为两个 4 位端口(高 4 位及低 4 位)。B 口和 C 口输出带锁存器，但输入无锁存器。

这三个端口都可以和外设相连，分别传送外设的输入/输出数据或控制信息。

(2) A、B 组控制电路。这是两组根据 CPU 的命令字控制 8255A 工作方式的电路。A 组控制 A 口及 C 口的高 4 位，B 组控制 B 口及 C 口的低 4 位。

(3) 数据缓冲器。这是一个双向三态 8 位的驱动口，用于和单片机的数据总线相连，传送数据或控制信息。

(4) 读/写控制逻辑。这部分电路接收 MCS-51 送来的读/写命令和选口地址，用于控制对 8255A 的读/写。

2) 引脚

(1) 数据线(8 条)。D0～D7 为数据总线，用于传送 CPU 和 8255A 之间的数据、命令和状态字。

(2) 控制线和寻址线(6 条)。

RESET：复位信号，输入高电平有效。一般和单片机的复位相连，复位后，8255A 所有内部寄存器清 0，所有口都为输入方式。

$\overline{RD}$ 和 $\overline{WR}$：读、写信号线，输入，低电平有效。当 $\overline{RD}$ 为 0 时($\overline{WR}$ 必为 1)，所选的 8255A 处于读状态，8255A 送出信息到 CPU。反之亦然。

$\overline{CS}$：片选线，输入，低电平有效。

A0、A1：地址输入线。当 $\overline{CS}=0$，芯片被选中时，这两位的 4 种组合 00、01、10、11 分别用于选择 A、B、C 口和控制寄存器。

(3) I/O 口线(24 条)。PA0～PA7、PB0～PB7、PC0～PC7 为 32 条双向三态 I/O 总线，分别和 A、B、C 口相对应，用于 8255A 和外设之间传送数据。

(4) 电源线(2 条)。VCC 为 + 5 V，GND 为地线。

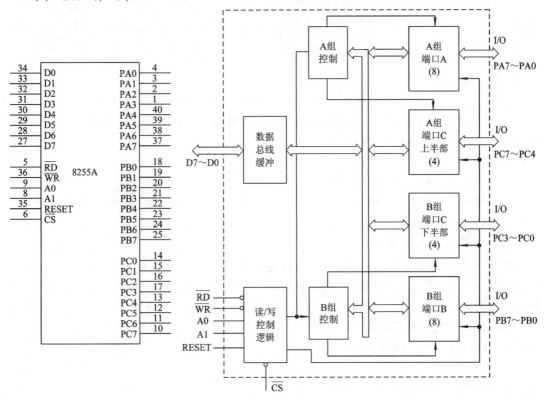

图 9.22　8255A 的内部结构和引脚图

2．8255A 的控制字

8255A 的三个端口具体工作在什么方式下，是通过 CPU 对控制口写入控制字来决定的。8255A 有两个控制字：方式选择控制字和 C 口置/复位控制字。用户通过程序把这两个控制字送到 8255A 的控制寄存器(A0 A1 = 11)，这两个控制字以 D7 作为标志。

1) 方式选择控制字

方式选择控制字的格式和定义如图 9.23(a)所示。

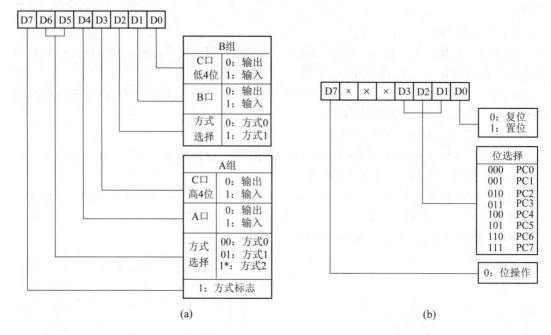

图 9.23　8255 控制字的格式和定义

例：设 8255A 控制字寄存器的地址为 F3H，试编程使 A 口为方式 0 输出，B 口为方式 0 输入，PC4～PC7 为输出，PC0～PC3 为输入。

其程序为：

```
MOV     R0,     #0F3H
MOV     A,      #83H                  ；83H 按题意由图 9.23 获得
MOVX    @R0,    A
```

2) C 口置/复位控制字

C 口置/复位控制字的格式和定义如图 9.23(b)所示。C 口具有位操作功能，把一个置/复位控制字送入 8255A 的控制寄存器，就能将 C 口的某一位置 1 或清 0(复位)而不影响其他位的状态。

例：仍设 8255A 控制字寄存器地址为 F3H，下述程序可以将 PC1 置 1，PC3 清 0。

```
MOV     R0, #0F3H
MOV     A,  #03H
MOVX    @R0, A
MOV     A,  #06H
MOVX    @R0, A
```

3. 8255A 的工作方式

8255A 有三种工作方式：方式 0、方式 1 和方式 2。方式的选择是通过上述写控制字的方法来完成的。

(1) 方式 0(基本输入/输出方式)：A 口、B 口及 C 口高 4 位、低 4 位都可以设置输入或输出，不需要联络信号。单片机可以对 8255A 进行 I/O 数据的无条件传送，外设的 I/O 数据在 8255A 的各端口能得到锁存和缓冲。

(2) 方式 1(选通输入/输出方式)：A 口和 B 口都可以独立地设置为方式 1，在这种方式下，8255A 的 A 口和 B 口通常用于传送和它们相连外设的 I/O 数据，C 口作为 A 口和 B 口的握手联络线，以实现中断方式传送 I/O 数据。C 口作为联络线的各位分配是在设计 8255A 时规定的。

(3) 方式 2(双向总线方式)：只有 A 口才能设定。C 口的 PC3～PC7 作为联络信号。

方式 1 和方式 2 的联络信号分配表如表 9.6 所示。

表 9.6　8255A 的 C 口联络信号分配表

C 口	方式 1		方式 2	
	输入方式	输出方式	输入方式	输出方式
PC0		$INTR_B$		
PC1		$\overline{OBF}_B$		
PC2	$\overline{ACK}_A$			
PC3		$INTR_B$		$INTR_A$
PC4	IN	OUT	$\overline{STB}_A$	
PC5	IN	OUT		IBF_A
PC6	$\overline{ACK}_A$		$\overline{ACK}_A$	
PC7		$\overline{OBF}_A$		$\overline{OBF}_A$

表 9.6 中用于输入/输出的联络信号有：

INTR：中断请求信号，高电平有效；

$\overline{OBF}$：输出缓冲器满信号，输出信号，低电平有效；

$\overline{ACK}$：外部设备响应信号，输入信号，低电平有效；

$\overline{STB}$：选通信号，输入信号，低电平有效；

IBF：输入缓冲器满信号，输出信号，高电平有效。

联络信号用于查询方式或中断方式中的输入或输出。下标 A、B 分别表示 A 口、B 口。

4. 8255A 与 MCS-51 的接口

8255A 和 MCS-51 单片机的接口十分简单，图 9.24 为 8255A 的扩展实例。

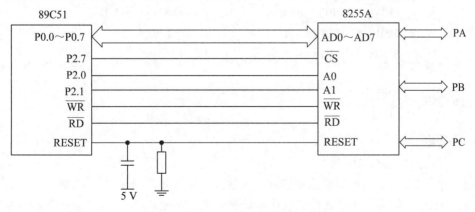

图 9.24　89C51 和 8255A 的接口电路

1) 连线说明

数据线：8255A 的 8 根数据线 D0～D7 直接和 P0 口一一对应相连即可。

控制线：8255A 的复位线 RESET 与 89C51 的复位端相连，都接到复位电路上。8255A 的 $\overline{RD}$ 和 $\overline{WR}$ 与 89C51 的 $\overline{RD}$ 和 $\overline{WR}$ 一一对应相连。

寻址线：8255A 的 $\overline{CS}$ 和 A1、A0 分别由 P2.7 和 P2.1、P2.0 提供，当然 $\overline{CS}$ 的接法不是唯一的。当系统要同时扩展外部 RAM 时，$\overline{CS}$ 就要和 RAM 芯片的片选端统一安排，以免发生地址冲突。

I/O 口线：可以根据用户需要连接外部设备。

2) 地址确定

89C51	A15	A14	A13	A12	A11	A10	A9	A8	A7	A6	A5	A4	A3	A2	A1	A0
	P2.7	P2.6	P2.5	P2.4	P2.3	P2.2	P2.1	P2.0	P0.7	P0.6	P0.5	P0.4	P0.3	P0.2	P0.1	P0.0
8255A	$\overline{CS}$						A1	A0								
A 口：	0	×	×	×	×	×	0	0	×	×	×	×	×	×	×	×
B 口：	0	×	×	×	×	×	0	1	0	×	×	×	×	×	×	×
C 口：	0	×	×	×	×	×	1	0	0	×	×	×	×	×	×	×
控制口：	0	×	×	×	×	×	1	1	0	×	×	×	×	×	×	×

根据上述接法，8255A 的 A、B、C 以及控制口的地址分别为 7000H、7100H、7200H 和 7300H(假设地址的两个字节中高 8 位字节的高 4 位无关位都取 1，其余所有无关位都取 0。注意：这些地址不是唯一的，只要 CS、A1、A0 是满足 8255A 的要求的地址都可以)。

3) 编程应用

例：如果在 8255A 的 B 口接有 8 个按键、A 口接有 8 个发光二极管，即类似于图 9.25 的电路原理，则下面的程序能够完成按下某一按键，相应的发光二极管发光的功能。

```
        MOV     DPTR, #7300H      ; 指向 8255A 的控制口
        MOV     A, #82H           ; 方式 0，A 口输出，B 口输入
        MOVX    @DPTR, A          ; 向控制口写控制字
LOOP:   MOV     DPTR, #7100H      ; 指向 8255A 的 B 口
        MOV     A, @DPTR          ; 检测按键，将按键状态读入 A 累加器
        MOV     DPTR, #7000H      ; 指向 8255A 的 A 口
        MOVX    @DPTR, A          ; 驱动 LED 发光
        SJMP    LOOP
```

思考题与习题

1. 问答题

1.1　什么是 ROM、RAM?

1.2　为什么当 P2 口作为扩展存储器高 8 位地址后，不再适宜作通用 I/O 口?

1.3　在 8031 扩展系统中，外部程序存储器和数据存储器共用 16 位地址线和 8 位数据线，为什么两个存储器的地址不会发生冲突?

1.4　51 单片机如只外接了程序存储器，实际上还有多少根 I/O 口线可供用户使用？只外接了数据存储器，实际上还有多少根 I/O 口线可供用户使用？并说明原因。

2. 设计题

2.1　试将 8031 单片机外接一片 27128、两片 62128 扩展成一个应用系统，并画出扩展系统的电路连接图，同时指出 RAM 的地址分布。

2.2　用 Proteus 按图 9.25 的原理编写一程序，把获得的键的状态在 LED 上显示出来。

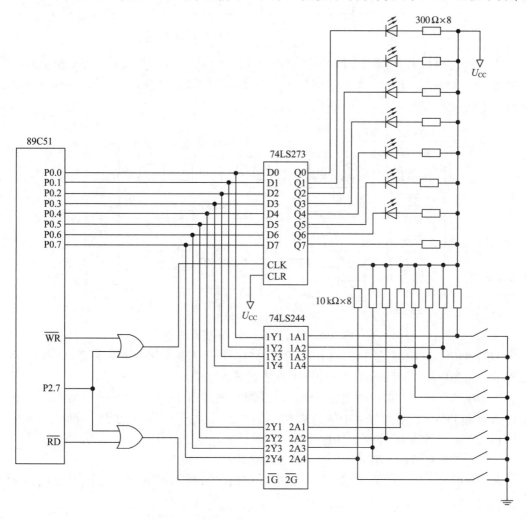

图 9.25　题 2.2 图

第10章

单片机测控接口

图 10.1 为单片机用于测控系统时的框图。在这个系统中，单片机需要完成把模拟信号转换为数字信号(A/D 转换)，把数字信号转换为模拟信号(D/A 转换)，以及与开关量的输入、输出(I/O)接口等功能。

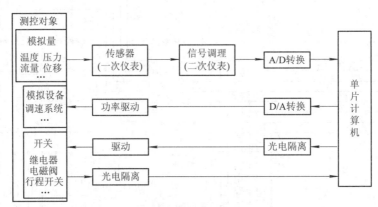

图 10.1　单片机用于测控系统框图

A/D、D/A、I/O 在基于 PC、工控机的应用中一般是用商品化的数据采集卡、控制卡来实现的，而在单片机应用系统设计中一般都由设计者完成。

本书也和目前大多数国内教材一样，采用 ADC0809 和 DAC0832 作为经典例题程序来学习 A/D 和 D/A，读者可以从中学到基本的接口知识。由于目前 MCS-51 系列单片机的许多增强机型都自带 A/D、D/A，因此在做产品设计时，设计者可以尽量选用。第 12 章中所介绍的串行扩展总线的 A/D、D/A 也应该优先选用。

开关量的输入/输出、功率接口等，在机电一体化的设备中应用较多，本章也给予介绍。

10.1　A/D 转换器概述

将模拟量转换成数字量的器件称为A/D 转换器，简称 ADC(Analog-to-Digital Converter)。这里模拟量主要指电压量。

1. A/D 转换器的分类

随着超大规模集成电路技术的飞速发展，大量结构不同、性能各异的 A/D 转换芯片应运而生。根据转换原理可将 A/D 转换器分成两大类：直接型 A/D 转换器和间接型 A/D 转换器。根据转换方式又可分为逐次比较型、双积分型、Σ-Δ 型、并行比较型/串并行比较型和压频变换型等。

1) 逐次比较型

逐次比较型 A/D 转换器由一个比较器和 D/A 转换器通过逐次比较逻辑构成，从 MSB(Most Significant Bit，最高有效位)开始，顺序地将每一位输入电压与内置 D/A 转换器的输出值进行比较，经 n 次比较后输出数字值，亦称为逐次逼近型 A/D 转换器，其电路规模属于中等。它的优点是速度较高、功耗低，在低分辨率(<12 位)时价格便宜，但高精度(>12 位)时价格较高。

2) 双积分型

双积分型 A/D 转换器的工作原理是将输入电压转换成时间(脉冲宽度)信号或频率(脉冲频率)，然后由定时/计数器获得数字值。其优点是用简单电路就能获得高分辨率，但由于转换精度依赖于积分时间，因此转换速率极低。由于其精度高、抗干扰性好、价格低廉，因此得到了广泛应用，如目前广泛使用的 TLC7135 等。

3) Σ-Δ 型

Σ-Δ 型 A/D 转换器由积分器、比较器、1 位 D/A 转换器和数字滤波器等组成。Σ-Δ 型在原理上近似于积分型，将输入电压转换成时间(脉冲宽度)信号，用数字滤波器处理后得到数字值。它具有积分型与逐次比较型 A/D 转换器的双重优点，对工业现场的干扰具有较强的抑制能力，不亚于双积分 A/D，但它比双积分 A/D 转换器的转换速度快，与逐次比较型 A/D 转换器相比，有较高的信噪比，分辨率高，线性度好。因此，Σ-Δ 型目前得到了广泛应用。

4) 并行比较型/串并行比较型

并行比较型 A/D 转换器采用多个比较器，仅作一次比较而实行转换，又称 flash(快速)型。由于转换速率极高，n 位的转换需要 $2^n - 1$ 个比较器，因此电路规模也极大，价格高，只适用于视频 A/D 转换器等速度特别高的领域。

串并行比较型 A/D 转换器结构上介于并行型和逐次比较型之间，最典型的是由 2 个 $n/2$ 位的并行型 A/D 转换器配合 D/A 转换器组成，用两次比较实行转换，所以称为 half flash(半快速)型。还有分成三步或多步实现 A/D 转换的叫做分级(multistep/subrangling)型 A/D 转换器，而从转换时序角度又可称为流水线(pipelined)型 A/D 转换器。现代的分级型 A/D 转换器中还加入了对多次转换结果作数字运算而修正等功能。这类 A/D 转换器的速度比逐次比较型 A/D 转换器的高，电路规模比并行型 A/D 转换器的小，如 TLC5510 等。

5) 压频变换型(VFC)

压频变换型(VFC，Voltage-Frequency Converter)A/D 转换器是通过间接转换方式实现模/数转换。它的变换结果不是数字而是频率。其原理是首先将输入的模拟信号转换成频率，然后用计数器将频率转换成数字量。从理论上讲这种 A/D 转换器的分辨率几乎可以无限增加，只要采样的时间能够满足输出频率分辨率要求的累积脉冲个数的宽度即可。其优点是分辨率高、功耗低、价格低，但是需要外部计数电路共同完成 A/D 转换。最常用的型号有 AD650 等。

A/D 转换器除了按原理分类外，还可以根据其他一些指标分类，如图 10.2 所示。

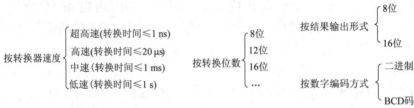

图 10.2　A/D 转换器的分类

2．A/D 转换器的主要技术参数

A/D 转换器的技术参数很多，这里不作详细解释，只介绍一些主要参数。

1) **转换时间与转换速率**(conversion time or conversion rate)

转换时间是指 A/D 转换器完成一次转换所需要的时间，转换时间的倒数为转换速率，即每秒转换的次数。常用单位是 KSPS 和 MSPS，表示每秒采样千/百万次(Kilo/Million Samples Per Second)。积分型 A/D 转换器的转换时间是毫秒级，属低速 A/D 转换器；逐次比较型 A/D 转换器是微秒级，属中速 A/D 转换器；全并行/串并行型 A/D 转换器可达到纳秒级，为高速 A/D 转换器。为了保证转换的正确完成，采样速率(sample rate)必须小于或等于转换速率。要注意转换速率与采样速率是两个不同的概念。

2) **分辨率**(resolution)

分辨率习惯用 A/D 转换器输出的二进制位数或 BCD 码位数表示。例如 AD574 A/D 转换器，输出二进制 12 位，即用 2^{12} 个位数进行量化，其分辨率为 1 LSB(Least Significant Bit，最小有效位)，用百分数表示 $1/2^{12}=0.024\%$。又如双积分式输出 BCD 码的 A/D 转换器 MC14433，其分辨率为三位半(这里的"半"指最高位千位只能是 0 或 1，"三位"指十进制的百、十、个位)，所以它的满字位为 1999，用百分数表示其分辨率为 $1/1999 \times 100\% = 0.05\%$。

3) **量化误差**(quantizing error)

量化误差定义为有限分辨率 A/D 转换器的阶梯状转移特性曲线与无限分辨率 A/D 转换器(理想 A/D 转换器)的转移特性曲线(直线)之间的最大偏差。通常是一个或半个最小数字量的模拟变化量，表示为 1 LSB、1/2 LSB。提高分辨率可减小量化误差。

4) **偏移误差**(offset error)

偏移误差为输入信号为零时输出信号不为零的值，可外接电位器调至最小。

5) **满刻度误差**(full scale error)

满度输出时对应的输入信号与理想输入信号值之差，即为满刻度误差。

6) **线性度**(linearity)

线性度指转换器实际输入值与转换后的输出值所形成的曲线与理想直线的最大偏移。

7) 转换精度(accuracy)

一个实际 A/D 转换器与一个理想 A/D 转换器在量化值上的差值称为转换精度。它是一个综合指标，可用绝对精度(absolute accuracy)或相对精度(relative accuracy)表示。理想情况下，精度与分辨率基本一致，位数越多精度越高。但由于温度漂移等各种因素也存在着误差，因此，严格讲精度与分辨率并不完全一致。

这些指标中最常用的是转换速率和分辨率。

3. A/D 转换器的选择

A/D 转换器按输出代码的有效位数分为 8 位、10 位、12 位、16 位、24 位、32 位等。

按转换速度分为超高速($\leqslant 1$ ns)、高速($\leqslant 1$ μs)、中速($\leqslant 1$ ms)、低速($\leqslant 1$ s)等。

为适应系统集成需要，大多数 A/D 转换器都将多路转换开关、时钟电路、基准电压源、二/十进制译码器和转换电路集成在一个芯片内，为用户提供了方便。

在选择 A/D 转换器时要注意以下几个问题：

1) A/D 转换器位数的确定

系统总精度涉及的环节较多：传感器变换精度、信号预处理电路精度和 A/D 转换器及输出电路、控制机构精度等，还包括软件控制算法。

A/D 转换器的位数至少要比系统总精度要求的最低分辨率高 1 位，位数应与其他环节所能达到的精度相适应，只要不低于它们就行，太高无意义，且价高。

一般 8 位及以下为低分辨率；9～12 位为中分辨率；13 位以上为高分辨率。

2) A/D 转换器转换速率的确定

从启动转换到转换结束，输出稳定的数字量需要一定的时间，这就是 A/D 转换器的转换时间。

低速：转换时间从几毫秒到几十毫秒。

中速：逐次比较型的 A/D 转换器的转换时间可从几微秒到 100 微秒左右。

高速：转换时间仅 20 ns～100 ns。适用于雷达、数字通信、实时光谱分析、实时瞬态记录、视频数字转换系统等。

如用转换时间为 100 μs 的集成 A/D 转换器，则其转换速率为 10 千次/秒。根据采样定理和实际需要，一个周期的波形若采 10 个点，最高也只能处理 1 kHz 的信号，而若把转换时间减小到 10 μs，则信号频率可提高到 10 kHz。

3) 是否加采样保持器

直流和变化非常缓慢的信号可不用采样保持器，其他情况都要加采样保持器。

根据分辨率、转换时间、信号带宽关系，如下数据可以作为是否要加采样保持器的参考。如果 A/D 转换器的转换时间是 100 ms，分辨率是 8 位，则没有采样保持器时，信号的允许频率是 0.12 Hz；如果分辨率是 12 位，则该频率为 0.0077 Hz；如果转换时间是 100 μs，分辨率是 8 位，则该频率为 12 Hz，12 位时是 0.77 Hz。

4) 工作电压和基准(或称参考)电压

选择使用单一 +5 V 工作电压的芯片，与单片机系统共用一个电源就比较方便。

基准电压源是提供给 A/D 转换器在转换时所需的参考电压，在要求高精度时，基准电压要单独用高精度稳压电源。

10.2　ADC0809 模/数转换器

10.2.1　ADC0809/ADC0808 简介

ADC0809/ADC0808 是 8 位逐次逼近、单片 CMOS 集成的 A/D 转换器。其主要性能如下：

- 分辨率为 8 位；
- 精度：ADC0809 小于 ±1 LSB(ADC0808 小于 ±1/2 LSB，其余性能与 ADC0809 一样)；
- 单 +5 V 供电，模拟输入电压范围为 0 V～+5 V；
- 具有锁存控制的 8 路输入模拟开关；
- 可锁存三态输出，输出与 TTL 电平兼容；
- 功耗为 15 mW；
- 不必进行零点和满刻度调整；
- 转换速度取决于芯片外接的时钟频率。时钟频率范围为 10 kHz～1280 kHz。典型值为 640 kHz，转换时间约为 100 μs。

ADC0809 的引脚及内部结构如图 10.3 所示。

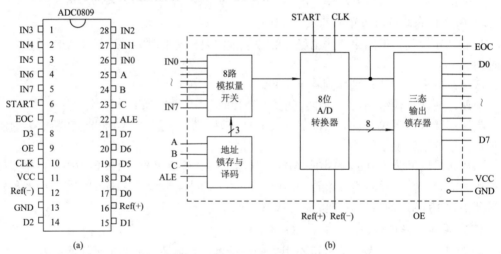

图 10.3　ADC0809 引脚及内部结构

(a) 引脚；(b) 内部结构

对 ADC0809 主要信号引脚的功能说明如下：

IN0～IN7：模拟量输入通道。ADC0809 对输入模拟量的要求主要有：信号单极性，电压范围为 0～5 V,若信号过小还需进行放大。ADC0809 要求模拟量输入的值不能变化太快。因此，如果模拟量变化速度快，应增加采样保持电路。

A、B、C：地址线。用于选择模拟通道。

ALE：地址锁存允许信号。对应 ALE 上跳沿，A、B、C 的地址状态被送入地址锁存器中。

START：转换启动信号。START 上跳沿时，所有内部寄存器清 0；START 下跳沿时，开始进行 A/D 转换；在 A/D 转换期间，START 应保持低电平。

D0～D7：数据输出线。为三态缓冲输出形式，可以和单片机的数据线直接相连。

OE：输出允许信号。用于控制三态输出锁存器向单片机输出转换得到的数据。OE = 0，输出数据线呈高电阻；OE = 1，输出转换得到的数据。

CLK：时钟信号。ADC0809 的内部没有时钟电路，所需时钟信号由外界提供，因此有时钟信号引脚，通常使用频率为 500 kHz 的时钟信号。

EOC：转换结束状态信号。EOC = 0，正在进行转换；EOC = 1，转换结束。该状态信号既可作为查询的状态标志，又可作为中断请求信号使用。

VCC：+5 V 电源。

Ref：参考电源。参考电压用来与输入的模拟信号进行比较，作为逐次逼近的基准。其典型值为 Ref(+) = +5 V，Ref(−) = 0 V。

10.2.2 ADC0809 与单片机的接口及编程

ADC0809 转换器的工作过程如下：

首先输入 3 位地址，并使 ALE = 1，将地址存入 ADC0809 的地址锁存器中。此地址经译码选通 8 路模拟输入之一到比较器。START 上升沿将逐次逼近寄存器复位。下降沿启动 A/D 转换，之后 EOC 输出信号变低，显示转换正在进行。直到 A/D 转换完成，EOC 变为高电平，指示 A/D 转换结束，结果数据已存入锁存器，这个信号可用作中断申请。当 OE 为高电平时，输出三态门打开，转换结果的数字量输出到数据线上。

A/D 转换后得到的数据应及时传送给单片机进行处理。数据传送的关键问题是如何确认 A/D 转换的完成，因为只有确认 A/D 完成后，才能进行传送。为此可采用下述三种方式。

1. 定时传送方式

对于 A/D 转换器来说，转换时间作为一项技术指标是已知的和固定的。ADC0809 转换时间为 128 μs，相当于 12 MHz 的 MCS-51 单片机的 128 个机器周期。可据此设计一个延时子程序，A/D 转换启动后即调用此子程序，延迟时间一到，转换肯定已经完成，接着进行数据传送。

2. 查询方式

A/D 转换芯片有表明转换完成的状态信号，例如 ADC0809 的 EOC 端。因此可以用查询方式，测试 EOC 的状态，即可确认转换是否完成，随后进行数据传送。

3. 中断方式

把表明转换完成的状态信号(EOC)作为中断请求信号，以中断方式进行数据传送。

不管使用上述哪种方式，只要确定转换完成，即可通过指令进行数据传送。

根据 ADC0809 转换器的工作过程，它与 MCS-51 单片机的接口可以采用三总线的连接方式，如图 10.4 所示。当 89C51 采用 6 MHz 晶振时，ALE 为 1 MHz 的方波，经 74LS74 D 触发器二分频，获得 500 kHz 频率的脉冲作为 ADC0809 的时钟(CLK)脉冲。利用两个或非门满足启动、读取 ADC0809 的逻辑条件。转换接收后，EOC 会通过非门向单片机发出中断请求。精度要求较高时，Ref(+)要采用精密稳压模块电路获得精确的参考电压。

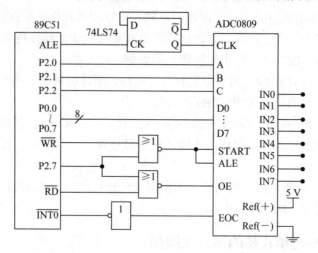

图 10.4　　ADC0809 与单片机的三总线接口电路

下面是针对这个接口的参考程序，读取 IN0 通道模拟量转换的结果，并存储在片内 30H 单元。

```
        ORG   0000H
        AJMP   MAIN
        ORG   0013H
        AJMP   PINT1
        ORG   0030H
MAIN:   SETB IT1              ；边沿触发
        SETB EA
        SETB EX1
        MOV DPTR,#00FFH       ；IN0 地址
        MOVX @DPTR, A         ；启动 A/D
        SJMP $                ；等待中断
PINT1:  MOVX A,@DPTR          ；读 A/D 数据
        MOV 30H,A             ；送 30H
        MOVX @DPTR, A         ；再启动 A/D
        RETI
        END
```

图 10.4 这种三总线的接口方式，占用了 P0 口、P2 口和 P3 口的 $\overline{WR}$ 和 $\overline{RD}$，致使 P2 口的其他引脚不能作为 I/O 口使用。为了充分利用单片机的资源，可以用程序模拟 ADC0809 的工作过程时序，设计另一种接口电路(如图 10.5 所示)，它占用了 P1 口和 P3 口的 P3.0、P3.1、P3.5～P3.7，但却能使未占用的其他引脚都可以作 I/O 使用。这里的 OE 未进行控制，直接接高电平。

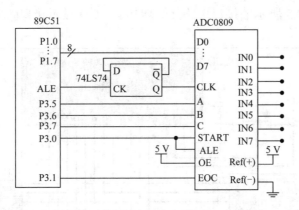

图 10.5　模拟 ADC0809 时序与单片机的接口电路

此接口方法的编程任务主要有两个：一是读取 A/D 的数据；二是计算所对应的模拟量数值。

读取 A/D 数据包括：选通道、启动 A/D、确定 A/D 是否完成、读取数据。

计算所对应的模拟量数值：根据获取的 A/D 数值与输入的模拟量电压之间的关系，计算输入的模拟量电压。

A/D 转换中，输入模拟量 U_{in} 与 n 位输出数字量 D_o 的关系式为：

$$D_o = \left. \frac{(U_{in} - U_{ref(-)} \times (2^n - 1))}{U_{ref(+)} - U_{ref(-)}} \right|_{INTEGER}$$

其中：D_o——转换后输出数字量；

$\quad\quad U_{in}$——输入模拟量；

$\quad\quad U_{ref(-)}$，$U_{ref(+)}$——A/D 转换器的正、负参考电压；

$\quad\quad$INTEGER——取整。

当 $U_{in} = 5\ V$ 时，转换值为：

$$D_o = \left. \frac{(5 - 0) \times (2^8 - 1)}{5 - 0} \right|_{INTEGER} = 255 = FFH$$

当 $U_{in} = 0\ V$ 时，转换值为：

$$D_o = \left. \frac{(0 - 0) \times (2^8 - 1)}{5 - 0} \right|_{INTEGER} = 0 = 00H$$

当 $U_{in} = 2.5\ V$ 时，转换值为：

$$D_o = \left. \frac{(2.5 - 0) \times (2^8 - 1)}{5 - 0} \right|_{INTEGER} = 127.5|_{INTEGER} = 7FH$$

根据这个公式，可得获取的 A/D 数值与输入的模拟量电压之间的关系为：

$$U_{in} = \frac{D_o \times (U_{ref(+)} - U_{ref(-)})}{2^n - 1} - U_{ref(-)}$$

如果 $n = 8$，$U_{ref(-)} = 0$，则

$$U_{in} = \frac{D_o \times U_{ref(+)}}{255}$$

下面是根据图 10.5 所示的接口电路，又增加了 LCD 显示接口(如图 10.6 所示)的参考程序。

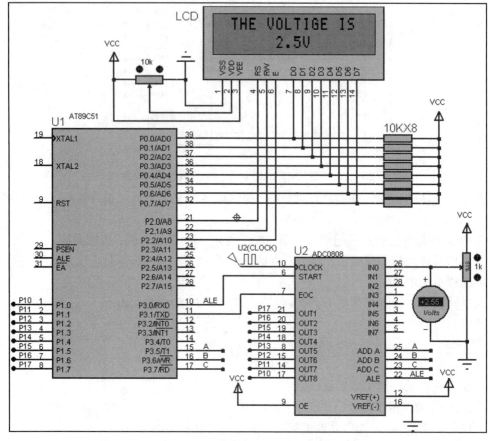

图 10.6　ADC0808 仿真运行结果图

```
; --------------------------------------------
; 功能：ADC0808 数据采集的演示主程序
; --------------------------------------------
EXTRN CODE(LCD_INITIAL)          ; 对引用的 LCD1602 模块的公用子程序进行声明
EXTRN CODE(LCD_PRINT_S)
EXTRN CODE(LCD_PRINT_CHAR)
         AD_START_ALE     BIT   P3.0
         AD_OEC           BIT   P3.1
         AD_A             BIT   P3.5
         AD_B             BIT   P3.6
         AD_C             BIT   P3.7
         AD_DB            EQU   P1


         ORG 0000H
         AJMP MAIN
```

```
            ORG 0030H
MAIN:       ACALL LCD_INITIAL           ; LCM1602 初始化
            MOV A, #81H                 ; 在第 1 行第 1 列显示字符串
            MOV DPTR, #TABLE            ; 字符串首址放 DPTR
            LCALL LCD_PRINT_S           ; 调用显示字符串公用子程序
LOOP:       LCALL READ_CAL_ADC          ; 调读 AD 转换结果并计算成相应的电压值
            MOV A, #0C6H                ; 在第 2 行第 7 列开始显示
            MOV R5, #4                  ; 要显示 4 个字符
            MOV R1, #20H                ; 第 1 个字符存放的首地址为 20H
            LCALL LCD_PRINT_CHAR        ; 调用显示字符公用子程序
            AJMP LOOP
```

; --

; 子程序名称：READ_CAL_ADC

; 功能：读 AD 转换结果计算成相应的电压值，并将此值送 LCD 显示

; 计算公式：电压的 10 倍　= A * (5/255) * 10 ≈ A * 50/256；程序中采用的算法会有小误差

; --

```
READ_CAL_ADC:
            CLR   AD_A                  ; 选择 IN0 输入通道
            CLR   AD_B
            CLR   AD_C

            CLR   AD_START_ALE          ; 锁存通道，启动 AD
            SETB AD_START_ALE
            CLR   AD_START_ALE
            JNB   AD_OEC, $             ; 查询 AD 是否转换完成
            MOV   A, AD_DB              ; 转换的数据送 A

            MOV B,#50                   ; 乘以 50
            MUL AB                      ; 乘的结果高 8 位在 B，低 8 位在 A
            MOV A,B                     ; 只取 B，相当于除以 256
            MOV B,#10                   ; 由于采用的公式放大了 10 倍，得到真正的电压值
                                        ; 要除以 10
            DIV AB
            ADD A,#30H                  ; 得到的个位数加 30H 获得 ASCII 码
            MOV 20H,A                   ; 送 LCD 的显示存储区
            MOV A,B                     ; 余数为小数部分，加 30H 得到 ASCII 码
            ADD A,#30H
            MOV 22H,A                   ; 送 LCD 的显示存储区
            MOV 21H,#2EH                ; 小数点的 ASCII 码
```

```
        MOV 23H,#56H                ；"V" 的 ASCII 码
        RET
TABLE:  DB "THE VOLTIGE IS",00H    ；显示的字符串，注意要以 00H 结束
        END
```

此程序的 Proteus 仿真效果如图 10.6 所示。Proteus 中没有 ADC0809 的模型，用 ADC0808 代替。其中 CLOCK 用 Proteus 的脉冲发生器产生 500 kHz 的方波。程序中只使用了 IN0 通道，读者可以修改程序使用其他输入通道。

10.3　DAC0832 数/模转换器

D/A 转换器即数/模转换器(DAC，Digital-to-Analog Converter)，它是一种把数字信号转换成模拟信号的器件。

转换过程是：将送到 D/A 转换器的各位二进制数，按其权的大小转换为相应的模拟分量，再把各模拟分量叠加，其和就是 D/A 转换的结果。

使用 D/A 转换器时，要注意区分 D/A 转换器的输出形式以及内部是否带有锁存器。

输出形式：电压输出形式与电流输出形式。电流输出的 D/A 转换器，如需模拟电压输出，可在其输出端加一个 I-U 转换电路。

D/A 转换器内部是否带有锁存器：D/A 转换需要一定时间，这段时间内输入端的数字量如果发生变动，D/A 转换的模拟量就不稳定。在数字量转换前的输入端设置锁存器，就可以提供数据锁存功能，以保证 D/A 转换的模拟量稳定。

根据芯片内是否带有锁存器，可分为内部无锁存器的和内部有锁存器的两类。内部无锁存器的 D/A 转换器可与 P1、P2 口直接相接(因 P1 口和 P2 口的输出有锁存功能)，但与 P0 口相接，需增加锁存器。

内部带有锁存器的 D/A 转换器内部不但有锁存器，还包括地址译码电路，有的还有双重或多重的数据缓冲电路，可与 MCS-51 的 P0 口直接相接。

D/A 转换器的技术指标与 A/D 转换器在许多方面类似，其主要技术指标如下：

1) 分辨率

分辨率是指输入给 D/A 转换器的单位数字量变化引起的模拟量输出的变化，通常定义为输出满刻度值与 2^n 之比。显然，二进制位数越多，分辨率越高。

例如，若满量程为 10 V，根据定义则分辨率为 $10\ V/2^n$。设 8 位 D/A 转换器，即 $n = 8$，其分辨率为 $10\ V/2^n = 39.1\ mV$，则该值占满量程的 0.391%，用 1 LSB 表示。

同理，10 位 D/A 转换器有 1 LSB = 9.77 mV = 0.1%，满量程 12 位 D/A 转换器有 1 LSB = 2.44 mV = 0.024%。

2) 建立时间(Setting Time)

建立时间是将一个数字量转换为稳定模拟信号所需的时间，也可以认为是转换时间。D/A 转换器中常用建立时间来描述其速度，而不是 A/D 转换器中常用的转换速率。一般地，电流输出 D/A 转换器建立时间较短，电压输出 D/A 转换器则较长。

3) 精度

与 A/D 转换器一样,精度和分辨率有一定联系,但概念不同。D/A 转换器的位数多时,分辨率会提高。但温度漂移、线性不良等影响仍会使 D/A 转换器的精度变差。

其他指标还有线性度、温度系数、漂移等。

10.3.1 DAC0832 简介

DAC0832 是美国国家半导体公司的产品,它是带有两个输入数据寄存器的 8 位 D/A 转换器,能直接与 MCS-51 单片机接口。其主要特性如下:

(1) T 型电阻网络 D/A 转换原理。

(2) 分辨率为 8 位。

(3) 电流型输出,稳定时间为 1 μs。

(4) CMOS 工艺,低功耗 20 mW。

(5) 可双缓冲输入、单缓冲输入或直接数字输入。

(6) 单一电源供电(+5 V~+15 V)。

(7) 基准电压的范围为 ±10 V。

DAC0832 转换器芯片为 20 引脚,其引脚及内部逻辑框图如图 10.7 所示。该转换器由输入寄存器和 DAC 寄存器构成两级数据输入锁存。使用时,数据输入可以采用两级锁存(双锁存)形式,或单级锁存(一级锁存,一级直通)形式,或直接输入(两级直通)形式。

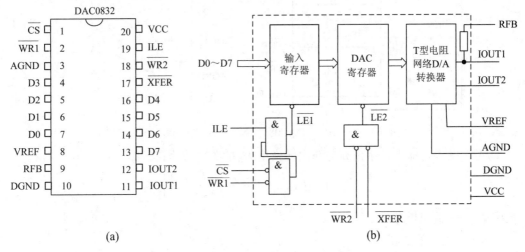

(a)   (b)

图 10.7 DAC0832 引脚及内部逻辑框图

(a) 引脚;(b) DAC0832 内部逻辑框图

引脚功能如下:

D0~D7:8 位数字量输入端;

$\overline{CS}$:片选端,低电平有效;

ILE:数据锁存允许,高电平有效;

$\overline{WR1}$:写控制信号 1,低电平有效;

$\overline{WR2}$:写控制信号 2,低电平有效;

$\overline{\text{XFER}}$：数据传送控制信号；

IOUT1：电流输出端 1；

IOUT2：电流输出端 2；IOUT1 + IOUT2 = 常数；

RFB：内置反馈电阻端；

VREF：参考电压源；

DGND：数字量地；

AGND：模拟量地；

VCC：单电源供电端。

该转换器由输入寄存器和 DAC 寄存器构成两级数据输入锁存。使用时数据输入可以采用两级锁存(双锁存)形式，或单级锁存(一级锁存，一级直通)形式，或直接输入(两级直通)形式。如图 10.8 所示，当 ILE = 1、$\overline{\text{CS}}$ = 0、$\overline{\text{WR1}}$ = 0 时可以将输入的数据 D0~D7 锁存；当 $\overline{\text{WR2}}$ = 0、$\overline{\text{XFER}}$ = 0 时可以将数据从输入寄存器转入 DAC 寄存器，转换开始。控制这些引脚就可以获得这些数据输入形式。

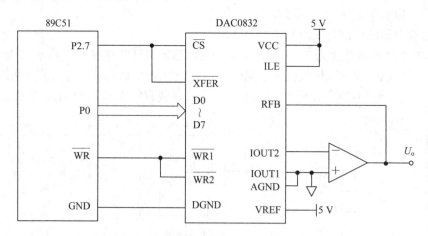

图 10.8　DAC0832 单缓冲方式接口

D/A 转换中，输入数字量 n 与输出转换值 U_{o} 的关系式为：

$$U_{\text{o}} = U_{\text{ref}(-)} + n\left(\frac{U_{\text{ref}(+)} - U_{\text{ref}(-)}}{(2^N - 1)}\right)$$

其中：U_{o}——输出模拟量值；

　　　n——输入数字量；

　　　N——D/A 转换器的位数；

　　　$U_{\text{ref}(+)}$，$U_{\text{ref}(-)}$——D/A 转换器的正、负参考电压。

　　　当 $n = 127$ 时，转换值

$$U_{\text{o}} = 0 + 127 \times \frac{5 - 0}{2^8 - 1} = 2.49 \text{ V}$$

$n = \text{FFH} = 255$ 时，转换值

$$U_{\text{o}} = 0 + 255 \times \frac{5 - 0}{2^8 - 1} = 5 \text{ V}$$

10.3.2 DAC0832 与单片机的接口及编程

1．单缓冲器方式

DAC0832 与 51 单片机的单缓冲器方式接口如图 10.8 所示。

输入寄存器、DAC 寄存器相对应的控制信号引脚分别连在一起，当数据直接写入 DAC 寄存器，只要 P2.7 和 $\overline{\text{WR}}$ 同时为低电平，则立即进行 D/A 转换(这种情况下，输入锁存器不起锁存作用，只利用了 P2.7 和 $\overline{\text{WR}}$ 控制 DAC 寄存器，所以称为单缓冲器方式)，也可以将 $\overline{\text{CS}}$、$\overline{\text{WR1}}$、$\overline{\text{WR2}}$、$\overline{\text{XFER}}$ 接在一起，用一根引脚(如 P2.7 控制)。此方式适用于只有一路模拟量输出，或有几路模拟量输出但并不要求同步的系统。

例 1：产生矩形波程序。

```
              ORG      0000H
     LL:      MOV      A, #00H           ；低电平
              MOV      DPTR, #7FFFH      ；DAC0832 地址，只取 P2.7 为低电平
              MOVX     @DPTR, A          ；送转换
              LCALL    DMS1              ；调延时 1 ms 子程序，产生矩形波低电平宽度
              MOV      A, #0FFH          ；高电平
              MOVX     @DPTR,A           ；送转换
              LCALL    DMS2              ；调延时 2 ms 子程序，产生矩形波高电平宽度
              SJMP     LL
              END
```

例 2：产生锯齿波程序。

```
              ORG      0000H
              MOV      A, #00H           ；起始值
              MOV      DPTR, #7FFFH
     MM:      MOVX     @DPTR, A          ；送转换
              INC      A
              NOP
              NOP
              NOP                        ；决定坡度
              SJMP     MM
              END
```

例 3：产生三角波程序。

```
              ORG      0000H
              MOV      A, #00H
              MOV      DPTR, #7FFFH
     SS1:     MOVX     @DPTR, A          ；送转换
              NOP
              NOP
```

```
                NOP
     SS2:       INC       A            ;等速上升
                JNZ       SS1
     SS3:       DEC       A
                MOVX      @DPTR，A
                NOP
                NOP
                NOP                    ;等速下降
                JNZ       SS3
                SJMP      SS2
                END
```

2. 双缓冲器方式

DAC0832 与 51 单片机的双缓冲器方式接口如图 10.9 所示。

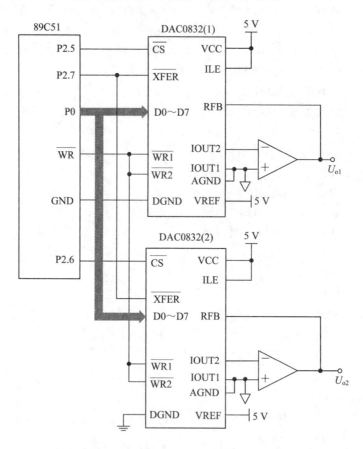

图 10.9　DAC0832 双缓冲器方式接口

D/A 转换器的双缓冲器方式可以使两路或多路并行 D/A 转换器同时输出模拟量。

由于输入寄存器和 DAC 寄存器分别有各自的地址，因此可在不同时刻把要转换的数据写入各 DAC 的输入寄存器，然后再同时启动所有 DAC 的转换。

编程操作可分为以下两步：

第一步，使 P2.5 和 $\overline{\text{WR}}$ 同时为低电平，将数据锁存在 DAC0832(1)的输入寄存器；使 P2.6 和 $\overline{\text{WR}}$ 同时为低电平，将数据锁存在 DAC0832(2)的输入寄存器。此时，控制 P2.7 = 1，使两个 DAC0832 的 $\overline{\text{XFER}}$ 为高电平，数据未进入 DAC 寄存器，不能转换。

第二步，控制 P2.7 = 0，使两个 DAC0832 的 $\overline{\text{XFER}}$ 同时为低电平，数据进入 DAC 寄存器(所以称双缓冲方式)，两路 DAC0832 同时开始转换。

这样即可达到不同时刻输入数据，多路同时输出模拟量的要求。

完成两路 D/A 转换同步输出的接口如图 10.9 所示，程序如下：

```
MOVDPTR，#0DFFFH        ; 指向 DAC0832(1)地址
MOVA，#data1
MOVX    @DPTR，A        ; 锁入 DAC 寄存器
MOVDPTR，#0BFFFH        ; 指向 DAC0832(2)地址
MOVA，#data2
MOVX    @DPTR，A        ; 锁入 DAC 寄存器
MOV     DPTR，#7FFFH    ; 指向 XFER
MOVX    @DPTR，A        ; 同时进行 D/A 转换
```

3. 直通方式

直通方式时所有四个控制端都接低电平，ILE 接高电平。数据量一旦输入，就直接进入 DAC 寄存器，进行 D/A 转换，此法可以不用 MOVX 指令。接口如图 10.10 所示。

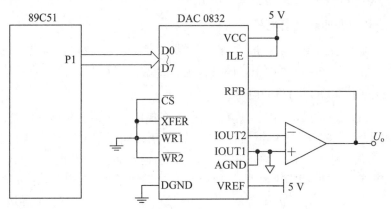

图 10.10　DAC0832 直通方式接口

10.4　开关量功率接口技术

在微机控制系统中，还要处理另一类数字量，即开关信号与脉冲信号。它们是以二进制的逻辑"1"和"0"，即电平的高和低出现的。如开关触点的闭合和断开，指示灯的亮和灭，继电器或接触器的吸合和释放，电动机的启动和停止，晶闸管的通和断，阀门的打开和关闭等，均称为开关量。开关量所控制的执行器所要求的控制电压一般较高，电流一般

较大，有的是直流驱动，有的是交流驱动，必须根据具体对象采用适当的接口。

开关量的输出接口实质上是利用计算机作"弱电"(如单片机的P0~P3端口)控制"强电"(如电机)。它需要解决两个重要问题：驱动与隔离。

10.4.1 单片机 I/O 口的输出驱动

用单片机控制各种各样的高压、大电流负载，如电动机、电磁铁、继电器、灯泡等时，不能用单片机的 I/O 线来直接驱动。

P0、P1、P2、P3 四个口都可做输出口，但其驱动能力不同。P0 口的驱动能力较大，当其输出高电平时，每一位可提供 780 μA 的电流；当其输出低电平时，每一位最大可提供

10 mA 的灌电流，但总共不能超过 15 mA。P1、P2、P3 口的每一位也能最大提供 10 mA 的灌电流，但总共不能超过 10 mA。

因此，用低电平输出可获得比高电平输出更大的驱动能力。目前，一些 MCS-51 系列单片机的引脚驱动能力有所提高，如 89C2051(只有 20 个引脚的 51 系列单片机)，一些引脚可提供 20 mA 的灌入电流。但在大多数场合，单片机 I/O 口的驱动能力是不够的，必须通过各种驱动电路和开关电路来提高驱动能力。

另外，与微机接口的一般 TTL 电路或 CMOS 电路驱动能力是有限的。例如，对于多数 74LS 系统的 TTL 电路，其高电平输出电流 I_{OH} 最大值仅为 -0.4 mA(负号表示拉电流)，低电平输出电流 I_{OL} 最大值也仅为 8 mA。对于大多数 4XXX 系列的 CMOS 逻辑电路，当 $U_{DD} = +5$ V 时，I_{OH} 和 I_{OL} 都不到 1 mA，在许多应用中都需要提高驱动能力。

常见的微机 I/O 口输出驱动电路有下列几种。

1. TTL 三态门缓冲器驱动电路

这类电路的驱动能力要高于一般的 TTL 电路。例如 74LS244、74LS245 等，它们的 $I_{OH} = -15$ mA，$I_{OL} = 24$ mA，可以用来驱动光电耦合器、LED 数码管、功率晶体管等。

2. 集电极开路门(OC 门)驱动电路

OC(Open Collector)门驱动电路的输出级是一个集电极开路的晶体三极管，如图 10.11 中的实线部分所示。三极管 V2 集电极什么都不接，所以叫做集电极开路(左边的三极管 V1 为反相之用，使输入为"0"时，输出也为"0")。当输入端为"0"时，三极管 V1 截止(即集电极 C 与发射极 E 之间相当于断开)，所以 5 V 电源通过 1 kΩ 电阻加到三极管 V2 上，三极管 V2 导通(相当于一个开关闭合)；当输入端为"1"时，三极管 V1 导通，三极管 V2 截止(相当于开关断开)。很明显，当 V2 导通时，输出直接接地，所以输出电平为 0。而当 V2 截止时，则输出端悬空了，即高阻态。这时电平状态未知，如果后面一个电阻负载(即使很轻的负载)接地，那么输出端的电平就被这个负载拉到低电平，所以这个电路是不能输出高电平的。因此组成电路时，OC 门输出端必须外加一个接至正电源的上拉电阻(如图 10.11 中的虚线所示)才能正常工作，正电源 +V 可以比 TTL 电路的 U_{CC}(一般为 +5 V)高很多。例如，7406(逻辑与图 10.11 相反)、7407 的 OC 门输出级截止时耐压可高达 30 V，输出低电平时吸收电流的能力，也高达 40 mA。因此，OC 门是一种既有电流放大功能，又有电压放大功能的开关量驱动电路。实际应用中，OC 门电路常用来驱动微型继电器、LED 显示等。

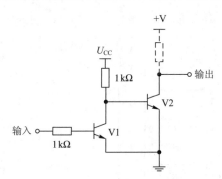

图 10.11 OC 门输出驱动电路

3. 小功率三极管驱动电路

当驱动电流只有十几毫安至几百毫安时，只要采用一个普通的小功率三极管就能构成驱动电路，如图 10.12 所示。

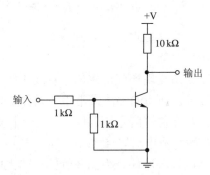

图 10.12 小功率三极管驱动电路

三极管常用在三种工作状态：饱和导通状态、饱和截止状态、线性放大状态。作为开关量输出驱动时，三极管使用在导通或截止状态。

常用的 PNP 三极管有 9013、8050 等，NPN 三极管有 9015、8550 等。9013 的驱动电流可达 40 mA，8050 的可达 500 mA。

三极管除了驱动电流较大的优点外，在因受到 PCB 板面积限制而不便使用集成功率芯片的场合，为了降低成本和布局的方便也可以选用三极管。例如，如果只驱动一个蜂鸣器或小继电器，就没有必要使用一块 74LS07 芯片，可考虑采用一只小功率三极管代替。

4. 达林顿晶体管阵列驱动芯片

当驱动电流需要达到几百毫安，如驱动中功率继电器、电磁开关等装置，而且路数较多时，可采用达林顿晶体管阵列驱动芯片。达林顿晶体管阵列驱动芯片是由多对两个三极管组成的达林顿复合管构成，它具有输入阻抗高、增益高、输出功率大及保护措施完善等特点，同时多对复合管也非常适用于计算机控制系统中的多路负荷。

ULN2003 达林顿晶体管阵列驱动芯片的内部结构是达林顿的，它是专门用来驱动继电器的芯片，在 ULN2003 芯片内部做了一个消线圈反电动势的二极管 VD3，如图 10.13 所示，VD1 和 VD2 分别是输入和输出端钳位。ULN2003 的单脚输出端允许通过 500 mA 电流，但每块芯片总的输出电流不能超过 2.5 A。COM 端可接 5 V～24 V 电压，最高可达 50 V。输入端可与多种 TTL、CMOS 电路兼容。它可以直接驱动继电器或固体继电器(SSR)等外接控制器件，也可直接驱动低压灯泡。

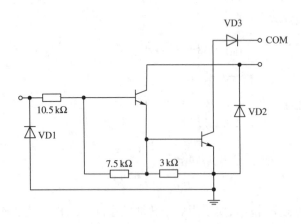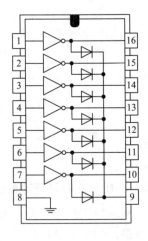

图 10.13　ULN2003 内部结构和引脚

10.4.2　光电耦合器

在单片机应用系统中，为防止现场强电磁的干扰或工频电压通过输出通道反串到测控系统，一般采用通道隔离技术。通道的隔离最常用的元件是光电耦合器，简称光耦。

光电耦合器件是以光为媒介传输信号的器件，它把一个发光二极管与一个受光源(如光敏三极管、光敏晶闸管或光敏集成电路等)封装在一起，构成电—光—电转换器件。根据受光源结构的不同，可以将光电耦合器件分为晶体管输出的光电耦合器件和可控硅输出的光电耦合器件两大类。本节只介绍晶体管输出光电耦合器，在 10.4.4 节可控硅驱动接口中再介绍可控硅输出型光电耦合器。

典型的晶体管输出光电耦合器件的内部结构如图 10.14 所示。

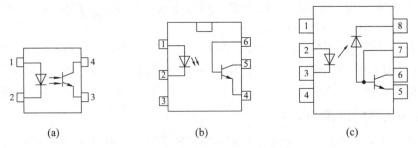

(a)　　　　　　　　　　　(b)　　　　　　　　　　　(c)

图 10.14　晶体管输出型光电耦合器

(a) TLP521；(b) 4N25；(c) 6N136

光电晶体管除没有使用基极外，跟普通晶体管一样。取代基极电流的是光。当光电耦合器的发光二极管发光时，光电晶体管受光的作用产生基极光电流，使三极管导通。

图 10.15 列出了三种常用的光电耦合器。TLP521 是最常用的；要求隔离电压高的，选用 4N25(隔离电压达 5300 V)；要求在通信中高速传输数据的，选用 6N136，但 6N136 输入端需要比较大的电流，大约在 15 mA～20 mA 范围内才能发挥高速传输数据的作用。TLP521、4N25 只需要 10 mA 左右的电流。

10.4.3 继电器驱动接口

如图 10.15 所示，电磁继电器主要由线圈、铁芯、衔铁和触点等部件组成，简称为继电器，它分为电压继电器、电流继电器、中间继电器等几种类型。继电器方式的开关量输出是一种最常用的输出方式，通过弱电控制外界交流或直流的高电压、大电流设备。继电器驱动电路的设计要根据所用继电器线圈的吸合电压和电流而定，控制电流一定要大于继电器的吸合电流才能使继电器可靠地工作。

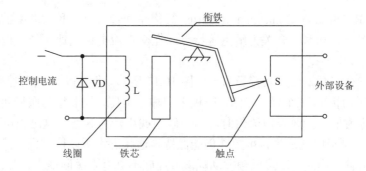

图 10.15 继电器原理

常用的继电器大部分属于直流电磁式继电器，也称为直流继电器。图 10.16 是直流继电器的接口电路。继电器的动作由单片机的 P1.0 端控制。P1.0 端输出低电平时，继电器 J 吸合；P1.0 端输出高电平时，继电器 J 释放。采用这种控制逻辑可以使继电器在上电复位或单片机受控复位时不吸合。

二极管 VD 的作用是保护三极管 V。原理如下： 当 P1.0 输出低电平时，V 导通，继电器 J 吸合；当 P1.0 输出高电平时，V 截止，继电器 J 断开。在继电器吸合到断开的瞬间，由于线圈中的电流不能突变，将在线圈产生较高的下正上负的感应电压，使晶体管集电极承受高电压，有可能损坏驱动三极管 V。为此在继电器 J 线圈两端并接一个续流二极管 VD，使线圈产生的感应电流由二极管 VD 流回。正常工作时，线圈上的电压上正下负，二极管 VD 截止，对电路没有影响。机械继电器可在继电器节点两端并接火花抑制电路，减小电火花的影响，如图 10.16 中 0.1 μF 的电容。

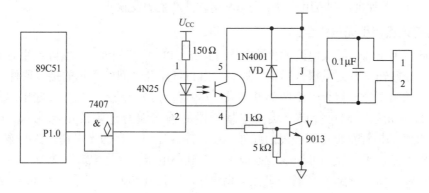

图 10.16 直流继电器的接口电路

4N25 使两部分的电流信号独立。U_{CC}是单片机系统的电源，U_{DD}是供继电器的电源。输出部分的地线接机壳或接大地，而单片机系统的电源地线——数字地(浮空的)不与交流电源的地线相接。这样可避免输出部分电源变化对单片机电源的影响，减少系统所受的干扰，提高系统的可靠性。

10.4.4　可控硅驱动接口

1. 可控硅原理

可控硅(SCR，Silicon Controlled Rectifier)又称晶闸管，是一种大功率的半导体器件，具有用小功率控制大功率、开关无触点等特点，在交直流电机调速系统、调功系统、随动系统中应用广泛。

可控硅是一个三端器件，其符号表示如图 10.17 所示，图(a)为单向可控硅，有阳极 A、阴极 C、控制极(门极)G 三个极。当阳、阴极之间加正电压，控制极与阴极两端也施加正电压，使控制极电流增大到触发电流值时，可控硅由截止转为导通，这时管压降很小(1 V 左右)。此时即使控制极电流消失，可控硅仍能保持导通状态，所以控制极电流没有必要一直存在，通常采用脉冲形式，以降低触发功耗。可控硅不具有自关断能力，要切断负载电流，只有使阳极电流减小到触发电流以下，或阳极、阴极加上反向电压才能实现关断。在交流回路应用中，当电流过零和进入负半周时，可控硅自动关断。为了使其再次导通，必须重新在控制极加触发电流脉冲。

单向可控硅具有单向导电功能，常用于在交流系统中的整流电路。

双向可控硅在结构上相当于两个单向晶闸管的反向并联，但共享一个控制极，结构如图 10.17(b)所示。当两个电极 A_1、A_2 之间的电压大于 1.5 V 时，不论极性如何，均可利用控制极 G 触发电流控制其导通。双向晶闸管具有双向导通功能，特别适用于控制大电流的交流电场合。

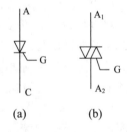

图 10.17　可控硅的结构符号
(a) 单向可控硅；(b) 双向可控硅

双向可控硅经常用作交流调压、调功、调温和无触点开关，传统的触发脉冲一般都由硬件产生，故检测和控制都不够灵活，而在单片机控制应用系统中则可利用软件产生触发脉冲。

2. 可控硅输出型光电耦合器

可控硅常用于高电压大电流的负载，不适宜与 CPU 直接相连，在实际使用时要采用隔离措施。可控硅输出型光电耦合器是单片机输出与可控硅之间较理想的接口器件。

可控硅输出型光电耦合器由两部分组成：输入部分是一发光二极管；输出部分是光敏单向可控硅或光敏双向可控硅。当光电耦合器的输入端有一定的电流流入时(5 mA～15 mA)，发光二极管发出足够强度的红外光使可控硅导通。有的光电耦合器的输出端还配有过零检测电路，用于控制可控硅过零触发，以减小电器在接通电源时对电网的影响。

4N40 是常用的单向晶闸管输出型光电耦合器，见图 10.18(a)。当输入 15 mA～30 mA 电流时，输出端的晶闸管导通。输出端的额定电压为 400 V，额定电流有效值为 300 mA。隔离电压为 1500 V～7500 V。4N40 的 6 脚是输出可控硅的控制端，不使用此端时，此端可对阴极接一个电阻。4N40 常用于小电流电器的控制，如指示灯等，也可以用于触发大功率的可控硅。

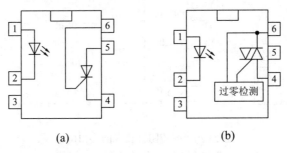

图 10.18 晶闸管输出型光电耦合器

(a) 4N40；(b) MOC3041

MOC3041 是常用的双向可控硅输出的光电耦合器，如图 10.18(b)所示。它带过零触发电路，输入端的控制电流为 15 mA，最大重复浪涌电流为 1 A，输出端额定电压为 400 V，输入/输出端隔离电压为 7500 V。MOC3041 一般不直接用于控制负载，而用于中间控制电路或用于触发大功率的可控硅。

要注意的是，用于驱动发光管的电源与驱动光敏管的电源不应是共地的同一个电源，必须分开单独供电，才能有效地避免输出端与输入端相互间的反馈和干扰。因此，利用光耦隔离器传递信号可有效地隔离电磁场的电干扰。

3. 可控硅驱动的应用

图 10.19 是交流感性负载的接口电路图。交流感性负载带有交流线圈，包括交流接触器、电磁阀等。

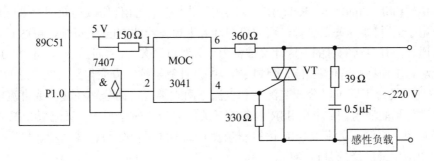

图 10.19 交流感性负载的接口电路

感性负载是由双向可控硅 VT 驱动的。双向可控硅的选择要满足：额定工作电流为交流线圈工作电流的 2～3 倍；额定工作电压为交流负载线圈工作电压的 2～3 倍。对于工作电压 220 V 的中、小型的感性负载，可以选择 3 A、600 V 的双向可控硅。

光电耦合器 MOC3041 的作用是触发双向可控硅 VT 以及隔离单片机系统和感性负载系统。MOC3041 内部带有过零控制电路，因此双向可控硅 VT 工作在过零触发方式，对电源的影响较小。

图 10.20 是交流阻性负载可控硅的接口电路。图 10.21 是常用的交流指示灯的接口电路。

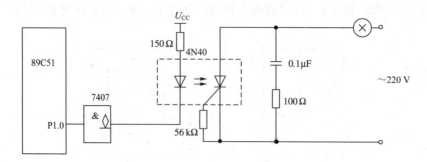

图 10.20　交流阻性负载的接口电路

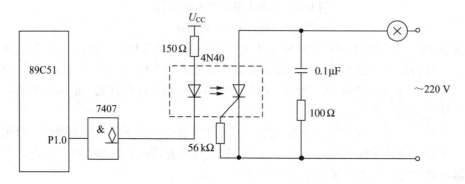

图 10.21　常用交流指示灯接口电路

10.4.5　固态继电器驱动接口

固态继电器(SSR，Solid State Relay)是一种全部由固态电子元件组成的新型无触点开关器件，它利用电子元件(如开关三极管、双向可控硅等半导体器件)的开关特性，可达到无触点无火花地接通和断开电路的目的，因此又被称为"无触点开关"，它问世于 20 世纪 70 年代。由于它的无触点工作特性，使其在许多领域的电控及计算机控制方面得到日益广泛的应用。

SSR 按使用场合不同可以分成交流型和直流型两大类，它们分别在交流或直流电源上做负载的开关，不能混用。交流型 SSR 内部的开关组件为双向晶闸管，直流型 SSR 内部的开关组件为功率三极管。交流型 SSR 按控制触发方式不同又可分为过零型和非过零型移相型两种，其中应用最广泛的是过零型。

下面以交流型的 SSR 为例来说明固态继电器的工作原理。图 10.22 是固态继电器的内部原理图。

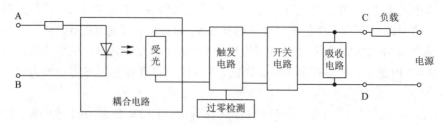

图 10.22　固态继电器内部原理图

SSR 只有两个输入端(A 和 B)及两个输出端(C 和 D)，是一种四端器件。工作时只要在 A、B 上加上一定的控制信号，就可以控制 C、D 两端之间的"通"和"断"，实现"开关"的功能。其中耦合电路的功能是为 A、B 端输入的控制信号提供一个输入、输出端之间的通道，但又在电气上断开 SSR 中输入端和输出端之间的(电)联系，以防止输出端对输入端的影响。耦合电路用的元件是"光电耦合器"，它动作灵敏、响应速度快、输入/输出端间的绝缘(耐压)等级高。由于输入端的负载是发光二极管，这使得 SSR 的输入端很容易做到与输入信号电平相匹配，受"1"与"0"的逻辑电平控制。触发电路的功能是产生合乎要求的触发信号，驱动开关电路工作，但由于开关电路在不加特殊控制电路时，将产生射频干扰并以高次谐波或尖峰等污染电网，为此特设"过零控制电路"。所谓"过零"，是指当加入控制信号，交流电压过零时，SSR 即为通态；而当断开控制信号后，SSR 要等待交流电的正半周与负半周的交界点(零电位)时，SSR 才为断态。这种设计能防止高次谐波的干扰和对电网的污染。吸收电路是为防止从电源中传来的尖峰、浪涌(电压)对开关器件双向可控硅管的冲击和干扰(甚至误动作)而设计的，一般是用"R-C"串联吸收电路或非线性电阻(压敏电阻器)。

图 10.23 是一种典型的交流型 SSR 的电路原理图。

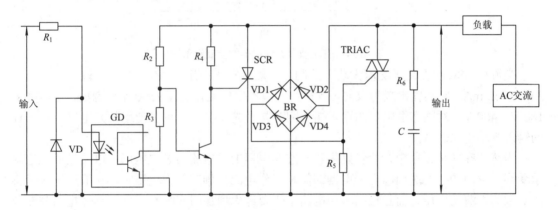

图 10.23　典型交流固态继电器原理图

直流型 SSR 一般采用大功率开关三极管，其他工作原理相同。不过，直流型 SSR 在使用时应注意：负载为感性负载时，如直流电磁阀或电磁铁，应在负载两端并联一只续流二极管，二极管的额定工作电流应是工作电流的 2～3 倍，电压应大于工作电压的 4 倍。SSR 工作时应尽量把它靠近负载，其输出引线应满足负荷电流的需要。使用电源应是经交流降压整流所得的，其滤波电解电容应足够大。

图 10.24(a)进一步说明了过零型交流 SSR 的原理。当输入端加入控制信号后，需等待负载电源电压过零时，SSR 才为导通状态。

非过零型交流 SSR 的断开条件同过零型交流 SSR，但其导通条件简单，只要加入控制信号，不管负载电流相位如何，立即导通，如图 10.24(b)所示。

两种交流 SSR 断开控制信号后，都要等到交流电压过零时，SSR 才为断开状态。

直流型 SSR 的输入控制信号与输出完全同步。直流型 SSR 主要用于直流大功率控制。一般取输入电压为 5 V～30 V，输入电流为 3 mA～30 mA。它的输出端为晶体管输出，输出工作电压为 30 V～180 V。

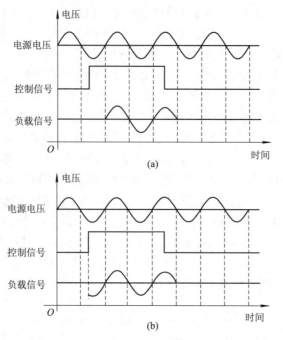

图 10.24　交流型固态继电器的控制波形图

交流型 SSR 主要用于交流大功率控制。一般取输入电压为 3 V～32 V，输入电流小于 3 mA～32 mA。它的输出端为双向可控硅，一般额定电流在 1 A～500 A 范围内，电压多为 180 V～400 V。对固态继电器的输入端，因为是发光二极管，可以使用与光电耦合器一样的输入驱动电路。

当然，在实际使用中，要特别注意固态继电器的过电流与过电压保护以及浪涌电流的承受等工程问题，在选用固态继电器的额定工作电流与额定工作电压时，一般要选大于实际负载的电流与电压，而且输出驱动电路中仍要考虑增加阻容吸收组件。具体电路与参数请参考生产厂家有关手册。

10.5　开关量输入接口

凡在电路中起到通、断作用的各种按钮、触点、开关，其端子引出均统称为开关信号。在开关输入电路中，主要考虑信号调理技术，如电平转换、RC 滤波、过电压保护、反电压保护、光电隔离等。

典型的开关量输入信号调理电路如图 10.25 所示。虚线右边是由开关 S 与电源组成的外部电路，图(a)是直流输入电路，图(b)是交流输入电路。交流输入电路比直流输入电路多一个降压电容和整流桥块，可把高压交流(如 380 VAC)变换为低压直流(如 5 VDC)。开关 S 的状态经 RC 滤波、稳压管 D1 钳位保护、电阻 R_2 限流、二极管 VD1 防止反极性电压输入以及光耦隔离等措施处理后送至输入缓冲器，主机通过执行输入指令便可读取开关 S 的状态。比如，当开关 S 闭合时，输入回路有电流流过，光耦中的发光管发光，光敏管导通，经 7414 施密特触发器整形反相后为高电平，即输出信号为"1"，对应外电路开关 S 的闭合；

反之，开关 S 断开，光耦中的发光管无电流流过，光敏管截止，经 7414 施密特触发器整形反相后为低电平，即输出信号为"0"，对应外电路开关 S 的断开。

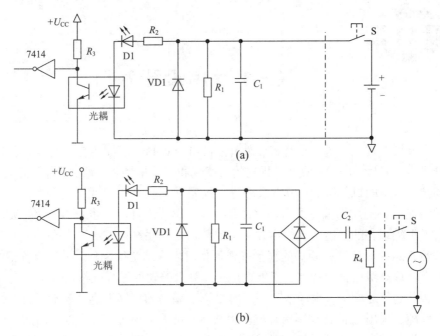

图 10.25　开关量输入信号调理电路

(a) 直流输入电路；(b) 交流输入电路

思考题与习题

1. 简述 A/D 转换器、D/A 转换器和开关量功率接口在计算机应用系统中的作用。

2. A/D 转换器、D/A 转换器有哪些主要技术指标，有何意义？

3. 用 Proteus 设计一个电路(参考图 10.6)，用 ADC0808 完成对一个通道(0~5)V 直流电压的采集，并用两位 LED 数码管显示出来(精确到小数点后一位，不能采用 BCD 码数码管)。

4. 用 Proteus 设计一个仿真电路和程序，用 51 单片机通过光电耦合器和小功率三极管驱动继电器，通过继电器控制一台直流电机。系统有一个按键，按一次键电机转动，再按一次键电机停止，参考图 10.16，请自行增加直流电机和按键。

第 11 章

C51 程序设计入门

单片机发展的初期，进行单片机软件开发的唯一选择是汇编语言。但是，学习掌握汇编语言难度大，编写程序的周期长，程序的可读性和可移植性差，调试和排错也比较困难。随着市场技术竞争的日益激烈，其开发效率已经完全不能满足需要。

C 语言是一种通用的编译型结构化计算机程序设计语言，它兼顾了多种高级语言的特点，并具备汇编语言的功能，支持由顶向下的结构化程序设计方法。一般高级语言难以实现像汇编语言这样对计算机硬件的直接操作，如对内存地址的操作、移位操作等功能。C 语言既具有一般高级语言的特点，又能直接对计算机的硬件进行操作。C 语言有功能丰富的库函数，其运算速度快、编译效率高，用 C 语言编写的程序很容易在不同类型的计算机之间进行移植。采用 C 语言编写单片机应用软件，可大大缩短开发周期，增加软件的可读性，便于改进和扩充，从而研制出规模更大、性能更完备的嵌入式系统。因此，用 C 语言进行单片机程序设计是单片机开发与应用的必然趋势。

现在很多技术人员都认为，对汇编语言的掌握只要能做到可以读懂程序，在时序要求比较严格的模块中进行程序的优化即可。采用 C 语言编程可以减少设计者对单片机和硬件结构的详细了解，编译器可以自动完成变量存储单元的分配，编程者就可以专注于应用软件部分的设计，大大加快了软件的开发速度。C 语言的模块化程序结构的特点，可以使程序模块共享并不断丰富。C 语言可读性好的特点，让编程者容易借鉴前人的开发经验。采用 C 语言可针对单片机常用的接口芯片编制通用的驱动函数，可针对常用的功能模块、算法等编制相应的函数，这些函数经过归纳整理可形成专家库函数供广大的单片机应用者使用和完善，从而大大地提高单片机软件设计水平。

过去长期困扰人们的"高级语言产生代码太长，运行速度太慢不适合单片机使用"的缺点，随着技术的发展已被大幅度地克服。目前，51 系列单片机的 C 语言代码长度，在未加入人工优化的条件下，已经做到了最优汇编程序水平的 1.2～1.5 倍，可以说，已超过中等程序员的水平。51 系列单片机中，片上空间 32/64 KB 的比比皆是，代码效率所差的 10%～20% 已经不是重要问题。但 C 语言在其开发速度、结构严谨、程序可靠等方面的完美却绝非是汇编语言编程所能比拟的。

用 C 语言编写程序比用汇编语言更符合人们的思考习惯，开发者可以更专心地考虑算法而不是考虑一些细节问题，这样就减少了开发和调试的时间，程序员不必十分熟悉处理器的运算过程。很多处理器支持 C 编译器，这意味着对新的处理器也能很快上手，而不必详细了解处理器的具体内部结构，这使得用 C 语言编写的程序比用汇编程序有更好的可移植性。

所有这些并不是说汇编语言就没有了立足之地，很多系统特别是实时时钟系统都是用

C 语言和汇编语言联合编写的。对时钟要求特别严格的场合，使用汇编语言是最好的方法。除此之外，包括硬件接口的操作都可以用 C 语言来编写。C 语言的特点可以让程序员有尽量少的硬件知识也能对接口进行操作。C 语言是一种功能性和结构性很强的语言。经验表明，程序设计人员一旦学会使用 C 语言之后，就会对它爱不释手，尤其是单片机应用系统的程序设计人员更是如此。

针对 51 系列单片机的 C 语言编程(俗称 C51)，其编译器称 C51 编译器。目前 51 单片机中功能最先进和最强大的 C51 编译器是 Keil C51。

C51 语言的特色主要体现在以下几方面：

(1) C51 虽然继承了标准 C 语言的绝大部分的特性，而且基本语法相同，但其本身又在特定的硬件结构上有所扩展，如关键字 sbit、data、idata、xdata、code 等。

(2) 应用 C51 特别要注重对系统资源的理解，因为单片机的系统资源相对 PC 来说很贫乏，特别是对内部 RAM 中的每一字节都要充分利用。

(3) 程序上应用的各种算法要精简，不要对系统构成过重的负担。尽量少用浮点运算，可以用无符号型数据的就不要用有符号型数据，尽量避免多字节的乘除运算，多使用移位运算等。

本章只对 C51 程序设计做一个简单的入门介绍，主要介绍 C51 的基本知识，与标准 ANSI C(American National Standards Institute C，由美国国家标准协会制定的一个 C 语言标准，通常称之为 ANSI C)的不同点。入门是非常重要的，读者通过本章的学习后，可以参阅本书参考文献的资料进一步学习，迅速提高 C51 的使用水平。没有学习过 C 语言的读者也可以从本章开始入门学习。

11.1　C51 的基本数据类型

数据的不同格式叫做数据类型(Data Types)。数据按一定的数据类型进行的排列、组合、架构称为数据结构。C51 的数据类型有基本类型(如表 11.1 所示)、构造类型(含数组、结构体、共同体、枚举)、指针类型和空类型。

表 11.1　C51 基本数据类型

类型名称	关　键　字	所占位数	数的表示范围
有符号字符型	signed char	8	−128～127
无符号字符型	unsigned char	8	0～255
有符号整型	signed int	16	−32 768～32 767
无符号整型	unsigned int	16	0～65 535
有符号短整型	signed short int	16	−32 768～32 767
无符号短整型	unsigned short int	16	0～65 535
有符号整型	signed int	16	−32 768～32 767
有符号长整型	signed long int	32	−2 147 483 648～2 147 483 647
无符号长整型	unsigned long int	32	0～4 294 967 295
浮点型	float	32	±1.175 494E − 38～±3.402 823E + 38

类型名称	关　键　字	所占位数	数的表示范围
双精度浮点型	double	32	±1.175 494E － 38～±3.402 823E ＋ 38
位型	sbit	1	0 或 1，定义 SFR 中的位
	bit	1	0 或 1，定义内部 RAM 中的位
特殊功能寄存器	sfr	8	0～255
	sfr16	16	0～65 535

　　注：① 此表来自 Keil 使用说明书；② bit, sbit, sfr 和 sfr16 是标准 C 语言中没有的；③ short int
　　　　与 int 都占 16 位；与标准 C 语言不同，double 与 float 都占 32 位；④ 关键字符号 signed 可
　　　　以省略，如 signed char 可以用 char 代替。

　　要注意每种类型所占的"位数"，51 单片机的内部 RAM 是非常有限的，增强型的 89C52 也只有 256 个字节供用户使用(举个极端的例子：一个浮点型变量要占 32 位，即 4 个字节，所以，只要定义 64 个浮点数的变量，它的全部内存就用尽了)，根本无法与 PC 相比。

　　这里的字符型关键字 Char 不要完全理解成"字符型"，它在 C51 中常用作占一个字节的整数型，其值为 00H～FFH。作为带符号的 8 位整数使用，Char 表示范围为 –128～127，负数是用补码表示的；作为不带符号的 8 位整数使用，Unsigned Char 表示范围为 0～255。

　　51 单片机是 8 位，所以处理 8 位数据的速度最快，超过 8 位要执行多条指令才能完成处理。编程中要预算出变量的变化范围，应根据变量范围来选择变量的数据类型。提高代码效率的最基本方式就是尽量减小变量的长度，否则，既浪费 CPU 的时间，又大量消耗内存资源。51 单片机硬件并不直接支持符号位运算，因此，如果程序中不需要负数，应使用无符号类型的变量。如果程序中不需要浮点数，则应避免使用浮点数类型的变量。在 8 位单片机上使用 32 位浮点数，会浪费大量的时间和存储空间。

　　在 C 语言的表达式中，如果赋值运算符两边的数据类型不相同，则系统将自动进行类型转换，即把赋值号右边的类型换成左边的类型。

　　自动转换类型的具体规定如下：

　　(1) 实型赋予整型，舍去小数部分。

　　(2) 整型赋予实型，数值不变，但将以浮点形式存放，即增加小数部分(小数部分的值为 0)。

　　(3) 字符型赋予整型，由于字符型为一个字节，而整型为两个字节，故将字符的值放到整型量的低 8 位中，高 8 位为 0。

　　(4) 整型赋予字符型，只把低 8 位赋予字符量。

　　C 语言还可以采用强制类型转换符"()"，对数据类型作显式的人为转换。如：

　　　　char x；

　　　　x = (char)0x0B30；　　　　　//0x0B30 中"0x"表示十六进制，0x0B30 即是 0B30Hx 的值为 0x30

　　C 语言是对大小写敏感的一种高级语言，如定义了：

　　　　char x；char X；

则 x 与 X 完全是两个不同的变量。在 C 语言的函数定义中也是如此。所以对大小写要特别小心。

程序中，定义了变量的数据类型后，要注意变量的实际值。如定义

　　　bit = a;

程序中 a = 3；但实际上 a = 1，因 a 定义为 bit，只能是 1 或 0，非 0 即为 1。

　　如定义

　　　char b;

程序中 b=0x5533；但实际上 b = 0x33，因 b 定义为 char，只占 8 位，所以高 8 位被截断。

　　如定义

　　　int c = 0x1234；char b;

程序中 b = c；但实际上 b = 0x34，因 b 定义为 char，只占 8 位，所以高 8 位被截断。

11.2　C51 变量的存储区域

　　C51 变量的存储器类型(Memory Type)就是变量的存储区域，它与 MCS-51 存储空间的对应关系如表 11.2 所示。

表 11.2　C51 存储区域与 MCS-51 存储空间的对应关系

名称	存储空间位置	位数	数据范围	说　明
data	直接寻址片内 RAM	8	0～127	片内 RAM 00～7FH 的 128 个字节，访问速度最快
bdata	可位寻址片内 RAM	1	0/1	位寻址片内 RAM20～2FH 中的位，允许位与字节混合访问
idata	寄存器间接寻址片内 RAM	8	0～255	00～7FH 的 128 个片内 RAM 及 52 子系列的高端 80～FFH 的 128 字节，共 256 个字节，采用寄存器间接寻址方式：MOV A, @Ri
pdata	片外页 RAM	8	0～255	寻址片外 RAM 低 256 字节，由 MOVX A,@Ri 访问
xdata	片外 RAM	8	0～65 535	片外 RAM 全部 64 KB，由 MOVX A,@DPTR 访问
code	程序 ROM	8	0～65 535	ROM 区全部 64 KB，由 MOVC A, @A+DPTR 访问

　　C51 "变量的存储区域"，在国内一些文献中根据其英文 "Memory Type" 直译成 "存储器类型" 或 "存储类型"，但这种译法容易和后面函数中变量的作用域和生存期概念的 "存储类别" (Storage Classes)混淆。本书采用了 "存储区域" 或 "存储区" 的译法，虽英文在字面上有差距，但意思更贴近原意。

　　带存储区域的变量定义举例：

　　　char　data　var1;　　　　　//在内部 RAM 定义一个带符号的一字节字符变量 var1

　　　bit　　bdata　flags;　　　　//在可寻址的片内 RAM 定义了一个位变量 flags

　　　float　idata　x,y,z;　　　　//在内部 RAM(含 52 子系列的高 128 字节)定义浮点变量 x、y、z

　　　unsigned　int　pdata　var2;　　//在片外 RAM 低 256 字节内定义了一个整型变量 var2

　　　//var2 为 2 个字节，其存储方法是高位字节保存在低地址(在前)，低位字节保存在高地址(在后)

　　　unsigned　char　vector[3][4];　　//在内部 RAM 定义一个无符号的一字节 3×4 数组 vector unsigned char data x 和 data unsigned char x 等价，都在内 RAM 区分配一个字节的变量。

如果用户不对变量的存储区域定义，则 C51 编译器采用默认存储区域，而默认的存储区域由存储模式决定。C51 的存储器模式有 SMALL、COMPACT 和 LARGE 三种，如表 11.3 所示。

表 11.3　存储器模式

存储器模式	说　明
SMALL	默认的存储类型是 data、idata(52 子系列)，参数及局部变量放入可直接寻址片内 RAM 的用户区中。另外，所有对象(包括堆栈)都必须嵌入片内 RAM
COMPACT	默认的存储类型是 pdata，参数及局部变量放入分页的外部数据存储区，通过 @R0 或 @R1 间接访问，栈空间位于片内数据存储区中
LARGE	默认的存储类型是 xdata，参数及局部变量直接放入片外数据存储区，使用数据指针 DPTR 来进行寻址。用此数据指针进行访问效率较低，尤其对两个或多个字节的变量，这种数据类型的访问机制直接影响代码的长度

例如，char t;由于没有指定存储区域，所以其实际的存储区域由默认决定：

在 SMALL 模式下，分配到 data 空间；

在 COMPACT 模式下，分配到 pdata 空间；

在 LARGE 模式下，分配到 xdata 空间。

用户在满足需求的情况下，应该尽量使用 SMALL 模式。

11.3　C51 的运算符

C51 的运算符与标准 C 语言基本相同，如表 11.4 所示。

表 11.4　C51 的运算符

运　算　符	意　义
+ － * / %	加　减　乘　除　取模(求余)
> >= < <=	大于　大于等于　小于　小于等于
== !=	测试等于　测试不等于
&& ‖ !	逻辑与　逻辑或　逻辑非
>> <<	位右移　位左移
& ‖	按位与　按位或
^ ~	按位异或　按位取反

特别说明：

"%" 取模运算或求余运算，"%" 两端均应为整型数据，如 10%3，结果为 1。

"=="与"!="只是对运算符两端的值进行测试，其结果只能是"真"、"假"，即"0"、"1"，而不会进行赋值，即改变两端的值。如 if(x==3)，如判断的结果为"假"，说明 x 的值并不等于 3，判断完后，x 的值并无变化，仍保持它原来的值。

"<<"与">>"将一个数的各个二进制位全部同时左或右移动若干位，移动后的空白位补"0"，移出的最后一位进入 CY，其余自动"丢失"。如 a = 0x4b(01001011B)，执行 a = a<<2 后，即左移两位后结果为 00101100B，见下式，0 丢失了，CY = 1：

$$01001011$$
$$\underline{0100101100}$$

&、|、^、~是将按位进行逻辑运算。例如，若 a = 0x4b，b = 0xc8，则表达式 a | b 的值为：

$$a:\quad 01001011$$
$$b:\quad \underline{|11001000}$$
$$11001011$$

"!"是单目逻辑运算符，它要求其后跟一个运算对象。结果值以"1"代表"真"，"0"代表"假"；运算对象非零即为"真"。例如，a = 10，则 !a 的值为 0，因为 10 被作为"真"处理，取反后为"假"，即为 0。

"&&"与"||"是双目逻辑运算符，它要求有两个运算对象。若 a = 10，b = 20，则 a&&b 的值为 1，a || b 的结果也是 1。原因是不管 a 与 b 的值究竟是多少，只要是非零，就被当做是"真"，"真"与"真"与或的结果都是"真"，当然是 1。但如 a = 0，b = 20，则 a&&b 的结果为 0。注意逻辑运算的结果只能是"1"、"0"，而位逻辑运算的结果是具体的数，不要把这两种运算混淆。

"++"是自增运算符；"−−"是自减运算符。

j++ 是表示 j 参与其他运算后，j 加 1。单独使用时，j++ 相当于 j = j + 1；

j−− 是表示 j 参与其他运算后，j 减 1。单独使用时，j−− 相当于 j = j − 1；

++j 是表示 j 先加 1，再参与其他运算。单独使用时，++j 相当于 j = j + 1；

−−j 是表示 j 先减 1，再参与其他运算。单独使用时，−−j 相当于 j = j − 1；

自增自减运算符参与其他运算时要仔细分析：如定义

　　　　char c = 1;　char a;

运行 a = c++;后，有

　　　　a = 1，c = 2;

但运行 a = ++c;后，有

　　　　　a = 2，c = 2;

复合运算符：

a+ = b;	等价于	a = a + b;
x* = a+b;	等价于	x = x*(a + b);
a &= b;	等价于	a = a & b;

复合运算关系式中，第 1 个变量的值等于把等号去掉的运算关系。

复合运算的表达方式有利于提高编译效率，产生质量较高的目标代码，但可读性相对较差。因此，初学者自己编写程序的初期可以少用，以后熟悉了再多用。

11.4　数　　组

数组就是同一类型变量的有序集合。数组中的每个数据都可以用唯一的下标来确定其位置，下标可以是一维或多维的。数组和普通变量一样，要求先定义再使用。下面是定义一维数组的方式：

　　　　　　　数据类型　数组名　[常量表达式];

　　"数据类型"是指数组中的各数据单元的类型，每个数组中的数据单元只能是同一数据类型。"数组名"是整个数组的标识，命名方法和变量命名方法是一样的。在编译时系统会根据数组大小和类型为变量分配连续的存储空间，数组名就是所分配空间的首地址的标识。"常量表达式"表示数组的长度和维数，它必须用"[ ]"括起，括号里的数不能是变量只能是常量。

　　　　　　　unsigned int a[10];　　　　　　　//定义无符号整型数组，有 10 个数据单元

　　　　　　　char inputstring [5];　　　　　　//定义字符型数组，有 5 个数据单元

　　在 C 语言中数组的下标是从 0 而不是从 1 开始，如一个具有 10 个数据单元的数 a，它的下标就是 a[0]到 a[9]，引用单个元素就是数组名加下标，如 a[1]就是引用 a 数组中的第 2 个元素。

　　一维数组赋初值的方式如下：

　　　　　　　数据类型　[存储区域]　数组名　[常量表达式] = {常量表达式};

　　初值个数必须小于或等于数组长度，不指定数组长度则会在编译时由实际的初值个数自动设置。

　　　　　　　unsigned char Lcdnum[2]={15, 35};　　　　　//一维数组赋初值

　　　　　　　unsigned char IOStr[]={3, 5, 2, 5, 3};　　　　//没有指定数组长度，编译器自动设置

　　　　　　　unsigned char code keydata[]={0x02,0x34,0x22,0x32,0x21,0x12}; //数据保存在 code 区

　　　　　　　int b[6]={1,2,3};　　// 给部分元素赋值，未赋值的为 0;b[0]=1, [1]=2, [2]=3, [3]=0, [4]=0, [5]=0;

　　定义二维及多维数组时，只要在数组名后面增加相应于维数的常量表达式即可。对于多维数组的定义形式为：

　　　　　　　数据类型　数组名　[常量表达式 1]…[常量表达式 N];

　　例如，要定义一个 3 行 5 列共 3*5 = 15 个元素的整数数组 first，可以采用如下的定义方法：

　　　　　　　int first[3][5];

　　　　　　　int key[2][3]={{1, 2, 4}, {2, 2, 1}};　　//二维数组赋初值

　　字符数组：基本类型为字符类型的数组称为字符数组。字符数组是用来存放字符的。字符数组中的每个元素都是一个字符，因此可用字符数组来存放不同长度的字符串(称字符串数组)。字符数组的定义方法与一般数组相同，下面是定义字符数组的例子：

　　　　　　　char second [5]={'H', 'E', 'L', 'L', 'O'};　　//字符用单引号

　　　　　　　char third[6]={"HELLO"};　　　　　　　//字符串用双引号

　　在 C 语言中，字符串是作为字符数组来处理的。一个一维的字符数组也可以存放一个字符串，C 语言规定以"\0"作为字符串结束标志，这样，字符串常量会自动加一个"\0"作为结束符。因此用字符串方式赋值比用字符逐个赋值要多占用一个元素，用于存放结束标记"\0"。上述的 char second[5]、char third[6]就是一个例子。

11.5　指　　针

　　指针是 C 语言的精华部分，利用指针能够很好地利用内存资源，使其发挥最高的效率。

正确有效地使用指针类型的数据，能表达复杂的数据结构，使用数组或变量，方便直接地处理内存或其他存储区的数据，也能使程序的书写更简洁、高效。对初学者来说，指针比较难于理解和掌握，需要一定的计算机硬件的知识做基础，在学习了单片机存储空间的配置和汇编语言后，对理解指针的概念就容易多了。

11.5.1　指针的概念

在计算机中，所有的数据都存放在存储器中。一般把存储器中存放一个字节的物理单位称为一个存储单元。为了能正确地访问存储单元，必须为每个存储单元编号。根据编号可准确地找到该存储单元，存储单元的编号叫做地址。既然根据存储单元地址就可以找到所需的存储单元，所以通常也把这个地址称为"指针"。

存储单元的指针和存储单元的内容是两个不同的概念。如一个 char 型的变量"temp"，其值为 03H，存放在 51 单片机内部 RAM(data 区)40H 这个地址中，那么"40H"这个地址就是变量"temp"的指针。temp 的内容 03H 也就是地址 40H 中的内容。

对于一个内存单元来说，单元的地址即为指针，其中存放的数据才是该单元的内容。在 C 语言中，允许用一个变量来存放指针，这种变量称为指针变量。因此，一个指针变量的值就是某个内存单元的地址。变量的指针和指针变量是两个不同的概念。"变量的指针"是指变量的地址，存放变量地址的变量称为"指针变量"。

如用变量"p"来存放"temp"这个变量的地址"40H"，则变量"temp"的指针是"40H"，"p"是指针变量。

严格地说，一个指针是指一个地址，是一个常量。而一个指针变量却可以被赋予不同的指针值(即不同的地址)，所以它是取值为地址的变量。

在 C 语言中，变量(包括指针变量)的地址是由编译系统分配的，用户并不详细知道变量的具体地址。

既然指针变量的值是一个地址，那么这个地址不仅可以是变量的地址，也可以是其他数据结构的地址。在一个指针变量中存放一个数组或一个函数的首地址有何意义呢？因为数组或函数都是连续存放的，通过访问指针变量取得了数组或函数的首地址，也就找到了该数组或函数。这样一来，凡是出现数组、函数的地方都可以用一个指针变量来表示，只要在该指针变量中赋予数组或函数的首地址即可，这样做将会使程序的概念十分清楚，程序本身也很精练。在 C 语言中，一种数据类型或数据结构往往都占有一组连续的内存单元，用"地址"这个概念并不能很好地描述一种数据类型或数据结构，而"指针"虽然实际上也是一个地址，但它却是一个数据结构的首地址，它是"指向"一个数据结构的，因而概念更为清楚，表示更为明确。这也是引入"指针"概念的一个重要原因。

11.5.2　指针变量的定义、赋值和引用

1. 指针变量的定义

C 语言规定所有变量在使用前必须通过定义来指定类型，以便编译器按此分配存储单元。指针变量不同于其他变量，它是用来存放地址的，必须将其定义为"指针类型"。

指针变量定义的一般形式是：

　　　　类型标识符*指针变量名

　　如：

　　　　　　char * c;　int * temp;　long * t;

指针变量名前的"*"表示该变量的类型为指针型变量。

　　* 前面的"类型标识符"是必需的。指针变量中存放的是数据的地址，以便指针变量根据类型标识符决定下一个连续数据的地址。如：

　　　　　　char * p;

定义一个指针变量"p"，它所指向的是一个字符型(char)的数据。在指针操作中，常用的一种操作是指针变量自增。如 p++，其意义是指向下一个数据的地址。由于指向的数据是字符型，只占 1 个字节，则指针变量自增时，只将地址值加 1 即可。如果指针变量指向的数据类型是 int，即定义为 int *p，则 p++ 自增时，地址值加 2；如果数据类型是 float，即定义为 float *p，则自增时，地址值加 4。

2. 指针变量的赋值

　　使用指针变量前必须赋值，未赋值的指针变量不能使用。指针变量的赋值只能赋予地址，决不能赋予任何其他数据。但要注意，在 C 语言中，变量的地址是由编译系统分配的，用户不知道变量的具体地址。

　　设有指向整型变量的指针变量 p，如要把整型变量 c 的地址赋予 p，可以有以下两种方式：

(1) 初始化方法：

　　　　int c;

　　　　int *p=&c;

(2) 赋值语句方法：

　　　　int c;

　　　　int *p;

　　　　p=&c;

　　注意：被赋值的指针变量前不能再加"*"说明符，如写为 *p=&c 是错误的。

3. 指针变量的引用

　　C 语言可以定义一个指向某个变量的指针变量，并提供了两个运算符：* (取内容)和 &(取地址)。

　　取内容与取地址的一般形式为：

　　　　变量=*指针变量　　　　　　　//将指针变量所指向的地址单元中所存的内容赋给右边的变量

　　　　指针变量=&目标变量　　　　　//将目标变量的地址赋给右边的变量

　　需要注意的是，指针运算符 * 和指针变量说明中的指针说明符 * 是不同的。在指针变量说明中，"*"是类型说明符，表示其后的变量是指针类型，而表达式中出现的"*"则是一个运算符，用以表示指针变量所指的变量。

　　下面是一段 C51 程序：

```
unsigned char xdata *x;
x=0x0456;
*x=0x34;
```

它相当于以下的汇编程序：

    MOV   DPTR, #0456H

    MOV   A, #34H

    MOVX @DPTR, A

比较这两段程序可以加深对指针的理解。但要注意，不要轻易模仿上例中为指针变量赋具体的数值，这样强行为变量指定地址，可能与编译器自行分配的地址存在冲突，使程序也存在潜在的错误。

如果已完成指针变量的定义等语句：

    int *ap, int a;

    ap=&a;

则引用时：

①　*ap 与 a 是等价的，因由 ap = &a 知 ap 为 a 的地址，*ap 即 a 的地址单元中的内容；

②　&*ap 与&a 等价；

③　*&a 与 a 等价。

例如，若定义 char *px;char x = 11，y，并运行了 px = &x;，则

    y = *px + 5;   //把 x 的内容加 5 并赋给 y，则 y = 16；

    y=++*px;   //px 的内容加 1 后赋给 y，则 y = 12；

                            //y=++*px; 因 px 是 x 的地址，px 的内容就是 x；相当于 y = ++(*px)；

    x=11;

    y=*px++;   //相当 y=*px；px++；这时，y = 11，但指针 px 随后+1

11.5.3　Keil C51 的指针类型

C51 支持"基于存储器的指针"和"一般指针"两种指针类型(初学者可暂时跳过此节)。

1. 基于存储器的指针

由于单片机存储区的关系，C51 语言"基于存储器的指针"的声明格式有别于普通 C 语言，其格式如下：

    类型标识符 [存储区类型] * [指针变量存储区类型] 指针变量名；
        ①   ②   ③   ④

这里应该明确：

(1) 指针是变量的地址，所以指针变量的值只能是整数，代表地址。

(2) 符号 * 前的意义是与所定义的指针变量指向的内容相关的：

① 定义的指针变量所指向内容的数据类型(如 char、int、float 等)；

② 定义的指针变量所指向内容存放的存储区类型(包括 data、bdata、idata、pdata、xdata、code)。

(3) 符号 * 后的意义是与指针变量相关的：

③ 指针变量(其值是地址)所存放的存储区类型(包括 data、idata、pdata、xdata)；

④ 定义的指针变量名称。如：

    unsigned char   xdata* data yc;

其定义是：在片内 RAM 区(③data)分配一个指针变量 yc(④)，这个指针指向一个无符号字符(①unsigned char)，该无符号字符存放于 xdata 区(②xdata)。

2．一般指针

一般指针也称通用指针，它的声明和在标准 C 语言中一样。如：

```
char *s;            //字符指针
int *numptr;        //2 字节整数指针
long *state;        //4 字节整数指针
```

一般指针总是需要三个字节来存储。第一个字节用来表示存储区类型的编码值，第二个字节是指针的高字节，第三个字节是指针的低字节。存储区类型的编码值如表 11.5 所示。

表 11.5　存储区类型的编码

存储区类型	Idata/data/bdata	xdata	pdata	Code
编码值	0x00	0x01	0xFE	0xFF

指针中的"指针变量存储区类型"与编译时编译模式的默认值有关，如：

```
char  * p;
```

定义的是一般指针，p 指向的是一个 char 型变量，那么这个 char 型变量位于哪里？这和编译时编译模式的默认值有关。

如果是 Memory Model—Variable—Large 模式，存储类型为 XDATA，则这个 char 型变量位于 xdata 区；

如果是 Memory Model—Variable—Compact 模式，存储类型为 PDATA，则这个 char 型变量位于 pdata 区；

如果是 Memory Model—Variable—Small 模式，存储类型为 DATA，则这个 char 型变量位于 data 区。

一般指针可以用来访问所有类型的变量，而不管变量存储在哪个存储空间中，因而许多库函数都使用通用指针。通过使用一般指针，一个函数可以访问数据，而不用考虑它存储在什么存储器中。

一般指针使用方便，但速度慢，在所指向目标的存储空间不明确的情况下使用较多。

由于在单片机系统设计中最常用 Small 模式，所以在程序中也常用一般指针，它存放在 data 区。应该尽量在程序中使用基于存储器的指针。

11.6　结　　构

结构是一种数据的集合体，它可以按需要将不同类型的变量组合在一起，整个集合体用一个结构变量名表示，组成这个集合体的各个变量称为结构成员。

1．定义结构类型

使用结构变量时，要先定义结构类型。一般定义格式如下：

```
struct 结构名
{结构成员说明; };
```

例如：

```
struct data
{
        unsigned char month;
        unsigned char day;
        unsigned int year;
}
```

这里，data 为结构名，month、day、year 为结构成员，并说明它们的数据类型。

2. 定义结构变量

定义好一个结构类型后，常在定义结构类型的同时定义该结构变量。例如：

```
struct data
{
        unsigned char month;
        unsigned char day;
        unsigned int year;
} idata data1, Mydata[5];
```

上例在片内 RAM 中定义了各个结构变量 data1，同时也定义了一个结构数组 Mydata。

结构变量 data1 拥有所定义的结构类型 struct data 的所有成员：month、day、year，写成：

```
data1.month
data1.day
data1.year
```

其中"."是成员运算符。

结构数组 Mydata 具有 5 个元素，即 Mydata[0]～Mydata[4]，每个数组元素都具有 struct data 的结构形式。

3. 结构变量的赋值和引用

对"结构变量名.成员名"赋值后即可引用。如对 data1.year 赋值：

```
data1.year=2007;
```

其后对 data1.year 引用时，其值为 2007。

同样，对结构数组 Mydata[5]进行如下赋值后，引用 Mydata[5]时，就得到了 5 个年、月、日的数值：

```
Mydata[5]={
        {3, 18, 1978},
        {4, 17, 1978},
        {7, 23, 1979},
        {8, 18, 1980},
        {12, 16, 2010},
        };
```

结构类型变量的成员可以像普通变量一样进行引用和各种运算。例如：

　　sum=data1.year+Mydata[2].year；

　　data1.day++；　　　　　　　　　//日期在新的基础上加 1

此外，C51 还有共同体、枚举等数据类型，作为 C51 的入门教材，本教材没有讲述，请读者参考相关资料。

11.7　C51 的程序设计

11.7.1　C51 的程序结构

C51 的程序结构与标准 C 语言的结构相同，它以主函数 main()为程序入口。

```
    包含<头文件>
    全程变量定义
    函数声明
    main()
    {
      局部变量定义
      <程序体>
    }
    func1()
    {
      局部变量定义
      <程序体>
    }
    …
    funcN()
    {
      局部变量定义
      <程序体>
    }
```

其中 func1()，…，funcN()代表用户定义的函数，程序体指 C51 提供的任何库函数调用语句、流程控制语句或其他函数调用语句等。

用户定义的函数如果放在主函数之前，则可以不做函数声明。

11.7.2　C51 流程控制语句

1. 选择语句 if

if 语句是用来判断所给定的条件是否满足，根据判断的结果(真或假)给出两种操作中的一种操作。它有三种基本形式。

(1) if(表达式)

　　{语句;}

描述：如果表达式为"真"，则执行花括弧内的语句；否则为"假"，执行花括弧外的语句。注意，表达式是"非0"，即"真"；如表达式是"0"，就是"假"。例如：

　　a=0;

　　if(a+1>0)

　　{a=b;}

结果执行 a=b，因为条件表达式判断 a+1=1，非 0，此条件为"真"。但如果：

　　a=0;

　　if(a)

　　{a=b;}

结果不执行 a=b，因为表达式 a=0，此条件为"假"。

(2) if (条件表达式)

　　{语句 1;}

　　else

　　{语句 2;}

当条件表达式成立时，就执行语句 1，否则就执行语句 2。例如：

　　if (a==b)

　　　{a++;}

　　else

　　　{a--;}

当 a 等于 b 时，a=a+1，否则 a=a−1。

(3) if (表达式 1)

　　　{语句 1;}

　　else if (表达式 2)

　　　{语句 2;}

　　else if (表达式 3)

　　　{语句 3;}

　　　…

　　else if (表达式 m)

　　　{语句 m;}

　　else

　　　{语句 n;}

上面的程序中，语句为单一语句，这种情况可以不用花括弧。但此时使用花括弧将使程序更加安全可靠，提高程序的可读性。

if 语句可以嵌套。

2. witch/case(开关)语句

用多个 if 语句可以实现多方向条件分支，但过多的 if 语句实现多方向分支会使条件语句嵌套过多，程序冗长、烦琐。这时使用开关语句同样可以达到多分支选择的目的，而且可以使程序结构清晰。它的语法如下：

```
switch (表达式)
{
    case 常量表达式 1: {语句 1; }    break;
    case 常量表达式 2: {语句 2; }    break;
    case 常量表达式 3: {语句 3; }    break;
    …
    case 常量表达式 n: {语句 n; }    break;
    default:    {语句 n+1;}
}
```

运行中 switch 后面表达式的值将会作为条件，与 case 后面的各个常量表达式的值相对比。如果相等，则执行 case 后面的语句，再执行 break(间断语句)语句，跳出 switch 语句；如果 case 后没有与所有条件相等的值，就执行 default 后的语句。当程序要求没有符合的条件时不必做任何处理，可以不写 default 语句。例如：

```
switch (k)
{
     case 0: {x=1;}        break;
    case 2: {c=6; b=5;}    break;
    case 3: {x=12;}        break;
        default: break;
}
```

3. hile 语句

while 的英语意思是"当…的时候…"，可以理解为"当条件为真(非 0，即为真)的时候就执行后面的语句"，它的语法如下：

```
while (条件表达式)
        {语句;}        //循环体
```

while 循环语句的流程图如图 11.1 所示。

while 循环体结构的最大特点在于，其循环条件的测试处于循环体的开头。要想执行循环体内的语句必须经过条件测试，若条件不成立，则循环体内的重复操作一次也不能执行。

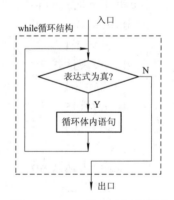

图 11.1　while 循环语句流程图

4. do-while 语句

do-while 语句是 while 语句的补充，while 是先判断条件是否成立再执行循环体，而 do-while 则是先执行循环体，再根据条件判断是否要退出循环。这样就决定了循环体无论在任何条件下都会至少被执行一次。它的语法如下：

```
do
```

```
    {语句; }                    //循环体
    while (条件表达式) ;
do-while 循环语句的流程图如图 11.2 所示。例如：
    int sum=0, i;
    do
    {
        sum+= i ;
        i++;
    } while(i<=10)
```

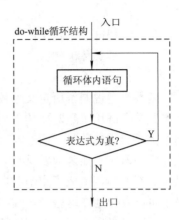

图 11.2　do-while 循环语句流程图

5. for 语句

C51 中 for 语句是使用最灵活的循环控制语句。在明确循环次数的情况下，for 语句的使用非常简单。它的语法如下：

```
    for ([初值设定表达式];[循环条件表达式];[条件
    更新表达式])
    {语句; }
```

for 语句中括号内的表达式是可选的，所以 for 语句的变化较多。for 语句的流程图如图 11.3 所示：先代入初值，再判断条件是否为真，条件满足时执行循环体并更新条件，再判断条件是否为真，直到条件为假时，退出循环。例如：

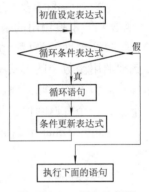

图 11.3　for 语句流程图

```
    int i, sum=0 ;
    for (i=0; i<=10; i++)
    {sum+=i;}
```

11.8　函数的定义与调用

11.8.1　函数

函数是语句块的一种封装，它将一个程序的操作元素分成多个基本部分，以便在程序中多次使用。“函数”有时也被称为“子程序”或“过程”，但在 C51 中一般使用“函数”这个术语。

函数的一个主要优点就是可以作为库的扩展，设计函数的目的是为了执行特定的任务，还可在其他程序中重用。这样可以节省时间，便于合作，维持稳定。

从用户的角度看 C 语言有两种函数：标准库函数和用户自定义的函数。标准库函数是 C 编译器提供的，不需要用户进行定义，可以直接调用。

自定义函数的一般形式为：

　　　　函数类型　函数名(形式参数表)

```
    {
        局部变量定义；
        函数体语句；
    }
```

函数类型说明了所定义函数返回值的类型。如函数不需要返回值可以写作"void"。形式参数是指调用函数时要传入到函数体内参与运算的变量，它可以有一个、多个或没有，当不需要形式参数时，括号内可以为空或写入"void"。函数体中可以包含有局部变量的定义和程序语句，如函数要返回运算值则要使用 return 语句进行返回。在函数的 { } 中也可以什么都不写，就成了空函数，在一个程序项目中可以写一些空函数，在以后的修改和升级中可以方便地在这些空函数中进行功能扩充。

函数定义后，可以被其他函数调用。在 C51 语言中只有 main 主函数不能被其他函数调用。调用函数的一般形式如下：

　　　　函数名(实际参数表)

"函数名"指被调用的函数。"实际参数表"可以为零或多个参数，多个参数时要用逗号隔开，每个参数的类型、位置应与函数定义时的形式参数一一对应，它的作用就是把参数传到被调用函数中的形式参数，如果类型不对应会产生错误。调用的函数是无参函数时不写参数，但不能省略后面的括号。

下例是一个有返回值、带参数、求两个数中最大值的函数：

```
    unsigned char max(unsigned char x, unsigned char y)
    {
        unsigned z;
        if(x>=y) z=x;
        else z=y;
        return z;
    }
```

下例是一个无返回值、带参数、延时毫秒的函数：

```
    void delayms(unsigned int x)
    {
        unsigned j;
        while(x--)
        {
            for(j=0;j<75;j++)
                {;}
        }
    }
```

调用函数前要对被调用的函数进行声明。标准库函数只要用#include 引入已写好声明的头文件，就可以直接调用。

通常使用的头文件有 reg51.h，math.h，ctype.h，stdio.h，stdlib.h，absacc.h 等。其中，reg51.h 定义特殊功能寄存器和位寄存器，math.h 定义常用数学运算。读者可以从 Keil C 的

Help 或其他资料中了解标准库函数的功能。

C51 函数的重入　由于单片机的片内 RAM 数量小，因此在"SMALL"模式条件下，C51 会采用 idata 区域作为堆栈区，这时 CPU 采用增强型 52 系列比较适合。所谓函数的重入，就是一个程序在执行时再次调用这个函数本身。通常程序是顺序执行的，不存在这个问题。但在一些特殊场合，会有这种可能，这时需要定义可重入函数。如：

　　　　void fuc1(int n)reentrant

reentrant 是个关键字，意为允许函数重入。

11.8.2　局部变量、全局变量和变量的存储类型

1. 变量的分类

变量的存储从变量的作用域(Scope，范围)角度来分，可分为全局变量和局部变量。若从变量值生存期(存在的时间)角度来分，可分为静态存储方式和动态存储方式。静态存储方式是指在程序运行期间分配固定的存储空间的方式。动态存储方式是指在程序运行期间根据需要分配动态的存储空间的方式。

2. 局部变量

局部变量是指在函数内部说明的变量，它的作用域只在该函数内部有效。局部变量在被定义时若没有初始化赋值，它的值是不确定的。形式参数在函数内部也是局部变量。

3. 全局变量

全局变量是指在函数外部定义的变量。全局变量与局部变量的区别在于它们的作用域。全局变量能被定义后的每个函数使用，而局部变量只能在被定义它的函数中使用，其他函数不能使用。全局变量习惯上通常在程序的主函数前定义，全局变量在定义时若没有初始化，其值为 0。由于全局变量可被整个程序内的任何一个函数使用，所以可作为函数之间传递参数的手段，但全局变量太多时，内存开销也会变大。

4. 变量的存储类型

C51 用户存储空间可以分为三个部分：程序区、静态存储区、动态存储区。

(1) 静态存储区：存放全局变量，在程序开始执行时给全局变量分配存储区，程序执行完毕后就释放。

(2) 动态存储区：存放函数形式参数、自动变量(未加 static 声明的局部变量)，在函数开始调用时分配动态存储空间，函数结束时释放这些空间。

变量的存储类型(Storage Classes)分为四种：auto、static、extern、register，它们共同描述了变量的作用域和生成期。

(1) auto 声明的变量为自动变量。函数中的局部变量，如不专门声明为 static 存储类别，将被动态地分配存储空间，存储在动态存储区中。函数中的形式参数和在函数中定义的变量(包括在复合语句中定义的变量)也属于此类，在调用该函数时系统会给它们分配存储空间，函数调用结束时会自动释放这些存储空间。关键字 auto 作为存储类别的声明一般都省略。

(2) static 声明的变量称为静态存储类别变量。它又可分为静态局部变量和静态全局

变量。

静态局部变量与局部变量的区别在于：在函数退出时，这个变量始终存在，但不能被其他函数使用，当再次进入该函数时，将保存上次的结果。其他与局部变量一样。

静态全局变量是指只在定义它的源文件中可使用，而在其他源文件中不可使用的变量。它与全局变量的区别是：全局变量可以再说明为外部变量(extern)，被其他源文件使用，而静态全局变量却不能再被说明为外部的，即只能被所在的源文件使用。

(3) extern 称为外部变量。为了使变量除了在定义它的源文件中可以使用外，还能被其他文件使用，必须将全局变量通知每一个程序模块文件，此时可用 extern 来说明。 例如：

文件 1 为 file1.c	文件 2 为 file2.c
int, i, j;　　//定义全局变量	extern int i, j;　　//将 i, j 从文件 1 中复制过来
char c;	extern char c;　　//将 c 复制过来
void func1(int k);	func2()　　　　//用户定义函数
	{
main( )	static float k;　//定义静态变量
	i=j*5/100;
	k=i/1.5;
	…
{	}
fun1(20);　//调用函数	
func2();	
…	
}	
func1(int k)　　//用户定义函数	将 i、j 和 c 从文件 1 的值带入到文件 2
{	
j=k*100;	
}	

当一个函数要使用一个全局变量，而这个变量是在该函数后面定义的，这时可以在函数中对该变量作 extern 说明，以向编译器说明该变量是一个已被定义的外部变量。

(4) register 称为寄存器变量，将变量存储在 CPU 内部的寄存器内，但目前的 C51 编译器会自动优化处理这个问题，所以这一指定对 C51 已无实际意义。

11.8.3　C51 中调用汇编程序

C51 调用汇编子程序，实际上就是用 C51 关于函数命名、函数参数和返回值传递等的规则来编写汇编子程序。

C51 编译器对 C 源程序进行编译时，将按照表 11.6 中所示的规则，将源程序中的函数名转换为目标文件中的函数名，连接定位时将使用目标文件中的函数名。因此，被 C51 调用的汇编子程序的命名一定要符合这些规则，才能保证被正确调用。

表 11.6　C51 调用汇编子程序中的函数名转换

C51 中的函数声明	转换成汇编中的函数名	说　明
void func(void)	FUNC	无参数传递或参数传递不通过寄存器的函数,函数名只需转换成大写形式
void func(char)	_FUNC	通过寄存器传递参数函数,函数名前加 "_"
void func(void) reentrant	_?FUNC	对于重入函数,函数名前加 "_?"

　　C51 通过单片机中的寄存器最多可传递三个参数,各参数传递所占寄存器不能冲突,具体规则如表 11.7 所示。

表 11.7　参数传递中所使用的寄存器

参数类型	char	int	long、float	一般指针
第一个参数	R7	R6、R7	R4～R7	R1、R2、R3
第二个参数	R5	R4、R5	R4～R7	R1、R2、R3
第三个参数	R3	R2、R3	无	R1、R2、R3

　　对于函数返回值,仅允许有一个,其占用寄存器如表 11.8 所示。

表 11.8　函数返回值的寄存器

返　回　值	寄存器	说　明
bit	C	进位标志
(unsigned)char	R7	
(unsigned)int	R6、R7	高位在 R6,低位在 R7
(unsigned)long	R4～R7	高位在 R6,低位在 R7
float	R4～R7	32 位 IEEE 格式,指数和符号在 R7
指针	R1、R2、R3	R3 放存储器类型,高位在 R2,低位在 R1

　　例: 在 C51 程序 myadd.c 中调用汇编程序 intmult.asm(这是一个无符号的一字节乘以一字节的乘法程序),程序中需两个参数(乘数与被乘数)传递,返回一个 unsigned int(结果为两个字节的整数)的值。

　　C51 程序 myadd.c:

```
#include <REG51.H>
/*声明所调用的汇编程序(采用了 extern)*/
extern unsigned char intmult(unsigned char, unsigned char);
main(void)
{
    unsighned char j;
    j=intmult(4, 76);
}
```

汇编程序 intmul.asm:

```
        PUBLIC _INTMUL              ; 带参数的函数声明,
                                    ; PUBLIC INTMUL 为不带参数的函数声明
                                    ; PUBLIC _?INTMUL 为重入函数的声明
        PROC SEGMENT C0DE           ; 定义 PROC 为再定位程序段
        RSEG PROC                   ; 定义 PROC 为当前段
        _INTMUL:
                MOV A, R7           ; 将参数值调入
                MOV B, R5
                MUL AB
                MOV R6, B           ; 将结果返回
                MOV R7, A
                RET
        END
```

11.8.4　预处理命令

所谓预处理是指在进行编译的第一遍扫描之前所做的工作。常用的预处理命令有两种:

(1) 宏定义。在 C 语言中,源程序允许用一个标志符来表示一个字符串,称为"宏"。被定义为"宏"的标识符称为"宏名"。在编译处理时,对程序中所有出现的"宏名"都用宏定义中的字符串去代替。

在 C 语言中,"宏"可分为有参数和无参数两种:

① 无参数宏定义:

　　#define 标志符　字符串

例如:

　　#define　LED　P1^2

② 有参数宏定义:

　　#define 宏名(形参表)字符串

例如:

　　#define　M(y)　　y*y+3*y　　//宏定义
　　…
　　k=M(5);　　　　　　　　　//宏调用

这等于用实际参数 5 去代替形式参数 y,经预处理后相当于

　　K=5*5 + 3*5;

(2) 文件包含。文件包含是 C51 预处理程序的一个重要功能。文件包含命令行的一般形式为:

　　#include　"文件名"

文件包含命令的功能是把制定的文件插入该命令行位置取代该命令行,从而把指定的文件和当前的源程序文件连成一个源文件。

在程序设计中，文件包含是很有用的。一个大的程序可以分为多个模块，由多个程序员分别编程。有些公用的符号常量或宏定义等可以单独组成一个文件，在其他文件的开头用包含命令包含该文件即可使用。这样，可避免在每个文件开头都去书写那些公用量，从而减少出错和书写时间。

包含命令中的文件名可以用" "或 < > 括起来。使用 < > 表示在 Keil 的"INC"文件目录中去找，" "表示先在源文件所在的目录中找(或指定在"Options for Target 'Target 1'中的'Include Path'"去找)，若未找到再到"INC"目录中去找。

文件包含可以嵌套，即在一个被包含的文件中又可以包含另一个文件。

11.9　51 单片机内部资源的 C51 编程

11.9.1　中断的 C51 编程

C51 编译器支持在 C 源程序中直接开发中断程序。中断服务程序是通过按规定语法格式定义的一个函数。

中断服务程序的函数定义的语法格式如下：

　　　　返回值　函数名([参数])　interrupt m [using n]

　　　　{

　　　　　　...

　　　　}

interrupt m 为中断源的编号，m 的编号如表 11.9 所示。

表 11.9　中断源的编号

编号　m	所代表的中断源
0	外部中断 0
1	定时/计数器 0
2	外部中断 1
3	定时/计数器 1
4	串口

using n 选项用于实现工作寄存器组的切换，n 是选用的工作寄存器区号(0～3)，便于响应中断时保护有关现场信息，以便中断返回后，能使中断前的源程序从断点处继续正确地执行下去。

C51 对中断的编程示例见 11.9.2 节。

11.9.2　定时/计数器的 C51 编程

C51 中对定时/计数器的编程与用 ASM 汇编几乎一样，只是把相关的语句改成 C 语言而已。下面给出一个两位 LED 数码管显示 00～99 的示例(每秒加 1)，C51 采用定时中断的方法编程，采用的电路原理图如第 5 章图 5.8 所示，Proteus 仿真结果如图 5.10 所示。

编程的主要思路是用 T0 作一个 10 ms 的中断，并记录中断的次数，每次中断时显示一位 LED 数码管，100 次中断后将 LED 数码管的显示内容加 1。详细注释的程序清单如下：

```
#include <reg51.h>
#define uchar unsigned char
#define uint unsigned int
sbit LED1=P3^6;                        //51 单片机控制的数码管公共端
sbit LED2=P3^7;

uchar code LedCode[]=                   //数码管共阳极段码表
{0xc0, 0xf9, 0xa4, 0xb0, 0x99, 0x92, 0x82, 0xf8, 0x80, 0x90, 0xff};
uchar DispNum=0;                        //LED 显示数据
uchar TimeCounter=100;                  //T0 定时中断次数计数器
bit LedFlag=0;                          //LED 数码管显示标记
void main(void)                         //主程序
{
    TMOD=0x01;                          //T0 为定时器，方式 1
    TL0=0xf0;                           //10 ms 定时的初值
    TH0=0xd8;
    EA=1;                               //总允许中断
    ET0=1;                              //允许 T0 中断
    TR0=1;                              //定时开始
    while(1);                           //无限循环等定时中断
}
void timer0(void) interrupt 1           //T0 中断服务程序
{
    TL0=0xf0;                           //恢复定时初值
    TH0=0xd8;

    P2=0xff;
    if(LedFlag==0)                      //LedFlag==0，显示十位
    {
        P2=LedCode[DispNum/10];         //查十位的段码
        LED1=1;                         //显示十位
        LED2=0;                         //关断个位
        LedFlag=1;                      //为显示个位做准备
    }
    Else                                // LedFlag!=0，显示个位
    {
        P2=LedCode[DispNum%10];         //查个位的段码，送显示
        LED1=0;                         //关断十位
```

```
            LED2=1;                          //显示个位
            LedFlag=0;                       //为显示十位做准备
        }
    TimeCounter--;                           //定时中断次数计数器减 1
        if(TimeCounter==0)                   //如定时中断次数计数器为 0，说明为 1 s 的处理
        {   TimeCounter=100;                 //恢复定时中断次数计数器为 100
            DispNum ++;                      //LED 显示的数据加 1
            if(DispNum >99) DispNum=0;       //如显示的数据大于 99，恢复为 00
        }
}
```

11.9.3　串口的 C51 编程

C51 中对串口的编程也与用汇编语言几乎一样，只是把相关的语句改成 C 语言而已。下面给出一个单片机通信的例子。在主程序中，串口初始化后，就等待接收数据；一旦串口出现数据，便进入中断服务程序，进行接收处理：把结果送 P1 口，并把接收到的数据又发送出去。

```
#include <reg51.h>
char temp=0;
void SeriarInit()                            //初始化串行口
{   SCON=0x50;                               //串口方式 1，允许接收
    PCON=0x00;
    TH1=0xFD;                                //9600 波特率初值
    TL1=0xFD;
    TMOD=0x20;                               //波特率发生器 T1 为定时，方式 2
    EA=1;                                    //允许总中断
    ET1=0;                                   //不允许 T1 中断
    ES=1;                                    //允许串口中断
    TR1=1;                                   //波特率发生器 T1 开始工作
}
void main()                                  //主程序
{   SeriarInit ();                           //初始化串口
    while(1){;  }                            //等待串口中断
}

void Myseriar() interrupt 4 using 1          //串口中断程序，采用工作寄存器区 1
{   while(RI==0);                            //如果 RI==0 未接收完，等待接收，接收完后 RI=1
    RI=0;                                    //置 RI=0 以便下一次接收
    temp=SBUF;                               //将接收值送 temp
    P1=temp;                                 //将接收值送 P1
    SBUF=temp;                               //将接收值串口发送出去
```

```
        while(TI==0);              //如果 TI==0 未发送完，等待发送，发送完后 RI=1
        TI=0;                      //置 TI=0 以便下一次发送
    }
```

11.9.4　对位和外接 I/O 口的 C51 编程

1. C51 对"位"的定义和操作

对特殊功能寄存器中的"位"可以使用头文件，直接使用位名称，例如：

```
        #include<reg51.h>
        sbit P1_1=P1^1;
        sbit Ac=ACC^7;
        RS1=1;
        RS0=0;
```

对位变量用 bit 类定义，它们的值只能是 0 或 1，例如：

```
        bit flag=0;
```

2. 对外接 I/O 口地址的定义和操作

利用对绝对地址访问的头文件 absacc.h，可对外接 I/O 口的地址进行定义和操作，例如：
#include<absacc.h>

```
        #define PA XBYTE[0x7fff]
```

定义后，凡是程序中出现 PA 变量的地方，就表示对地址为 7FFFH 的外部 RAM 或 I/O 口进行访问。

下面的例子中，采用上述的方法对位和外接 I/O 口的地址进行定义和访问，电路原理图如图 11.4 所示。

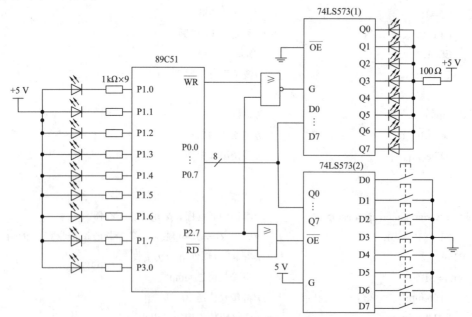

图 11.4　采用 74LS573 电路的 I/O 接口电路原理图

此例的功能是从点亮 P3.0 端口上的 LED 时刻起，从 74LS573(2)读键的状态，并将键状态送 P1、74LS573(1)驱动 LED 显示。

程序如下：

```
#include<reg51.h>
#include<absacc.h>
#define IO573 XBYTE[0x7fff]                //定义 74LS573 的地址
sbit P3_0=P3^0;                            //定义 P3.0
void main(void)
{
  unsigned key;
  P3_0=0;                                  //点亮 P3.0 端口上的 LED
  while(1)
  {
    key=IO573;                             //从 74LS573(2)读键的状态
    P1=key;                                //将键状态送 P1 显示
    IO573=key;                             //将键状态送 74LS573(1)显示
  }
}
```

11.10　C51 模块化程序设计

模块化程序设计(又称模块化编程)是一种软件设计结构方法。它把一个复杂程序分解成若干个简单的、功能单一的程序模块。每个模块完成一个明确的任务，实现某些具体功能，如键盘管理、显示、AD 转换、DA 转换、数据的处理等功能。各模块程序可分别编写，最后由主程序调用。

模块化程序设计具有以下优点：

(1) 将一个大的程序按功能分割成一些小模块，各模块相对独立、功能单一、结构清晰、程序接口简单，减少了程序设计的复杂性，缩短了程序开发周期，避免了程序开发中的重复劳动。

(2) 程序共享，程序员不必完全理解模块中程序的原理和代码的细节，只需满足模块程序的软硬件接口条件就可以正确使用。

(3) 模块化编程使得需要编写的程序与被调用的已被实践证明是正确的模块分离，从而容易查找编写程序中的错误，便于程序的调试和维护。

1．模块化程序设计的步骤

C51 模块化程序设计过程要比用汇编语言进行模块化设计简单得多。

1) 建立模块的头文件

建立一个 XXX.H 头文件和 XXX.C 源文件，XXX 为文件名。文件名最好能体现该文件代码的功能，如：digit2display.h 与 digit2display.c，一看就能知道是关于两个数码管显示的。

一般来讲 XXX.H 文件和 XXX.C 源文件的文件名应保持一致，以便于在维护时查找它们。

头文件的格式如下：

在 XXX.H 文件中要加入如下三行代码：

  #ifndef _ _XXX_H_ _　　　　//防止重复引用
  #define _ _XXX_H_ _　　　　//防止重复定义
  …　　　　　　　　　　　 //编写的程序
  #endif　　　　　　　　　　//头文件结束标志

这里 XXX_H 表示头文件名 XXX.H ，要求大写，其中 "_" 代替了 "."，首尾需要各添加两个下划线 "_ _"。

如：#ifndef _ _DIGIT2DISPLAY_H_ _
  #define _ _DIGIT2DISPLAY_H_ _

在 XXX.H 文件中一般需加入如下内容的代码：

硬件连接引脚的定义；常数的宏定义。

对 XXX.C 中最终被调用的功能函数的声明,注意不要声明那些为完成最终功能函数而编写的辅助、中间函数。

建议在头文件中给出详细的注释，让使用者从中可了解函数的功能、接口硬件连接、函数中参数的意义甚至调用函数的例子等。详细的注释可以方便使用者正确调用模块函数。从应用的角度出发，使用者只需要详细了解头文件的内容就可以在自己的应用系统中使用这些函数了。

2) 编写源程序XXX.C

如果模块的功能是为特定的硬件设备设计的，源程序也常被称为"设备驱动程序"，简称"驱动程序"。如果源程序非常简单，特别是只有一个自定义函数时，也可以直接把源程序内容写入头文件中。

源程序中尽量不用全局变量。必须要采用的全局变量的声明放在 XXX.H 文件中。在源程序 include 中要把对应的 XXX.H 头文件包含进来。

模块的头文件可以理解为该模块的说明书，虽然它只是描述了模块的软硬件接口条件和使用方法，对应的源程序才是完成模块功能的核心程序，但作为模块的使用者却只需要读懂头文件就可以正确调用模块的功能，对源文件不必强求理解。

3) 模块文件的使用

调用模块时，要把它的 XXX.C 和 XXX.H 文件考入主函数的文件夹(熟悉 KEIL 编译器也可以指定文件夹)，在主程序编写中把该模块的头文件用#include "xxx.h"包含进去，同时在 KEIL 项目中添加对应的源程序 xxx.c 。

主程序编写中可以使用头文件中的宏定义、全局变量和函数。

11.11　C51 模块化设计举例

11.11.1　LCM1602 显示模块

一个 51 单片机的应用系统除了 CPU 芯片外，还需要一些外部设备，如键盘、显示、AD、DA 等。设计者必须编写这些外设的控制程序，这些程序也称为这些外设的控制模块或外设的"驱动程序"。

1．LCM1602 显示模块的头文件

LCM1602 显示模块的头文件如下：

```
/*-------------------------------------------------------
文件名：lcd1602.h 头文件
功能：LCD1602 模块硬件接口和调用函数的声明
-----------------------------------------------------*/
#ifndef _LCD1602_H_
#define _LCD1602_H_
#include <reg52.h>
#define uint unsigned int
#define uchar unsigned char
//硬件接口定义
sbit LcdRs = P2^0;
sbit LcdRw   = P2^1;
sbit LcdEn   = P2^2;
sfr   DBPort = 0x80;   //P0 口为 LCD 数据总线


/*-------------------------------------------------------
功能：LCD 初始化函数
-----------------------------------------------------*/
void LCD_Initial(void);


/*-------------------------------------------------------
功能：LCD 显示字符(ASIIC 码)函数
参数：x-列 0~15；y-行 0~1；str-要显示的字符串指针
例 1：LCD_Prints(4,0,"XIHUA");
        LCM1602 在第 0 行第 4 列开始显示出 XIHUA。
例 2：uchar Disp[6]={'X', 'I', 'H', 'U', 'A', '\0' };
        LCD_Prints(4,0,Disp);
```

LCM1602 在第 0 行第 4 列开始显示出 XIHUA。

```
-----------------------------------------------------------*/
void LCD_Prints(uchar x, uchar y,uchar *str);


#endif
```

程序解释：

上面头文件中函数 void LCD_Prints(uchar x, uchar y,uchar *str)存在一个函数的数组参数 str。数组作为函数参数有两种形式：一种是把数组元素(下标变量)作为函数实参使用；另一种是把数组名作为函数的形参和实参使用。

所谓形参：全称为"形式参数"，是指调用函数时要传入到函数体内参与运算的变量。实参：全称为"实际参数"，它的作用就是代替被调用函数中的形式参数。

而如果函数的参数是指针类型变量,在调用该函数的过程中,参数传递的是实参的地址,在函数体内部使用的也是实参的地址。

本头文件中，void LCD_Prints(uchar x, uchar y, uchar *str);有一个指针型的函数参数 uchar *str，它的使用方法有两种：

第一种：LCD_Prints(4,0,"XIHUA")；

它把引号中字符串的首地址传递给函数，执行该函数后，LCM1602 显示出 XIHUA。

另一种：uchar Disp[6]={'X', 'I', 'H', 'U', 'A', '\0'}；

   LCD_Prints(4,0,Disp)；

这里，采用了数组的指针，数组 Disp 的第一个元素的地址被传递给函数的参数，执行该函数后，LCM1602 也显示出 XIHUA。

为了测定字符串的实际长度，C 语言规定以"\0"作为字符串结束标志，对字符串常量也自动加一个"\0"作为结束符。所以 Disp 数组中最后一个元素定义是'\0'。

2. LCM1602 源程序

LCM1602 源程序是由内部等待函数、向 LCD 写入命令和数据函数、设置显示模式函数、设置输入模式函数、初始化 LCD 函数、液晶字符显示位置函数、字符输出函数、清屏函数等组成的。这些函数主要是根据 5.3.1 节介绍的 LCM1602 指令集和时序编写的。主要方法是向 LCM1602 发送相关的指令，以便对 LCD 进行控制。为了满足时序要求，程序中常使用_nop_()函数，此函数的作用延迟一个机器周期，达到满足时序的要求。

LCM1602 显示模块源程序如下：

```
/*-----------------------------------------------------------
文件名：lcd1602.c
函数功能：LCD1602 显示模块
原理：采用普通 IO 口方式模拟 LCD1602 时序，未采用总线方式
-----------------------------------------------------------*/
#include <REG52.H>
#include <intrins.h>
#include "lcd1602.h"
```

```
/*----------------------------------------------------------
功能：内部等待函数
返回参数：P0 数据
----------------------------------------------------------*/
uchar LCD_Wait(void)
{
    LcdRs=0;
    LcdRw=1;  _nop_();
    LcdEn=1;  _nop_();
    /*while(DBPort&0x80);
        在用 Proteus 仿真时，屏蔽此语句，否则在调用 LCD_Pos()时，会进入死循环，
        可能在写该控制字时,该模块没有返回写入完备命令，即 DBPort&0x80==0x80
        实际硬件时打开此语句.*/
    LcdEn=0;
    return DBPort;
}


/*----------------------------------------------------------
功能：写 LCD 命令/数据 函数
参数：style 为写命令/数据，0-命令，1-数据；input 为写入的 8 位命令/数据
----------------------------------------------------------*/
#define LCD_COMMAND          0          //命令
#define LCD_DATA             1          //数据
#define LCD_CLEAR_SCREEN     0x01       //清屏
#define LCD_HOMING           0x02       //光标返回原点
void LCD_Write(bit style, uchar input)
{
    LcdEn=0;
    LcdRs=style;
    LcdRw=0;         _nop_();
    DBPort=input;    _nop_();
    LcdEn=1;         _nop_();
    LcdEn=0;         _nop_();
    LCD_Wait();
}


/*----------------------------------------------------------
功能：设置 LCD 显示模式
参数：DisplayMode   见下面的定义
```

```
--------------------------------------------------------*/
//显示模式定义
#define LCD_SHOW              0x04      //显示开
#define LCD_HIDE              0x00      //显示关
#define LCD_CURSOR            0x02      //显示光标
#define LCD_NO_CURSOR         0x00      //无光标
#define LCD_FLASH             0x01      //光标闪动
#define LCD_NO_FLASH          0x00      //光标不闪动
void LCD_SetDisplay(uchar DisplayMode)
{
    LCD_Write(LCD_COMMAND, 0x08|DisplayMode);
}


/*--------------------------------------------------------
功能：设置 LCD 输入模式
参数：InputMode      见下面的定义
--------------------------------------------------------*/
#define LCD_AC_UP       0x02
#define LCD_AC_DOWN     0x00              //default
#define LCD_MOVE        0x01              //画面可平移
#define LCD_NO_MOVE     0x00

void LCD_SetInput(uchar InputMode)
{
    LCD_Write(LCD_COMMAND, 0x04|InputMode);
}

//初始化 LCD  详见 LCD1602.h 中的说明
void LCD_Initial()
{
    LcdEn=0;
    LCD_Write(LCD_COMMAND,0x38);                      //8 位数据端口,2 行显示,5*7 点阵
    LCD_Write(LCD_COMMAND,0x38);                      //此句不能省
    LCD_SetDisplay(LCD_SHOW|LCD_NO_CURSOR);    //开启显示, 无光标
    LCD_Write(LCD_COMMAND,LCD_CLEAR_SCREEN);      //清屏
    LCD_SetInput(LCD_AC_UP|LCD_NO_MOVE);            //AC 递增, 画面不动
}


/*--------------------------------------------------------
功能：液晶字符显示的位置函数
```

参数：x-列 0~15；y-行 0~1；　--*/
void LCD_Pos(uchar x, uchar y)
{
　　if(y==0)
　　LCD_Write(LCD_COMMAND,0x80|x);
　　if(y==1)
　　LCD_Write(LCD_COMMAND,0x80|(x-0x40));
}

//将字符(ASIIC 码)输出到液晶显示　详见 LCD1602.h 中的说明
void LCD_Prints(uchar x, uchar y,uchar *str)
{
　　LCD_Pos(x,y);
　　while(*str!='\0')
　　{
　　　　LCD_Write(LCD_DATA,*str);
　　　　str++;
　　}
}

注意，此程序中自定义了很多函数但只有 void LCD_Initial(void)和 void LCD_Prints (uchar x, uchar y,uchar *str)两个最终使用的自定义函数在对应的头文件 TLC549.h 中进行了声明。

11.11.2　模数转换器 TLC549 模块

1. TLC549 简介

TLC549 是美国德州仪器公司生产的 8 位串行 A/D 转换器芯片，可与通用微处理器、控制器通过 CLK、CS、DATA OUT 三条口线进行串行接口。它具有 4MHz 片内系统时钟和软、硬件控制电路，转换时间最长为 17 μs，约 40 000 次/s。总失调误差最大为±0.5LSB，典型功耗值为 6 mW。采用差分参考电压高阻输入，抗干扰能力强。可按比例量程校准转换范围。V_{REF-} 接地，$(V_{REF+}-V_{REF-})\geqslant 1\,V$，可用于小信号的采样。

TLC549 的极限参数如下：

(1) 电源电压：6.5 V；

(2) 输入电压范围：0.3 V~V_{CC}+0.3 V；

(3) 输出电压范围：0.3 V~V_{CC}+0.3 V；

(4) 峰值输入电流(任一输入端)：±10 mA；

(5) 总峰值输入电流(所有输入端)：±30 mA；

(6) 工作温度：TLC549C：0℃~70℃，TLC549I：-40℃~85℃，TLC549M：-55℃~125℃。

引脚名称如图 11.5 所示：

V$_{CC}$　　电源端，5 V；

GND　　接地端；

REF+，REF−　　输入模拟信号正负参考电源端；

ANALOG IN　　模拟信号输入端；

I/O CLOCK　　时钟信号端；

DATA OUT　　转换结果输出端；

$\overline{CS}$ 片选端。

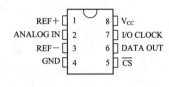

图 11.5　TLC549 引脚图

TLC549 是具有串行外围接口(SPI 总线)的器件，根据它的说明书，可以编写模块程序在 51 单片机中使用。关于 SPI 接口我们将在第 12 章介绍，但是，只要通过生产 TLC549 公司的官方网站或其它途径获得了 TLC549 的关于 C51 的演示程序，就可以编写它的模块程序了。

2. TLC549 模块的头文件

```
/*----------------------------------------------------------
    文件名：TLC549.H
    功能：TLC549 头文件
-----------------------------------------------------------*/
#ifndef  __TLC549_H__
#define  __TLC549_H__
#include<reg52.h>
#define uchar   unsigned char
//TLC549 的引脚与 51 单片机的连接
sbit AD_CS =P3^3;
sbit AD_CLK=P3^6;
sbit AD_DAT=P3^7;


/*********************************************************************
    功能：从 TLC549 获取 AD 值
    参数：无
    返回：获取到的 AD 值,范围为 0~255
*********************************************************************/
unsigned char AD_TLC549(void);


#endif
```

3. TLC549 的驱动程序

```
/*----------------------------------------------------------
    文件名：TLC549.C
    功能：TLC549.H 的源程序
-----------------------------------------------------------*/
```

```
#include "TLC549.H"

void delay(unsigned int x)    //延时函数
{
    while(x--);
}


/*************************************************************************
功能：从 TLC549 获取 AD 值
输入参数：无
返回：获取到的 AD 值,范围为 0~255
*************************************************************************/
unsigned int AD_TLC549(void)
{
    Unsigned char value=0,i=0;
    AD_CS=0;
    AD_DAT=1;
    for(i=0;i<8;i++)
    {
        if(AD_DAT) value|=(0x80)>>i;      //获取数据线的位放到相应位上
        AD_CLK=1;
        AD_CLK=0;       //时钟的下降沿
        delay(10);      //下降沿产生后，400 ns 后新的位被写到数据线上，这里进行延时
    }
    AD_CS=1;
    delay(50);          //等待转换结束，最长 17 μs
    return value;       //返回转换结果
}
```

由于 TLC549 是 8 位分辨率,返回的数值在 0～255 之间,若对应输入的模拟数值为 0～5 V，则对应的电压分辨率为 $5 \div 256 = 0.01953$ V。

11.11.3　TLC549 模块应用举例

下面举例说明 TLC549 模块的调用。其应用电路原理如图 11.6 所示，它利用 LCM1602 显示了 TLC549 采集的电压数据。为了适应 LCM1602 驱动模块，对采集的数据要作一个分解和转换成 ASIIC 码的处理。编写的主程序 TLC549demo.c 如下，说明见注释。

```
/*************************************************************************
文件名：TLC549demo.C
功能：    TLC549 模块演示程序
*************************************************************************/
```

```
#include "LCD1602.h"
#include "TLC549.h"

#define uchar    unsigned char

void main(void)
{
    uchar ad_data;                          //定义 AD 转换结果的变量
    uchar DispBuffer[5];                    //定义 LCM1602 显示数组
    LCD_Initial();                          //液晶初 LCM1602 初始化
    LCD_Prints(1,0,"THE VOLTIGE IS");

    while(1)
    {
        ad_data = AD_TLC549()*50/255;       //计算电压值：50÷255=0.1961 将分辨率
                                            //提高了 10 倍
        DispBuffer[0]=(ad_data/10)+0x30;    //电压值个位数字的 ASCII 码
        DispBuffer[1]='.';
        DispBuffer[2]=(ad_data%10)+0x30;    //电压值小数点后数字的 ASCII 码
        DispBuffer[3]='v';
        DispBuffer[5]='\0';                 //最后一个字符串结束符

        LCD_Prints(6,1,DispBuffer);         //用 LCM1602 显示
    }
}
```

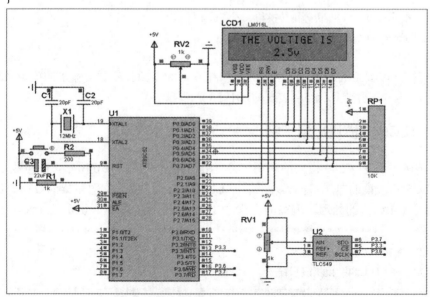

图 11.6　TLC549 应用的电路原理图及仿真结果

注意，以上程序根据 LCD1602.h 的提示使用了 LCD_Initial、LCD_Prints 两个函数，根据 TLC549.h 的提示只使用了 AD_TLC549 一个函数，可见只要认真理解好头文件中提供的函数就很容易写出相应的应用程序。以上程序 Proteus 仿真运行结果如图 11.6 所示。

使用 KEIL 编译主程序前，应该把 LCD1602.h、LCD1602.c 以及 TLC549.h、TLC549.c 拷入主函数所在的文件夹，并在项目管理中加入 LCD1602.c、TLC549.c，如图 11.7 所示。

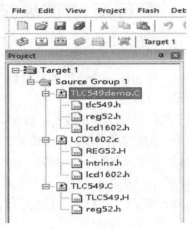

图 11.7　项目管理文件中的目录

思考题与习题

1. C51 有哪些数据类型？数据类型与存储区域有何联系？存储区域与哪些因素有关？

2. 按给定的数据类型和存储区域，写出下列数据的说明形式。

(1) up, down，无符号 8 位整数，使用内部数据存储器存储;

(2) first, last，浮点小数，使用外部数据存储器存储;

(3) cc, ch, 8 位整数，使用间接寻址内部数据存储器存储;

(4) s, 位变量。

3. 判断下列关系表达式或逻辑表达式的运算结果(1 或 0)。

(1) 10==9+1;　　　　　(2) 0&&0;　　　　　(3) 10&&8;　　　　(4) 6||O;

(5) !(3+2);　　　　　　(6) 设 x = 10, y = 9, x >= 88&&y <= x;

4. 设 x=4, y=8，说明进行下列运算后，x, y 和 z 的值分别是多少？

(1) z = (x++)*(--y);　　　　(2) z = (++x) – (y--);

(3) z = (++x)*(--y);　　　　(4) z = (x++) + (y--);

5. C 语言中的 while 和 do...while 的不同点是什么？

6. 用三种循环方式分别编写程序,显示整数 1～100 的平方。

7. 写出二维数组 Data[2][4]的各个元素，并按它们在内存中存储时的顺序排列。

8. 写出下列表达式运算后 a 的值，设运算前 a = 10; n = 9; a、n 已定义为 8 位整型变量。

(1) a += a;　　　　　(2) a*= 2 + 3;　　　　(3) a %= (n %= 2)

9. 什么是局部变量和全局变量？如何判断一个变的在程序中使用的范围和存在的时间？

10. 模块化程序设计中头文件有何作用？编头文件应注意哪些问题？

第 12 章

串行总线扩展技术

由于数据的串行传输连线少，采用串行总线扩展技术可以使系统的硬件设计简化、体积减小，同时系统的更改和扩充更为容易。

目前，单片机应用系统中常用的串行扩展总线有：SPI(Serial Peripheral Interface)总线、I²C(Inter IC BUS)总线、Microwire 总线及单总线(1-WIRE BUS)。

串行扩展总线的应用是单片机目前发展的一种趋势。MCS-51 单片机利用自身的通用并行线可以模拟多种串行总线时序信号，因此可以充分利用各种串行接口芯片资源。本章仅介绍 SPI 总线(Wicrowire 与 SPI 非常接近)和 I²C 总线，其他总线的应用可以参考有关资料。

12.1 SPI 总线扩展技术

串行外围设备接口 SPI 总线技术是 Motorola 公司推出的一种同步串行接口。它可以使MCU 与各种外围设备以串行方式进行通信以此交换信息，如外围 Flash RAM、网络控制器、LCD 显示驱动器、A/D、D/A 转换器和 MCU 等。SPI 总线系统可直接与各个厂家生产的多种标准外围器件直接接口，该接口一般使用 3～4 根连接线：串行时钟线 SCK、主机输入/从机输出数据线 MISO、主机输出/从机输入数据线 MOSI(有的 SPI 接口芯片将主机输出/从机输入数据线 MOSI 合为一根线)和低电平有效的从机选择线 SS。由于 SPI 系统总线一共只需 3～4 位数据、控制线，即可实现与具有 SPI 总线接口功能的各种 I/O 器件接口，而扩展并行总线则需要 8 位数据线、8～16 位地址线、2～3 位控制线，因此，采用 SPI 总线接口可以简化电路设计，节省很多常规电路中的接口器件和 I/O 口线，提高设计的可靠性。

利用 SPI 总线可在软件的控制下构成各种系统。如一个"主 MCU"与多个"从 MCU"构成的系统、多个"从 MCU"相互连接构成的多主机系统(分布式系统)、一个"主 MCU"和一个或多个"从外围 I/O 器件(设备)"所构成的系统等。在大多数应用场合，可使用一个MCU 作为主机来控制，并向一个或数个"从外围 I/O 器件"传送该数据。"从外围 I/O 器件"只有在主机发命令时才能接收或发送数据，其数据的传输格式是高位(MSB)在前，低位(LSB)在后。这种系统结构如图 12.1 所示。

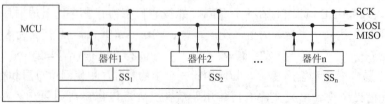

图 12.1 SPI 总线接口系统的典型结构

　　当一个主控机通过 SPI 与几种不同的串行 I/O 芯片相连时，必须使用每片的允许控制端 $\overline{SS}$，这可通过 MCU 的一般 I/O 端口输出线来实现。但应该特别注意这些串行 I/O 芯片的输入/输出特性：

　　(1) 输入芯片的串行数据输出是否有三态控制端。平时未选中芯片时，输出端应处于高阻态。若没有三态控制端，则应外加三态门。否则 MCU 的 MISO 端只能连接一个输入芯片。

　　(2) 输出芯片的串行数据输入是否有允许控制端。只有在此芯片允许时，SCK 脉冲才把串行数据移入该芯片；在禁止时，SCK 对芯片无影响。若没有允许控制端，则应在外围用门电路对 SCK 进行控制，然后再加到芯片的时钟输入端；当然，也可以只在 SPI 总线上连接一个芯片，而不再连接其他输入或输出芯片。

　　主机方式传送数据的最高速率达到 5 Mb/s。

　　对于大多数不带 SPI 串行总线接口的 MCS-51 系列单片机来说，可以使用软件来模拟 SPI 的操作，包括串行时钟、数据输入和数据输出。对于不同的串行接口外围芯片，它们的时钟时序略有不同，编程时要加以注意。

12.1.1　ADC0832 模块的设计

1. ADC0832 性能特性及基本结构

　　ADC0832 是美国国家半导体公司生产的一种 8 位分辨率、双通道 A/D 转换芯片。ADC0832 具有以下特点：

- 8 位分辨率；
- 双通道 A/D 转换(差分输入时为一个通道)；
- 输入输出电平与 TTL/CMOS 相兼容；
- 5 V 电源供电时输入电压为 0 V～5 V；
- 工作频率为 250 kHz，转换时间为 32 μs；
- 一般功耗仅为 15 mW；
- 8P、14P-DIP(双列直插)、PICC 多种封装；
- 商用级芯片温宽为 0℃～70℃，工业级芯片温宽为　+40℃～85℃。

图 12.2 是它的引脚及功能。

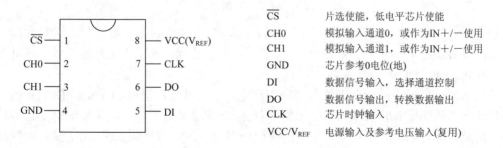

$\overline{CS}$	片选使能，低电平芯片使能
CH0	模拟输入通道0，或作为IN＋/－使用
CH1	模拟输入通道1，或作为IN＋/－使用
GND	芯片参考0电位(地)
DI	数据信号输入，选择通道控制
DO	数据信号输出，转换数据输出
CLK	芯片时钟输入
VCC/V_{REF}	电源输入及参考电压输入(复用)

图 12.2　ADC0832 的引脚及功能

ADC0832 与 51 单片机的接口如图 12.3 所示，要采用四根连接线，分别是 CS、CLK、DO、DI。但由于 DO 端与 DI 端在通信时并未同时有效，并且与单片机的接口是双向的，所以可以将 DO 和 DI 并联在一根数据线上分时使用，这样就只需要三根线。

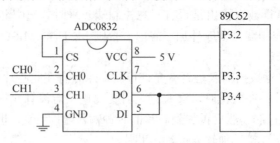

图 12.3　ADC0832 与 51 单片机的接口

2．ADC0832 驱动程序的设计

如图 12.3 所示，当 ADC0832 的控制引脚 CS、CLK、DO、DI 占用了 P3.2、P3.3、P3.4 三个 I/O 口时，由于 DO 端和 DI 端在通信时并不同时有效，与单片机接口又是双向的，所以可将 DO 和 DI 并联在一根数据线上使用。通过时序图 12.4，可知道如何对它进行控制。

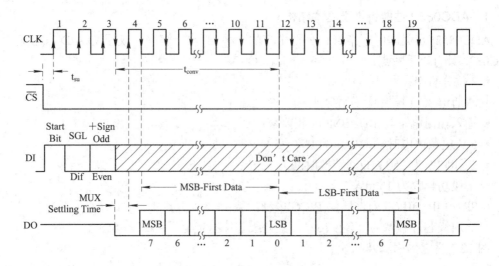

图 12.4　ADC0832 时序图

CS 作为选通信号，从时序图中可以看到，以 CS 置为低电平开始，一直到置为高电平结束。CLK 提供时钟信号，要注意 CLK 信号的箭头指向，向上为上升沿有效，向下为下降沿有效。DI、DO 作为数据端口。

当 ADC0832 未工作时其 CS 输入端应为高电平，此时芯片禁用，CLK 和 DO/DI 的电平可任意。当要进行 A/D 转换时，须先将 CS 使能端置于低电平，并且保持低电平直到转换完全结束。此时芯片开始转换工作，同时由处理器向芯片时钟输入端 CLK 输入时钟脉冲，DO/DI 端则使用 DI 端输入通道功能选择的数据信号。其选择逻辑如表 12.1 所示。

表 12.1　ADC0832 多路器控制逻辑表

功　能	多路器地址		通道号	
	SGL/Dif	Odd/Even	CH0	CH1
差分输入	L	L	+	−
差分输入	L	H	−	+
单通道 0	H	L	+	
单通道 1	H	H		+

在第一个时钟脉冲下沉之前 DI 端必须是高电平，表示起始信号。在第二、三个脉冲下沉之前 DI 端应输入两位数据(SGL/Dif：单极性/差分；Odd/Even：极性)用于选择通道功能。例如：当两位数据为"0"、"0"时为差分输入，将 CH0 作为正输入端 IN+，CH1 作为负输入端 IN− 进行输入；当两位数据为"0"、"1"时为差分输入，将 CH0 作为负输入端 IN−，CH1 作为正输入端 IN+ 进行输入；当两位数据为"1"、"0"时，只对 CH0 进行单通道转换；当两位数据为"1"、"1"时，只对 CH1 进行单通道转换。

到第三个脉冲下降之后，DI 端的输入电平就失去了输入作用，此后 DO/DI 端则开始利用数据输出 DO 进行转换数据的读取。从第四脉冲下降开始由 DO 端输出转换数据最高位 DATA7，随后每一个脉冲下降 DO 端输出下一位数据。直到第 11 脉冲时发出最低位数据 DATA0，一个字节的数据输出完成。也正是从此位开始输出下一个相反字节的数据，即从第 11 个字节的下沉输出 DATD0。随后输出 8 位数据，到第 19 个脉冲时数据输出完成，也标志着一次 A/D 转换的结束。最后将 $\overline{CS}$ 置高电平禁用芯片，直接将转换后的数据进行处理就可以了。

可见，在完成输入启动位、通道选择之后，就开始读出数据，转换得到的数据被送出了两次，一次高位在前传送，一次低位在前传送。因此，在程序读取两次数据后，可以加检验程序来验证数据是否被正确读取。

ADC0832 汇编语言的驱动程序如下：

```
NAME    ADC0832
; ----------------------------------------------------------
; 模块名：ADC0832.a51
; ----------------------------------------------------------
; ADC0832 与 89C51 接口的定义，可根据硬件连线更改
ADCS     BIT  P3.2              ; 片选端
ADCLK    BIT  P3.3              ; 时钟端
ADDO     BIT  P3.4              ; 数据输出端(复用)
ADDI     BIT  P3.4              ; 数据输入端
; ----------------------------------------------------------
; 子程序名：AD0832
; 功能：读取 ADC0832 的数据
; 参数：B－选择通道                    ; A－获得的 A/D 转换值
```

```
;          通道设置        CH0      CH1      极性
;          1    0        +                 单极性
;          1    1                 +        单极性
;          0    0        +        −        差分
;          0    1        −        +        差分
; 占用寄存器：A、B、R7、Cy
; Examp：
;          MOV   B,#02H                    ; 单通道 ch0
;          LCALL   AD0832                   ; 调用
;          MOV   30H,A                      ; 转换结果存 30H
; --------------------------------------------------------------------------------
          PUBLIC AD0832                     ; 声明 AD0832 为公用子程序
          ?PR?AD0832    SEGMENT CODE
          RSEG ?PR?AD0832
AD0832： SETB     ADDI                      ; 初始化通道选择
          NOP
          NOP
          CLR      ADCS                     ; 拉低 CS 端
          NOP
          NOP
          SETB     ADCLK                    ; 拉高 CLK 端
          NOP
          NOP
          CLR      ADCLK                    ; 拉低 CLK 端，形成下降沿
          MOV      A,   B
          MOV      C, ACC.1                  ; 确定取值通道选择
          MOV      ADDI, C
          NOP
          NOP
          SETB     ADCLK                    ; 拉高 CLK 端
          NOP
          NOP
          CLR      ADCLK                    ; 拉低 CLK 端，形成下降沿 2
          MOV      A, B
          MOV      C, ACC.0                  ; 确定取值通道选择
          MOV      ADDI, C
          NOP
          NOP
          SETB     ADCLK                    ; 拉高 CLK 端
```

```
                NOP
                NOP
                CLR       ADCLK           ; 拉低 CLK 端，形成下降沿 3
                SETB      ADDI
                NOP
                NOP
                MOV       R7, #8          ; 准备送后面 8 个时钟脉冲
        AD_1:   MOV       C, ADDO         ; 接收数据
                MOV       ACC.0, C
                RL        A               ; 左移一次
                SETB      ADCLK
                NOP
                NOP
                CLR       ADCLK           ; 形成一次时钟脉冲
                NOP
                NOP
                DJNZ      R7, AD_1        ; 循环 8 次
                MOV       C, ADDO         ; 接收数据
                MOV       ACC.0,C
                MOV       B, A
                MOV       R7, #8
        AD_13:  MOV       C, ADDO         ; 接收数据
                MOV       ACC.0, C
                RR        A               ; 左移一次
                SETB      ADCLK
                NOP
                NOP
                CLR       ADCLK           ; 形成一次时钟脉冲
                NOP
                NOP
                DJNZ      R7, AD_13       ; 循环 8 次
                CJNE      A, B, AD0832    ; 数据校验
                SETB      ADCS            ; 拉高 CS 端
                CLR       ADCLK           ; 拉低 CLK 端
                SETB      ADDO            ; 拉高数据端，回到初始状态
                RET
                END
```

　　由于 ADC0832 是 8 位分辨率，返回的数值为 0～255，对应模拟数值为 0 V～5 V，因此最小可分辨的电压值为 5 ÷ 255 = 0.019 61 V。

3．ADC0832 模块的调用

下面举例说明 ADC0832 模块子程序的调用，其电路原理如图 12.5 所示，利用 LM1602 显示 ADC0832 采集数据的结果。为了适应 LM1602 驱动模块，对采集的数据要作一个分解和转换成 ASCII 码的处理。用 Keil 汇编时，要把 LCD1602.a51 和 ADC0832.a51 加入到项目中。Proteus 仿真结果如图 12.5 所示。

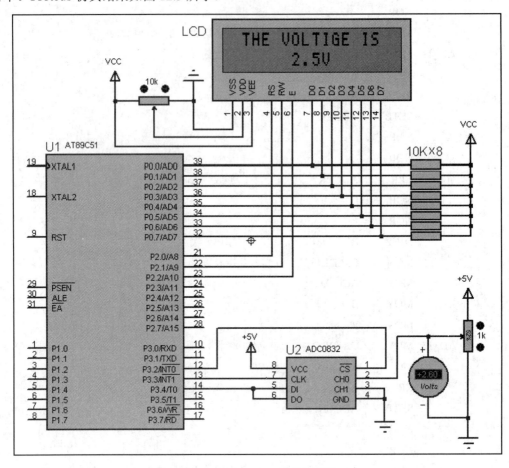

图 12.5　ADC0832 仿真效果图

主程序清单如下，说明见注释。

```
; -----------------------------------------------------------------------
; 功能：ADC0832 数据采集的演示主程序
; -----------------------------------------------------------------------

        EXTRN CODE(LCD_INITIAL)              ；声明 LCD1602 模块公用子程序
        EXTRN CODE(LCD_PRINT_S)
        EXTRN CODE(LCD_PRINT_CHAR)
        EXTRN CODE(AD0832)                   ；声明 ADC0832 模块公用子程序


        ORG 0000H
        AJMP MAIN
```

```
                ORG 0030H
MAIN:           ACALL LCD_INITIAL              ; LCM1602 初始化
                MOV A, #81H                    ; 在第 1 行第 1 列显示字符串
                MOV DPTR, #TABLE               ; 字符串首地址放 DPTR
                LCALL LCD_PRINT_S              ; 调用显示字符串模块子程序


LOOP:           MOV B,#02H                     ; 单通道 ch0
                LCALL AD0832                   ; 读 A/D 转换结果
                ACALL ADC_CAL                  ; 计算成相应的电压值
                MOV A, #0C6H                   ; 在第 2 行第 7 列开始显示
                MOV R5, #4                     ; 要显示 4 个字符
                MOV R1, #20H                   ; 第 1 个字符存放的首地址为 20H
                LCALL LCD_PRINT_CHAR           ; 调用显示字符模块子程序

                AJMP LOOP                      ; 循环读、计算、显示 A/D 转换结果
; --------------------------------------------------------------------------------
; 子程序名称：ADC_CAL
; 功能：读 A/D 转换结果计算成相应的电压值，并将此值送 LCD 显示
; 计算公式：电压的 10 倍 ＝ A*(5/255)*10 ≈ A*50/256；程序中采用的这个算法简单，
; 但会有小误差

; --------------------------------------------------------------------------------
ADC_CAL:        MOV B,#50                      ; 乘以 50
                MUL AB                         ; 乘的结果高 8 位在 B，低 8 位在 A
                MOV A,B                        ; 只取 B，相当于除以 256
                MOV B,#10                       ; 由于采用的公式放大了 10 倍，得到真正的电压值要
                                               ; 除以 10

                DIV AB
                ADD A, #30H                    ; 得到的个位数加 30H 获得 ASCII 码
                MOV 20H, A                     ; 送 LCD 的显示存储区
                MOV A, B                       ; 余数为小数部分，加 30H 得到 ASCII 码
                ADD A, #30H
                MOV 22H, A                     ; 送 LCD 的显示存储区
                MOV 21H, # '.'                 ; 小数点的 ASCII 码
                MOV 23H, # 'v'                 ; "V" 的 ASCII 码
                RET

TABLE:          DB "THE VOLTIGE IS",00H        ; 显示的字符串，注意：要以 00H 结束
                END
```

ADC0832 的 C51 的模块程序如下：

```
/*-------------------------------------------------------------
文件名：ADC0832.H
功能：ADC0832 的头文件
---------------------------------------------------------*/
#ifndef __ADC0832_H__
#define __ADC0832_H__
#include<reg52.h>


//ADC0832 引脚与 51 单片机的连接

sbit ADCS  =P3^3;
sbit ADDI  =P3^7;
sbit ADDO  =P3^7;
sbit ADCLK =P3^6;
/*--------------------------------------------------------
功能：读 ADC0832 的转换数据
参数：ch=0 0 通道, 单极性输入;
      ch=1 1 通道, 单极性输入;
      ch=2 差分输入 ch0+, ch1-;
      ch=3 差分输入 ch0-, ch1+;
返回：转换结果(8 位整型 00－ffh, 00 对应 0v, ffh 对应 5v, 线性关系)
---------------------------------------------------------*/
unsigned char adc0832(unsigned char channel);


#endif


/*-------------------------------------------------------------
文件名：ADC0832.C
功能：ADC0832 的源程序
---------------------------------------------------------*/
#include<reg52.h>
#include <intrins.h>
#include "ADC0832.h"


#define uchar unsigned char


/*-------------------------------------------------------------
功能：读 ADC0832 的转换数据
```

参数：ch=0 0 通道，单极性输入；

　　　ch=1 1 通道，单极性输入；

　　　ch=2 差分输入 ch0+,ch1-;

　　　ch=3 差分输入 ch0-,ch1+;

返回：转换结果

```
-----------------------------------------------------------*/
#define nop _nop_()            //定义 nop
uchar adc0832(uchar channel)    //AD 转换，返回结果
{
    uchar dat,i;

    if   (channel==0)channel=1;     //根据 adc0832 的说明书
    else if(channel==1)channel=3;
    else if(channel==2)channel=0;
    else if(channel==3)channel=2;

    ADCS=0;   nop;nop;        //拉低 CS 端，开始片选
    ADCLK=0; nop;nop;        //拉低 CLK 端
    ADDI=1;   nop;nop;        //命令开始
    ADCLK=1; nop;nop;        //拉高 CLK 端，形成第 1 个脉冲，上升沿有效

    ADCLK=0; nop;nop;        //拉低 CLK 端
    ADDI=channel&0x1;        //输入极性命令
    nop;nop;
    ADCLK=1; nop;nop;        //拉高 CLK 端，形成第 2 个脉冲，上升沿有效

    ADCLK=0; nop;nop;        //拉低 CLK 端
    ADDI=channel>>1&0x01;      //输入通道命令
    nop;nop;
    ADCLK=1; nop;nop;        //拉高 CLK 端，形成第 3 个脉冲，上升沿有效

    ADCLK=0; nop;nop;        //拉低 CLK 端，与下一个 ADCLK=1 形成第 4 个脉冲
    ADDI=1;                //命令结束

    for(i=0;i<8;i++)          //读转换数据，先读最高位
    {
        ADCLK=1; nop;nop;
        ADCLK=0; nop;nop;      //形成一次读数据时钟脉冲,下降沿有效
        dat<<=1;dat|=ADDO;
```

```
        }
        ADCS=1;                              //结束片选
        return dat;
    }
```

用 Proteus 仿真，仿真结果如图 12.5 所示。

```
/*---------------------------------------------------------
文件名：ADC0832DEMO.C
功能：ADC0832 的演示程序
----------------------------------------------------------*/
#include "adc0832.h"
#include "lcd1602.h"

void main(void)
{
    uchar ad_data;
    uchar DispBuffer[6];
    LCD_Initial();                       //液晶初始化
    GotoXY(1,0);                         //液晶字符显示位置
    Print("THE VOLTAGE IS");

    while(1)
    {
        ad_data = adc0832(0)*50/256;     /* 50/256=0.1953 扩大了 10 倍*/
        DispBuffer[0]=(ad_data/10)+0x30;
        DispBuffer[1]='.';
        DispBuffer[2]=(ad_data%10)+0x30;
        DispBuffer[3]='v';
        DispBuffer[5]='\0';              //最后一个字符是回车

        GotoXY(6,1);
        Print(DispBuffer);
    }
}
```

12.1.2 TLC1543 A/D 模块的设计

对于大多数不带 SPI 串行总线接口的 MCS-51 系列单片机来说，可以使用软件来模拟 SPI 的操作，包括串行时钟、数据输入和数据输出。对于不同的串行接口外围芯片，它们的时钟时序略有不同，编程时要加以注意。

以下以 TLC1543 A/D 转换器为例说明如何在 MCS-51 单片机中模拟 SPI 总线。

1. TLC1543 简介

TLC1543 是 TI 公司推出的采用 SPI 技术的模/数转换器，它为 20 脚封装的 CMOS、10 位开关电容逐次 A/D 逼近模/数转换器。其封装如图 12.6 所示。

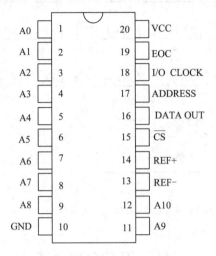

图 12.6　TLC1543 封装图

A0～A10 为 11 路模拟输入端；

REF+ 和 REF- 为基准电压正、负端；

ADDRESS 为串行数据输入端，输入 4 位端口地址；

DATA OUT 为 A/D 数据输出端；

I/O CLOCK 为数据输入/输出提供同步时钟。

芯片内部有一个 14 通道多路选择器，可以选择 11 路模拟输入通道和 3 路内部自测电压中的任意一路进行测试；片内设有采样-保持电路，在转换结束时 EOC 置高表明转换完成。

2. TLC1543 驱动程序的设计

TLC1543 具有高速(10 μs 转换时间)、高精度(10 位分辨率)和低噪声的特点。

TLC1543 工作时序如图 12.7 所示，其工作过程分为两个周期：访问周期和采样周期。

工作状态由 $\overline{CS}$ 使能或禁止，工作时 $\overline{CS}$ 必须置低电平。$\overline{CS}$ 为高电平时，I/O CLOCK、ADDRESS 被禁止，同时 DATA OUT 为高阻状态。当 CPU 使 $\overline{CS}$ 变低时，TLC1543 开始数据转换，I/O CLOCK、ADDRESS、DATA OUT 脱离高阻状态。

随后，CPU 向 ADDRESS 提供四位通道地址，控制 14 个模拟通道选择器从 11 个外部模拟输入，或三个内部自测电压中选通一路送到采样保持电路。同时，I/O CLOCK 输入时钟时序，CPU 从 DATA OUT 端接收前一次 A/D 转换结果。I/O CLOCK 从 CPU 接收 10 个时钟长度的时钟序列。前四个时钟用于四位地址从 ADDRESS 端装载地址寄存器，选择所需的模拟通道，后六个时钟对模拟输入的采样提供控制时序。模拟输入的采样起始于第四个 I/O CLOCK 下降沿，而采样一直持续六个 I/O CLOCK 周期，并一直保持到第 10 个 I/O CLOCK 下降沿。转换过程中，$\overline{CS}$ 的下降沿使 DATA OUT 引脚脱离高阻状态并启动一次 I/O CLOCK 工作过程，$\overline{\text{CS}}$ 的上升沿将终止这个过程并在规定的延迟时间内使 DATA OUT 引脚返回到高阻状态，经过两个系统时钟周期后禁止 I/O CLOCK 和 ADDRESS 端。

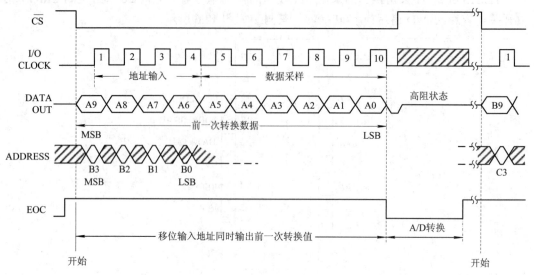

图 12.7　TLC1543 时序图

汇编语言的 TLC1543 的驱动程序如下：

```
    NAME TLC1543
    ；定义 TLC1543 转换芯片的各引脚，根据硬件设计定义，如下
    ADCS        BIT       P3.2      ；片选端(0 选中)
    ADDout      BIT       P3.0      ；数据端，SPI 数据输出线
    ADaddr      BIT       P3.1      ；地址引脚，仿 SPI 数据输入线
    ADclk       BIT       P3.3      ；时钟，仿 SPI 的时钟线
    EOC         BIT       P3.4      ；ADC 转换完成标志(高电平为结束)


    ；--------------------------------------------------------------
    ；子程序名：READ_TLC1543
    ；功能描述：串行 A/D 转换器 TLC1543 的驱动程序
    ；参数：R2 输入存通道号，如 10H，为 A1 输入通道号，即 00010000B，高四位为地址；
    ；      R0 存 AD 结果的高 2 位；R1 存 AD 结果的低 8 位
    ；--------------------------------------------------------------
    PUBLIC   READ_TLC1543              ；声明 AD0832 为公用子程序
    ?PR?READ_TLC1543    SEGMENT CODE
    RSEG ?PR?READ_TLC1543


READ_TLC1543:
    ；定义 TLC1543 转换芯片的各引脚，根据硬件设计定义，如下
    ADCS        EQU       P3.2      ；片选端(0 选中)
```

```
    ADDout      EQU     P3.0            ; 数据端, SPI 数据输出线
    ADaddr      EQU     P3.1            ; 地址引脚, 仿 SPI 数据输入线
    Adclk       EQU     P3.3            ; 时钟, 仿 SPI 的时钟线
    EOC         EQU     P3.4            ; ADC 转换完成标志(高电平为结束)
; ----------------------------------------------------------------
; 子程序名：ADconver
; 功能描述：串行 A/D 转换器 TLC1543 的驱动程序
; 参数：R2 输入存通道号，如 10H，为 A1 输入通道号，即 00010000B，高四位为地址；
;       R0 存 AD 结果的高 2 位；R1 存 AD 结果的低 8 位
; ----------------------------------------------------------------
ADconver:
    CLR     ADclk               ; 前四位地址是 ADclk 的上升沿有效，这里先将其变成低
    CLR     ADCS
    MOV     A, R2               ; R2 做通道号，转换前输入
; 送出地址信号
    MOV     R7, #4              ; 设置地址位数，再由下面循环送给 MCU
address1:
    RLC     A                   ; 地址按位循环移入进位位 CY(标号为 C)
    MOV     ADaddr, C           ; 地址从进位位移入 TLC1543 的串行地址引脚
    SETB    ADclk               ; 拉高 CLK 端
    CLR     ADclk               ; 拉低 CLK 端，形成时钟脉冲
    DJNZ    R7, address1
; 补充 6 个脉冲，选中通道后 A/D 的电容列阵需要充电
    MOV     R7, #6              ; 补充 6 个脉冲
LOOP1:
    SETB    ADclk               ; 拉高 CLK 端
    CLR     ADclk               ; 拉低 CLK 端，形成时钟脉冲
    DJNZ    R7, LOOP1
; 等待转换结束
    SETB    ADCS
    JNB     EOC, $              ; 判断是否转换结束
    CLR     ADCS
; 取高 2 位到 R0
    SETB    ADDout              ; 拉高数据端，回到初始状态
    SETB    ADclk               ; 拉高 CLK 端
    MOV     C, ADDout           ; 接收数据
    MOV     ACC.0,C
    RL      A                   ; 左移一次
```

```
        CLR     ADclk              ; 拉低 CLK 端，形成下降沿
        SETB    ADDout             ; 拉高数据端，回到初始状态
        SETB    ADclk              ; 拉高 CLK 端
        MOV     C, ADDout          ; 接收第二位数据(给 R0 的)
        MOV     ACC.0, C
        CLR     ADclk              ; 拉低 CLK 端，形成第二个脉冲的下降沿
        ANL     A, #00000011B      ; 清除 A 的高六位
        MOV     R0, A              ; 保存数据
        MOV     R7, #8             ; 准备送后 8 个时钟脉冲
LOOP2:                             ; 接收 8 位数据到 R1，注释同上段程序
        SETB    ADDout
        SETB    ADclk
        MOV     C, ADDout
        MOV     ACC.0, C
        RL      A
        CLR     ADclk
        DJNZ    R7, LOOP2
        SETB    EOC
        SETB    ADCS
        MOV     R1, A
        RET
        END
```

按图 12.8 所示电路，编写的 TLC1543 模块演示主程序的清单如下，其 Proteus 的仿真结果如图 12.8 所示，为了减少编程，数据显示采用了 BCD 码数码管。

```
; TLC1543 模块演示主程序
        EXTRN   CODE(READ_TLC1543)         ; 声明 TLC1543 模块公用子程序

        ORG 0000H
        AJMP MAIN
        ORG 0030H
MAIN:   MOVR2, #10H                ; 选通道 1，即 00010000，高四位为地址
        LCALL READ_TLC1543         ; 调用 AD 转换，结果高 2 位在 R0，低 8 位在 R1
        MOV     P0, R0             ; 送 BCD 数码管显示
        MOV     P2, R1
        MOV     R7, #0             ; 延时
        DJNZ    R7, $
        AJMP    MAIN               ; 循环
        END
```

采用 C 语言的 TLC1543 驱动程序如下：

```
/*-------------------------------------------------------------
文件名：TLC1543.h
功能：TLC1543 的驱动程序
-------------------------------------------------------------*/
#ifndef _ _ TLC1543_H_ _
#define _ _ TLC1543_H_ _
#include<reg52.h>
#include <INTRINS.H>
#define uchar unsigned char
#define uint    unsigned int


//TLC1543 与单片接口的引脚定义
sbit CLOCK=P3^3；
sbit ADDRESS=P3^1；
sbit DATAOUT=P3^0；
sbit CS=P3^2；
sbit OEC=P3^4；
/*-------------------------------------------------------------
功能：从 TLC1543 读取转换值程序
参数：port－TLC1543 的模拟输入通道号
返回：返回转换的结果，为 2 个字节
-------------------------------------------------------------*/
uint TLC1543_Read(uchar port)
{
    uint data ad；
    uint data i；
    uchar data al=0,ah=0；

    CLOCK=0；
    CS=0；
    port<<=4；
    for (i=0；i<4；i++)                      //把通道号输入 TLC1543
    {
        ADDRESS=(bit)(port&0x80)；
            CLOCK=1；
            CLOCK=0；
        port<<=1；
    }
```

```
    for (i=0；i<6；i++)                      //填充 6 个 CLOCK
    {
        CLOCK=1；  CLOCK=0；
    }

     CS=1；
     while(OED==0)；
     CS=0；                                  //进行 A/D 转换
     _nop_()；  _nop_()；

     for (i=0；i<2；i++)                      //读取 D9、D8，存入高 8 位
     {
        DATAOUT=1；
        CLOCK=1；
        ah<<=1；
        if (DATAOUT==1)
        {
                ah|=0x01；
        }
        CLOCK=0；
     }

     for (i=0；i<8；i++)                      //取 D7~D0，存入低 8 位
     {
        DATAOUT=1；
        CLOCK=1；
        al<<=1；
        if (DATAOUT==1)
        {
            al|=0x01；
        }
        CLOCK=0；
     }
     CS=1；
     ad=ah*256+al；                          //得到 AD 值
     return (ad)；
 }
 #endif
```

按以上驱动程序，编写 TLC1543 的演示程序如下：

```
#include "TLC1543.h"


main()
{
    uint x;


    while(1)
    {
        x=TLC1543_Read(1);
        P0=x/256;
        P2=x%256;
    }
}
```

其 Protues 的仿真效果如图 12.8 所示。

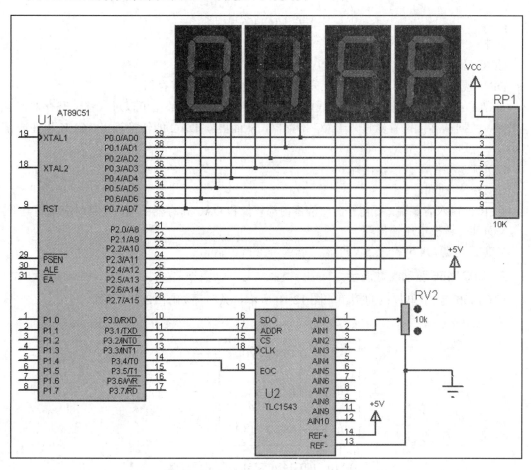

图 12.8　TLC1543 仿真效果图

12.1.3 LTC1456 D/A 模块的设计

1. LTC1456 简介

LTC1456 是 LINEAR 公司生产的一个 12 位的 DAC 转换芯片。它是一个单电源供电，轨对轨(rail-to-rail，输入和输出电压范围达到电源电压范围)电压输出的 D/A 转换芯片。它采用三线的串行扩展接口。LTC1456 有一个内部 2.048 V 的参考电源，可输出 4.095 V 满程电压。LTC1456 的工作电压在 4.5 V～5.5 V，功耗为 2.2 mW，常采用 8 脚 SO-8 封装(如图 12.9 所示)。

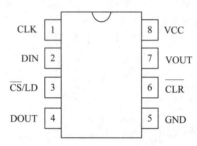

图 12.9　LTC1456 引脚图

其中：

CLK：同步时钟端。

DIN：数据输入端。同步时钟上升沿时，数据进入移位寄存器。

$\overline{\text{CS}}$/LD：片选和数据输入端。低电平时时钟信号使能，数据可以进入移位寄存器；高电平时，数据从移位寄存器进入 DAC 寄存器，从而更新 DAC 的转换输出，CLK 也在内部停止。

DOUT：移位寄存器输出端。

GND：接地端。

$\overline{\text{CLR}}$：输入清零端。低电平时将清零内部移位和 DAC 寄存器的值，正常时应为高电平。

VOUT：转换电压输出端。

VCC：电源，4.5 V～5.5 V。

2. LTC1456 驱动函数演示

LTC1456 与 51 单片机的接口如图 12.10 所示，其时序如图 12.11 所示。

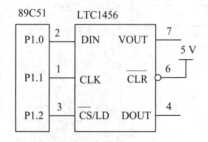

图 12.10　LTC1456 与 51 单片机的接口

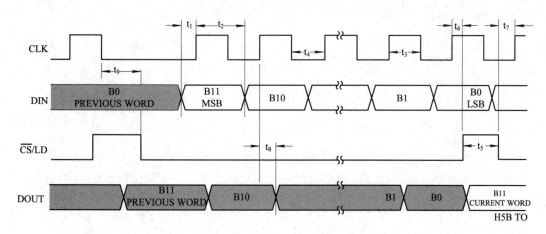

图 12.11 LTC1456 的时序

根据时序编写的演示程序如下：

```
/*------------------------------------------------------------
文件名：LTC1456de.mo.c
功能：LTC1456 的驱动程序
------------------------------------------------------------*/
#include "reg51.h"
sbit DQ =P1^0;
sbit CK =P1^1;
sbit CS =P1^2;

//LTC1456 的驱动函数
void LTC1456_SendDat(unsigned int dat)
{
    unsigned char i=0;
    CS = 1;
    CS = 0;
    for (i=12;    i>0;    i--)
    {
        DQ = dat & 0x80;
        CK = 1;
        dat <<= 1;
        CK = 0;
    }
    CS = 1;
    CS = 0;
}
```

```
Void main()      //主程序
{
    unsigned int k=0;
    CK = 0;
    CS = 0;

    while(1)
    {
        LTC1456_SendDat(k);
        k++;
    }
}
```

以上程序的 Protues 仿真效果图如图 12.12 所示。

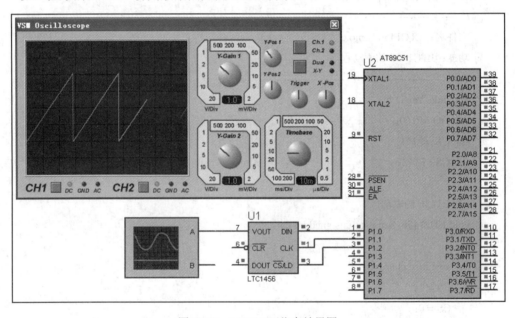

图 12.12　LTC1456 仿真效果图

12.2　I²C 总线扩展技术

12.2.1　I²C 总线的协议简介

在现代电子系统中，一个系统中有众多的 IC 需要进行相互之间以及与外界的通信。为了提高硬件的效率和简化电路的设计，PHILIPS 公司开发了一种用于内部 IC 控制的简单双向两线串行总线 IIC(Inter Intergrated Circuit，又可缩写为 I²C)。PHILIPS 及其他厂商提供了种类非常丰富的总线兼容芯片。作为一个专利的控制总线，I²C 实际上已经成为世界性的工业标准之一。

　　基本的 I^2C 总线规范于 20 世纪 80 年代发布,其数据传输速率在标准模式下为 100 Kb/s,但随着数据传输速率和应用功能的迅速增加, I^2C 总线也增强为快速模式(400 Kb/s)甚至高速模式(3.4 Mb/s), I^2C 总线始终和先进技术保持同步,并保持其向下兼容性。

　　I^2C 总线采用二线制传输,一根是数据线 SDA,另一根是时钟线 SCL,所有 I^2C 器件都连接在同名端的 SDA 和 SCL 上,每一个器件有一个唯一的地址。

　　I^2C 总线是一个多主机总线,即总线上可以有一个或多个主机(或称主控制器),总线运行由主机控制。这里所说的主机是指启动数据的传送(发起始信号)、发出时钟信号、发出终止信号的器件。通常,主机由单片机或其他微处理器担任,被主机访问的器件叫从机(或称从器件),它可以是其他单片机,更多的是如 A/D、D/A、LED 或 LCD 驱动、时钟日历芯片、串行存储器等扩展芯片。

　　I^2C 总线支持多主和主从两种工作方式。

　　多主方式即总线上可以有多个主机的工作方式。I^2C 总线需通过硬件和软件仲裁主机对总线的控制权。这种方式中,由于存在仲裁总控制权问题, I^2C 总线的协议模拟非常困难,所以一般都采用具有 I^2C 总线接口的单片机担任主机。目前有很多半导体集成电路上都集成了 I^2C 接口。带有 I^2C 接口的单片机有:PHILIPS P87LPC7XX 系列,CYGNAL 的 C8051F0XX 系列,MICROCHIP 的 PIC16C6XX 系列等。

　　在主从工作方式中,系统中只有一个主机,总线上的其他器件都是具有 I^2C 总线接口的外围从器件(称为从机或从器件),总线上只有主机对 I^2C 总线对器件的读/写访问,没有总线的竞争等问题。这种方式下,只需要单片机模拟主发送和主接收时序,就可以完成对从器件的读写操作(SCL 时钟信号由主机产生)。这种情况下, I^2C 总线的时序可以模拟,使 I^2C 总线的使用不受主机必须带 I^2C 总线接口的限制。基于以上考虑,本章将介绍这种情况下,如何模拟 I^2C 总线的时序和程序。

　　在 MCS-51 系列单片系统的串行总线扩展中,经常遇到的是以 51 单片机为主机,其他器件为从机的单主机系统,如图 12.13 所示。

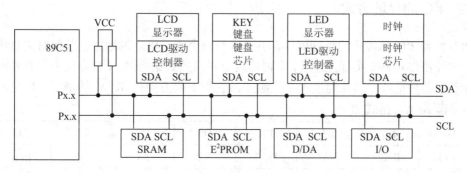

图 12.13　单主机系统 I^2C 总线扩展示意图

　　I^2C 总线主要有以下几个方面的特点:

　　(1) 总线驱动能力强。I^2C 总线的外围扩展器件都是 CMOS 型的,功耗极低,因此总线上扩展的节点数不是由电流负载能力决定,而是由电容负载确定。通常 I^2C 总线负载能力为 400 pF,据此可计算出总线长度及所带器件的数量。总线上扩展的 I^2C 器件的数量主要受到器件地址的限制。

(2) 任何一个 I^2C 总线接口的外围器件，不论其功能差别有多大，都是通过串行数据线(SDA)和串行时钟线(SCL)连接到 I^2C 总线上的。这一特点给用户在设计应用系统时带来了极大的方便，用户不必理解每个 I^2C 总线接口器件的功能如何，只要将器件的 SDA 和 SCL 引脚连到 I^2C 总线上，然后对该器件模块进行独立的电路设计，从而简化了系统设计的复杂性，提高了系统抗干扰的能力，符合 EMC(Electromagnetic Compatibility，电磁兼容性)设计原则。

(3) 在主从系统中，每个 I^2C 总线接口芯片具有唯一的器件地址，各器件之间互不干扰，相互之间不能进行通信。主机与 I^2C 器件之间的通信是通过唯一的器件地址来实现的。

(4) PHILIPS 公司在推出 I^2C 总线的同时为 I^2C 总线制定了严格的规范，如接口的电气特性、信号时序、信号传输的定义等，这就决定了 I^2C 总线软件编写的一致性。

I^2C 总线器件必须是漏极或集电极开路结构，如图 12.14 所示，即 SDA 和 SCL 接线上必须加上拉电阻 R_P，其阻值可参考有关数据手册，通常选(5～10)kΩ。

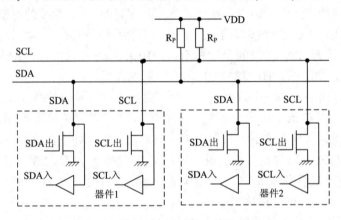

图 12.14 I^2C 总线接口的电路图

12.2.2 I^2C 的寻址方式

所有挂到 I^2C 总线上的外围器件，各自都有一个唯一确定的地址。任何时刻总线上只有一个主控器件对总线实行控制权，分时实现点对点的数据传送。I^2C 总线上所有外围器件都有规范的器件地址，器件地址由 7 位组成，它和 1 位方向位($R/\overline{W}$)构成了 I^2C 总线器件的寻址字节 SLA，格式如下：

D7	D6	D5	D4	D3	D2	D1	D0
DA3	DA2	DA1	DA0	A2	A1	A0	$R/\overline{W}$

(1) DA7～DA4 这 4 位器件地址是 I^2C 总线器件固有的地址编码，器件出厂时就已给定(如表 12.2 所示)，用户不能自行设置。

(2) A2A1A0 这 3 位引脚地址用于相同地址器件的识别。若 I^2C 总线上挂有相同地址的器件，或同时挂有多片相同器件，则可用硬件连接方式对 3 位引脚 A2A1A0 接 VCC 或接地，形成器件从地址(SLA)。

(3) R/$\overline{\text{W}}$ 为数据传送方向。R/$\overline{\text{W}}$ = 1 时，主机接收(读)；R/$\overline{\text{W}}$ = 0 时，主机发送(写)。

表 12.2 常用 I²C 器件地址 SLA

种 类	型 号	器件地址 SLA		引脚地址备注
静态 RAM	PCF8570/71	1010	A2 A1 A0　R/$\overline{\text{W}}$	3 位数字引脚地址 A2A1A0
	PCF8570C	1011	A2 A1 A0　R/$\overline{\text{W}}$	3 位数字引脚地址 A2A1A0
E²PROM	PCF8582	1010	A2 A1 A0　R/$\overline{\text{W}}$	3 位数字引脚地址 A2A1A0
	AT24C02	1010	A2 A1 A0　R/$\overline{\text{W}}$	3 位数字引脚地址 A2A1A0
	AT24C04	1010	A2 A1 A0　R/$\overline{\text{W}}$	2 位数字引脚地址 A2A1
	AT24C08	1010	A2 A1 A0　R/$\overline{\text{W}}$	1 位数字引脚地址 A2
	AT24C016	1010	A2 A1 A0　R/$\overline{\text{W}}$	无引脚地址，P2P1P0 悬空处理
I/O 口	PCF8574	0100	A2 A1 A0　R/$\overline{\text{W}}$	3 位数字引脚地址 A2A1A0
	PCF8574A	0111	A2 A1 A0　R/$\overline{\text{W}}$	3 位数字引脚地址 A2A1A0
LED/LCD 驱动控制器	SAA 1064	0111	0 A1 A0　R/$\overline{\text{W}}$	2 位数字引脚地址 A1A0
	PCF8576	0111	0　0 A0　R/$\overline{\text{W}}$	1 位数字引脚地址 A0
	PCF8578/79	0111	1　0 A0　R/$\overline{\text{W}}$	1 位数字引脚地址 A0
ADC/DAC	PCF8951	1001	A2 A1 A0　R/$\overline{\text{W}}$	3 位数字引脚地址 A2A1A0
日历时钟	PCF8583	1010	0　0 A0　R/$\overline{\text{W}}$	1 位数字引脚地址 A0

12.2.3 I²C 总线时序

I²C 总线一次完整的数据传送过程包括起始(S)、发送寻址字节(SLA　R/$\overline{\text{W}}$)、应答、发送数据、应答、…、发送数据、应答和终止(P)，其时序如图 12.15 所示。

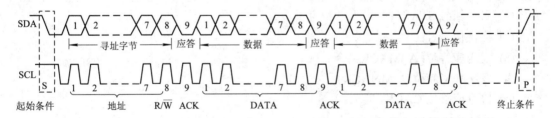

图 12.15 I²C 总线时序图

在 I²C 总线启动后或应答信号后的第 1～8 个时钟脉冲对应于一个字节的 8 位数据传送。脉冲高电平期间，数据传送，低电平期间为数据准备，允许总线上数据电平变换。

一旦 I²C 总线启动后，传送的字节多少没有限制，只要求每传送一个字节后，对方回应一个应答位。发送时，最先发送的是数据的最高位。每次传送开始有起始信号，结束时有停止信号。每传送完一个字节，都可以通过对时钟线的控制，使传送暂停。

I²C 总线为同步传输总线，其信号完全与时钟同步。I²C 总线上与数据传送有关的典型信号包括起始信号(S)、停止信号(P)、应答位信号(低电平 $\overline{\text{A}}$)和非应答信号(高电平 A)，如图 12.16 所示。

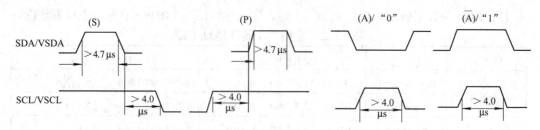

图 12.16 I²C 总线数据传送典型信号时序图

起始信号(S)：当时钟 SCL 为高电平，数据线 SDA 出现由高到低的电平变化时，启动 I²C 总线。

停止信号(P)：当时钟 SCL 为高电平，数据线 SDA 出现由低到高的电平变化时，停止 I²C 总线数据传送。

应答位信号(A)：I²C 总线上第 9 个时钟脉冲对应于应答位。相应数据线上低电平时为"应答"信号，高电平时为"非应答"信号。

12.2.4 虚拟 I²C 总线汇编语言程序

对大多数无 I²C 总线接口的 MCS-51 单片机来说只能采用虚拟 I²C 总线方式，并且只能用于主从系统。虚拟 I²C 总线接口可用通用 I/O 口中任一端线担任，数据线定义为 SDA，时钟线定义为 SCL。

虚拟 I²C 总线程序分为典型信号模拟子程序和数据传送通用子程序。

1．典型信号模拟子程序

I²C 总线上与数据传送有关的典型信号包括起始信号(S)、停止信号(P)、应答位信号(低电平 $\overline{A}$)和非应答信号(高电平 A)。虚拟 I²C 总线的编程首先要根据这几个典型信号的时序(如图 12.16 所示)编制以下子程序：

(1) 启动信号 START；

(2) 终止信号 STOP；

(3) 发送应答位($\overline{A}$)MACK；

(4) 发送非应答位(A)MNACK；

(5) 检查应答位 CACK。

2．数据传送通用子程序

数据传送通用子程序是应用典型信号模拟子程序(起始、终止、应答和检查应答)，并按 I²C 总线数据传送时序要求编制的以下子程序：

(1) 发送一字节数据子程序 WRBYT；

(2) 接收一字节数据子程序 RDBYT；

(3) 发送 N 个字节数据子程序 IWRNBYTE；

(4) 接收 N 个字节数据子程序 IRDNBYTE。

其中(3)、(4)两个子程序要按以下要求编程：

发送 N 个字节数据子程序 WRNBYTE 按照 I²C 总线数据传送时序要求，一次完整的数据发送过程应包括起始(S)、发送寻址字节(SLA　R/W)、应答(A)、发送数据(data)、应答、…、发送数据、应答和终止(P)，其格式如下：

| S | SLAW | A | data1 | A | data2 | A | … | dataN | A | P |

其中，阴影部分由主器件发送，从器件接收；非阴影部分由从器件发送，主器件接收。

接收 N 个字节数据子程序 IRDNBYTE 按照 I²C 总线数据传送时序要求，接收 N 个字节数据应按下列格式编程：

| S | SLAR | A | data1 | A | data2 | A | … | dataN | A | P |

其中，阴影部分由主器件发送，从器件接收；非阴影部分由从器件发送，主器件接收。

全部虚拟 I²C 总线模块程序 VIIC.a51 的清单如下：

```
;------------------------------------------------------------
;模块名：VIIC.a51
;功能：虚拟 IIC 总线
;------------------------------------------------------------
;IIC 总线与 89C51 接口的定义(可根据电路原理图修改)：
 SDA  BIT  P3.2
 SCL  BIT  P3.1

 ACK  BIT  08H           ;为调试/测试位，ACK 为 0 时表示无器件应答

 MTD      EQU   30H      ;需写入设备的数据存放在 51 内部 RAM 单元的首地址
 MRD      EQU   40H      ;从设备读出的数据存放在 51 内部 RAM 单元的首地址
 SLA      DATA  50H      ;器件从地址存储单元(从地址是指设备地址)
 SUBA     DATA  51H      ;器件子地址存储单元(子地址是指设备内部数据地址)
 NUMBYTE  DATA  52H      ;读/写的字节数存储单元

 ;启动 I²C 总线子程序
START: SETB  SDA
       NOP
       SETB  SCL         ;起始条件建立时间大于 4.7 μs
       NOP
       NOP
       NOP
       NOP
       NOP
       CLR   SDA
       NOP               ;起始条件锁定时间大于 4 μs
       NOP
       NOP
```

```
                NOP
                NOP
                CLR    SCL          ;钳住总线，准备发数据
                NOP
                RET


        ；停止 IIC 总线子程序
        STOP：  CLR    SDA
                NOP
                SETB   SCL          ;发送停止条件的时钟信号
                NOP                 ;结束总线时间大于 4 μs
                NOP
                NOP
                NOP
                SETB   SDA          ;停止总线
                NOP                 ;保证一个终止信号和起始信号的空闲时间大于 4.7 μs
                NOP
                NOP
                NOP
                RET


        ；发送应答信号子程序
        MACK：CLR   SDA             ;将 SDA 置 0
                NOP
                NOP
                SETB SCL
                NOP                 ;保持数据时间，即 SCL 为高电平时大于 4.7 μs
                NOP
                NOP
                NOP
                NOP
                CLR   SCL
                NOP
                NOP
                RET


        ；发送非应答信号
        MNACK：SETB   SDA           ;将 SDA 置 1
```

```
            NOP
            NOP
            SETB SCL
            NOP
            NOP                        ; 保持数据时间，即 SCL 为高电平时大于 4.7 μs
            NOP
            NOP
            NOP
            CLR   SCL
            NOP
            NOP
            RET
```

```
    ; 检查应答位子程序
    ; 返回值，ACK=1 时表示有应答
CACK:   SETB   SDA
        NOP
        NOP
        SETB   SCL
        CLR    ACK
        NOP
        NOP
        MOV    C, SDA
        JC           CEND
        SETB   ACK                  ; 判断应答位
CEND:   NOP
        CLR    SCL
        NOP
        RET
```

```
    ; 发送一个字节子程序
    ; 字节数据放入 ACC
    ; 每发送一字要调用一次 CACK 子程序，取应答位
WRBYTE: MOV     R0, #08H
WLP:    RLC     A              ; 取数据位
        JC      WR1
        SJMP    WR0            ; 判断数据位
WLP1:   DJNZ    R0, WLP
        NOP
```

```
              RET
WR1:    SETB   SDA              ; 发送 1
        NOP
        SETB   SCL
        NOP
        NOP
        NOP
        NOP
        NOP
        CLR    SCL
        SJMP   WLP1
WR0:    CLR    SDA              ; 发送 0
        NOP
        SETB   SCL
        NOP
        NOP
        NOP
        NOP
        NOP
        CLR    SCL
        SJMP   WLP1


; 读取一个字节子程序
; 读出的值在 ACC
; 每取一字节要发送一个应答/非应答信号
RDBYTE:   MOV   R0, #08H
 RLP:    SETB   SDA
         NOP
         SETB   SCL              ; 时钟线为高，接收数据位
         NOP
         NOP
         MOV    C, SDA           ; 读取数据位
         MOV    A, R2
         CLR    SCL              ; 将 SCL 拉低，时间大于 4.7 μs
         RLC    A                ; 进行数据位的处理
         MOV    R2, A
         NOP
         NOP
         NOP
```

```
        DJNZ    R0, RLP          ；没到 8 位，再来一次
        RET


;--------------------------------------------------------------------------
; 子程序名：IWRNBYTE
; 功能：      向器件指定子地址写 N 个数据
; 入口参数：SLA—器件从地址(从地址是指设备地址)
;           SUBA—器件子地址(子地址是指设备内部数据地址)
;           MTD—51 内部 RAM 发送数据缓冲区首地址
;           NUMBYTE—发送字节数
; 占用资源：A、R0、R1、R3、CY
;--------------------------------------------------------------------------
IWRNBYTE:   MOV     A, NUMBYTE
            MOV     R3, A
            LCALL   START           ；启动总线
            MOV     A, SLA
            LCALL   WRBYTE          ；发送器件从地址
            LCALL   CACK
            JNB     ACK, RETWRN     ；无应答则退出
            MOV     A, SUBA         ；指定子地址
            LCALL   WRBYTE
            LCALL   CACK
            MOV     R1, #MTD
WRDA:       MOV     A, @R1
            LCALL   WRBYTE          ；开始写入数据
            LCALL   CACK
            JNB     ACK, IWRNBYTE
            INC     R1
            DJNZ    R3, WRDA        ；判断写完没有
RETWRN:     LCALL   STOP
            RET


;--------------------------------------------------------------------------
; 子程序名：IRDNBYTE
; 功能：      向器件指定子地址读取 N 个数据
; 入口参数：SLA—器件从地址(从地址是指设备地址)
;           SUBA—器件子地址(子地址是指设备内部数据地址)
;           MRD—51 内部 RAM 接收数据缓冲区首地址
;           NUMBYTE—接收的字节数
```

```
;占用资源：A、R0、R1、R3、CY
;-------------------------------------------------------------
IRDNBYTE: MOV      R3, NUMBYTE
          LCALL    START
          MOV      A, SLA
          LCALL    WRBYTE          ;发送器件从地址
          LCALL    CACK
          JNB      ACK, RETRDN
          MOV      A, SUBA         ;指定子地址
          LCALL    WRBYTE
          LCALL    CACK
          LCALL    START           ;重新启动总线
          MOV      A, SLA
          INC      A               ;准备进行读操作
          LCALL    WRBYTE
          LCALL    CACK
          JNB      ACK, IRDNBYTE
          MOV      R1, #MRD
RDN1:     LCALL    RDBYTE          ;读操作开始
          MOV      @R1, A
          DJNZ     R3, SACK
          LCALL    MNACK           ;最后一字节发非应答位
RETRDN:   LCALL    STOP            ;并结束总线
          RET
SACK:     LCALL    MACK
          INC      R1
          SJMP     RDN1
```

此模块程序提供了 8 位器件子地址，如果是 16 位的子地址器件，如 AT24C256，该如何对它进行操作呢？

可采用现行地址读/写的方法：直接调用 IRDBYTE 和 IWRBYT。

(1) 指定地址读。

先写入 16 位地址：

```
...
MOV      MTD, #suba1              ;把子地址低 8 位放在 MTD 的开头
MOV      SUBA, #subah             ;对指定存储单元进行写
MOV      SLA, #AT24C256
MOV      NUMBYTE, #01H
LCALL    IWRNBYTE                 ;指定子 16 位地址
```

再读入字节数据：

```
    LCALL  IRDBYTE                                    ；读取一个字节
```

若要连续读 N 个字节，只能用循环"单字节读出"，它会顺序读(不能用 IRDNBYTE)。

(2) 指定地址写。把子地址的低 8 位放在 MTD 的开头，后面的是数据，即可调用 IWRNBYTE 进行写操作。

MTD 区数据存放顺序如下：

subal	Dat1	Dat2	...	DatN

12.2.5　虚拟 I²C 总线 C51 程序

考虑到带 I²C 总线的接口芯片丰富，在 51 单片机的实际应用开发中大多采用 C51 编程，下面介绍用 C 语言编写的虚拟 I²C 总线的程序。

头文件程序：

```c
#ifndef _IIC_H_
#define _IIC_H_
#include <reg52.h>
#define uint unsigned int
#define uchar unsigned char


sbit SDA=P3^2;                      //模拟 IIC 数据传送位
sbit SCL=P3^1;                      //模拟 IIC 时钟控制位


/*--------------------------------------------------------------
功能：一字节数据发送
参数：c—需发送的数据
--------------------------------------------------------------*/
void    SendByte(uchar c);


/*--------------------------------------------------------------
函数名：读取一字节数据函数
返回参数: 无符号 8 位整型数 uchar
--------------------------------------------------------------*/
uchar    RcvByte(void);


/*--------------------------------------------------------------
函数名：发送 N 字节数据函数
入口参数：    sla—从器件地址
             suba—子地址
             *s—发送内容存放数组的首地址
             no—发送的字节数
```

返回参数：如果返回 1 表示操作成功，否则操作有误

---*/

bit ISendStr(uchar sla,uchar suba,uchar *s,uchar no);

/*---

功能：读取 N 字节数据函数

入口参数：　　　 sla—从器件地址

　　　　　　　　 suba—子地址 suba

　　　　　　　 *s—读取内容存放数组的首地址

　　　　　　　　　 no—读取的字节数

返回参数：如果返回 1 表示操作成功，否则操作有误

---*/

bit IRcvStr(uchar sla,uchar suba,uchar *s,uchar no);

#endif

相应的驱动程序 IIC.C 清单如下：

```
#include <IIC.h>                    //头文件的包含
#include <intrins.h>
#define   uchar unsigned char       //宏定义
#define   uint   unsigned int
#define   _Nop( )  _nop_( )          //定义空指令


bit ack;                           //应答标志位


/*-------------------------------------------------------------
功能：启动 IIC 总线，即发送 IIC 起始条件
-------------------------------------------------------------*/
void Start_IIC( )
{
    SDA=1;                        //发送起始条件的数据信号
    _Nop( );
    SCL=1;
    _Nop( );                      //起始条件建立时间大于 4.7 μs 延时
    _Nop( );
    _Nop( );
    _Nop( );
    _Nop( );
    SDA=0;                        //发送起始信号
```

```
            _Nop( );                          //起始条件锁定时间大于 4 μs
            _Nop( );
            _Nop( );
            _Nop( );
            _Nop( );
            SCL=0;                            //钳住 IIC 总线，准备发送或接收数据
            _Nop( );
            _Nop( );
    }


    /*----------------------------------------------------------------
    功能：结束 IIC 总线，即发送 IIC 结束条件
    ----------------------------------------------------------------*/
    void Stop_IIC( )
    {
        SDA=0;                               //发送结束条件的数据信号
        _Nop( );                             //发送结束条件的时钟信号
        SCL=1;                               //结束条件建立时间大于 4 μs
        _Nop( );
        _Nop( );
        _Nop( );
        _Nop( );
        SDA=1;                               //发送 IIC 总线结束信号
        _Nop( );
        _Nop( );
        _Nop( );
        _Nop( );
    }


    /*----------------------------------------------------------------
    参数：c—需发送的数据
    功能：将数据 c 发送出去，可以是地址，也可以是数据，发完后等待应答，并对此状态位进行
          操作(不应答或非应答都使 ack = 0 假)。发送数据正常，ack = 1；ack = 0 表示被控器无应
          答或损坏
    ----------------------------------------------------------------*/
    void    SendByte(uchar c)
    {
        uchar BitCnt;
```

```
    for(BitCnt=0；BitCnt<8；BitCnt++)        //*要传送的数据长度为 8 位*/
    {
        if((c<<BitCnt)&0x80)SDA=1；           //判断发送位
        else   SDA=0；
        _Nop(  )；
        SCL=1；                               //置时钟线为高，通知被控器开始接收数据位
        _Nop(  )；
        _Nop(  )；                            //保证时钟高电平周期大于 4 μs
        _Nop(  )；
        _Nop(  )；
        _Nop(  )；
        SCL=0；
    }
    _Nop(  )；
    _Nop(  )；
    SDA=1；                                   //8 位发送完后释放数据线，准备接收应答位
    _Nop(  )；
    _Nop(  )；
    SCL=1；
    _Nop(  )；
    _Nop(  )；
    _Nop(  )；
    if(SDA==1)ack=0；
    else ack=1；                              //判断是否接收到应答信号
    SCL=0；
    _Nop(  )；
    _Nop(  )；
}


/*------------------------------------------------------------
功能：读取一字节数据
返回参数：无符号 8 位整型数 uchar
----------------------------------------------------------*/
uchar   RcvByte(  )
{
    uchar retc；
    uchar BitCnt；

    retc=0；
```

```
    SDA=1;                      //置数据线为输入方式
    for(BitCnt=0; BitCnt<8; BitCnt++)
    {
        _Nop( );
        SCL=0;                  //置时钟线为低,准备接收数据位
        _Nop( );
        _Nop( );                //时钟低电平周期大于 4.7 μs
        _Nop( );
        _Nop( );
        SCL=1;                  //置时钟线为高,使数据线上数据有效
        _Nop( );
        _Nop( );
        retc=retc<<1;
        if(SDA==1)retc=retc+1;  //读数据位,接收的数据位放入 retc 中
        _Nop( );
        _Nop( );
    }
    SCL=0;
    _Nop( );
    _Nop( );
    return(retc);
}


/*------------------------------------------------------------------
功能:应答子函数
功能:主控器进行应答信号(可以是应答或非应答信号)
------------------------------------------------------------------*/
void Ack_IIC(bit a)
{
  I f(a==0)SDA=0;              //在此发出应答或非应答信号
    else SDA=1;
    _Nop( );
    _Nop( );
    _Nop( );
  SCL=1;
    _Nop( );
    _Nop( );                   //时钟低电平周期大于 4 μs
    _Nop( );
```

```
    _Nop( );
    _Nop( );
 SCL=0;                            //清时钟线，钳住 IIC 总线以便继续接收
    _Nop( );
    _Nop( );
}


/*--------------------------------------------------------------
功能：发送 N 字节数据函数
参数：见头文件
--------------------------------------------------------------*/
bit ISendStr(uchar sla,uchar suba,uchar *s,uchar no)
{
    uchar i;

    Start_IIC( );                  //启动总线
    SendByte(sla);                 //发送器件地址
    if(ack==0)return(0);
    SendByte(suba);                //发送器件子地址
    if(ack==0)return(0);

    for(i=0；i<no；i++)
    {
      SendByte(*s);                //发送数据
      if(ack==0)return(0);
      s++;
    }
    Stop_IIC( );                   //结束总线
    return(1);
}


/*--------------------------------------------------------------
功能：读取 N 字节数据函数
参数：见头文件
--------------------------------------------------------------*/
bit IRcvStr(uchar sla,uchar suba,uchar *s,uchar no)
{
    uchar i;
    Start_IIC( );                  //启动总线
```

```
        SendByte(sla);                      //发送器件地址
        if(ack==0)return(0);

        SendByte(suba);                      //发送器件子地址
        if(ack==0)return(0);

        Start_IIC(  );
        SendByte(sla+1);
        if(ack==0)return(0);

        for(i=0; i<no-1; i++)
        {
            *s=RcvByte(  );                  //发送数据
            Ack_I2c(0);                      //发送应答位
            s++;
        }
        *s=RcvByte(  );
        Ack_IIC(1);                          //发送非应答位
        Stop_IIC(  );                        //结束总线
        return(1);

    }
```

此模块程序提供了 8 位器件子地址，如果是 16 位的子地址器件，如 AT24C256，可采用现行地址读/写的方法操作：直接调用 IRcvByte 和 IsendByte 函数。

(1) 指定地址读。

先写入 16 位地址：

```
    uchar xxl=*;
        …
    IsendStr(CSI24WC256, xxh, &xxl, 1)  ;        //把子地址高 8 位放 xxh, 低 8 位放 xxl,
```

再读入字节数据：

```
    IrcvByte(CSI24WC256,&retdat);        //读取一个字节
```

若要连续读 N 个字节，只能用循环"单字节读出"，它会顺序读，不能用 IRcvStr。

(2) 指定地址写。把子地址的低 8 位放在发送区的开头，后面的是数据，即可调用 ISendStr 进行写操作。

*s 缓冲区内容如下：

subal	Dat1	Dat2	...	DatN

12.2.6　I^{2}C 总线在 E^{2}PROM 中的应用

ATMEL 公司生产的 AT24CXX 系列串行 E^{2}PROM 是具有 I^{2}C 总线接口功能的电可擦除串行 E^{2}PROM 器件，具有掉电保护功能、功耗小、电源电压宽(2.5 V～6.0 V)的特点。

E^2PROM 芯片 AT24C02 容量为 256 字节, 引脚如图 12.17 所示。

SDA、SCL: I^2C 总线接口线。

A2~A0: 地址引脚。

WP: 写保护。当其接低电平时, 可进行正常读/写操作; 接高电平时, 只能读取数据。

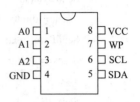

图 12.17　AT24C02 引脚图

AT24C02 的器件地址是 1010, A2A1A0 为引脚地址, 全接地时为 000。

$R/\overline{W} = 1$ 时, 读寻址字节 SLAR = 10100001B = A1H; $R/\overline{W} = 0$ 时, 写寻址字节 SLAW = 10100000B = A0H。

E^2PROM AT24CXX 系列的写入时间一般需要(5~10)ms, 擦写次数为 10 万次, 数据保存期为 100 年。

例: 按图 12.18 所示, 将 08H、09H 两个字节数据写入 AT24C02 10H~11H 单元中, 然后又从这两个单元读出, 分别送接在 P0 和 P2 口的 BCD 数码管显示。

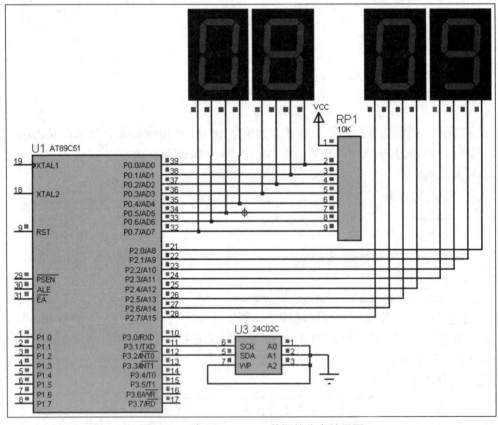

图 12.18　读/写 AT24C02 数据的仿真效果图

汇编语言的程序清单如下:

```
        ORG 0000H

            AJMP MAIN

        ORG 0030H
```

```
MAIN:       MOV MTD, #08H              ; 将要写入的数据装入数据缓冲区
            MOV MTD+1, #09H
            MOV SLA, #0A0H             ; AT24C02 写地址
            MOV SUBA, #10H             ; AT24C02 内部地址 10H
            MOV NUMBYTE, #2            ; 写入的数据为 2 个字节
            LCALL IWRNBYTE             ; 调 IIC 多字节写子程序

            LCALL DELAY                ; 延时
            MOV SLA, #0A0H             ; AT24C02 读地址
            MOV SUBA, #10H             ; AT24C02 内部地址 10H
            MOV NUMBYTE, #2            ; 读出的数据为 2 个字节
            LCALL IRDNBYTE             ; 调 IIC 多字节读子程序
            MOV P0, MRD                ; 将读出的字节送 BCD 数码管显示
            MOV P2, MRD+1
            SJMP $

DELAY:      MOV R7, #2
DELAY1:     MOV R6, #0
            DJNZ R6, $
            DJNZ R7, DELAY1
            RET

            $INCLUDE (VIIC.a51)        ; 将 VIIC.a51 包含到此程序中
            End
```

注意：此程序中采用了　$INCLUDE(VIIC.a51)把 VIIC.a51 包含到程序中的方法。
C51 语言的程序清单如下：

```c
#include <IIC.h>

/*------------------------------------------------------------

功能：毫秒延时函数
参数：当晶振为 11.0592 MHz 时，x 为毫秒数，x ＝ 1000 为 1 s
------------------------------------------------------------*/
void delayms(uint x)
{
    uchar j;
    while(x--)
    {         for(j=0；j<123；j++){；}
    }
}
```

```
void main(void)
{
        uchar send_dat[2]={0x08,0x09};          //定义送数据的数值
        uchar read_dat[2];                      //定义读数据的数组
        ISendStr(0xa0, 0x10, send_dat, 2);      //送数据给 AT24C02
        delayms(10);                            //延时
        IRcvStr(0xa0, 0x10, read_dat, 2);       //读 AT24C02 数据
        P0=read_dat[0];                         //将数据送 BCD 数码管显示
        P2=read_dat[1];
        while(1);
}
```

思考题与习题

1. 在 89C51 单片机上设计扩展两片 AT24C02，画出硬件图，写出能对它们读/写的程序，并设计一个方案在 Proteus 上进行验证。

2. 为了节省 51 单片机口线的资源，有人将模拟 I^2C 的 SCL 和 SPI 的 SCK 共用一根口线，请问这种方案是否可行？为什么？

3. 用 Proteus 仿真，验证本章 LTC1456 DAC 的程序，用虚拟示波器观察输出波形，修改程序，产生正弦波、三角波的输出。

MCS-51 单片机实验

A.1　单片机实验板

　　"单片机实验板"是西华大学机械工程与自动化学院在长期教学实践中设计的、非常适合单片机教学的一种实验装置。该实验板不需要其他附件，在任何一台 PC 或笔记本电脑上都能使用；价格便宜，解决了许多地方院校经费不足的问题；可以开设 LED、LCD、键盘、蜂鸣器、AD、温度、光电计数、通信等各种实验，满足教学需要。

A.1.1　结构

　　单片机实验板各部分名称如图 A.1 所示。

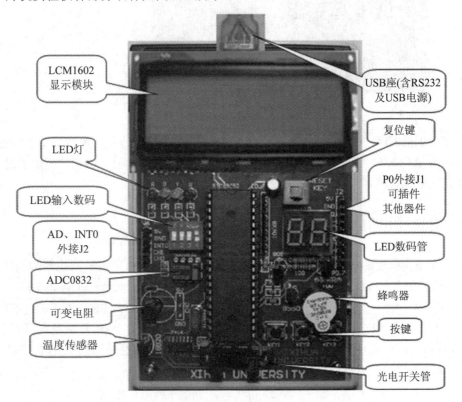

图 A.1　实验板各部分名称

A.1.2　实验板与 PC 的连接

实验板与 PC 的连接如图 A.2 所示，如 PC 无 RS232 接口，可用 USB 转 RS232 的转换器。

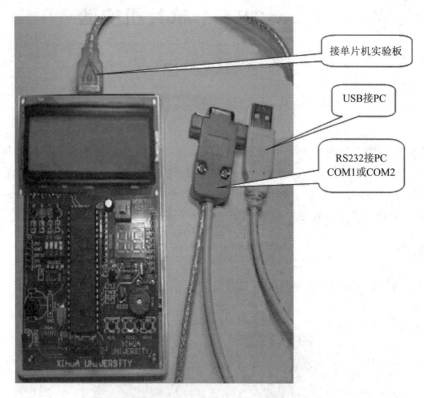

图 A.2　实验板与 PC 的连接

本实验板的 CPU 采用的是"宏晶科技"的 STC89C52RC 芯片，是增强型 51 系列单片机，引脚与 AT89C51 等兼容。其最大特点是有 ISP(在系统可编程)功能，可以通过串口下载程序，无需编程器，一般开发中也无需仿真器。

A.1.3　实验板电路原理图

图 A.3 是实验板的电路原理图。为了节省引脚，LCM1602 采用数据线四脚的接法；J2 将 P0 口(已经加了 10 kΩ 上拉电阻)和 5 V、地引出，以便做其他的实验。J1 将 INT0 和 AD0832 的 CH0 和 CH1 引出。复位电路采用了可以自锁的按键 RSTKEY，这是为了满足 STC 芯片下载程序时必须把 51 芯片的电源断开，再接通的要求。这里的 USB 并不是真正用于与 PC 的 USB 通信，只是获取 PC 的 5 V 电源，并利用 USB 的两根数据线与 PC 的 RS232 的串口 RXD、TXD 连接，所以后面连接了 MAX202 的转换芯片。

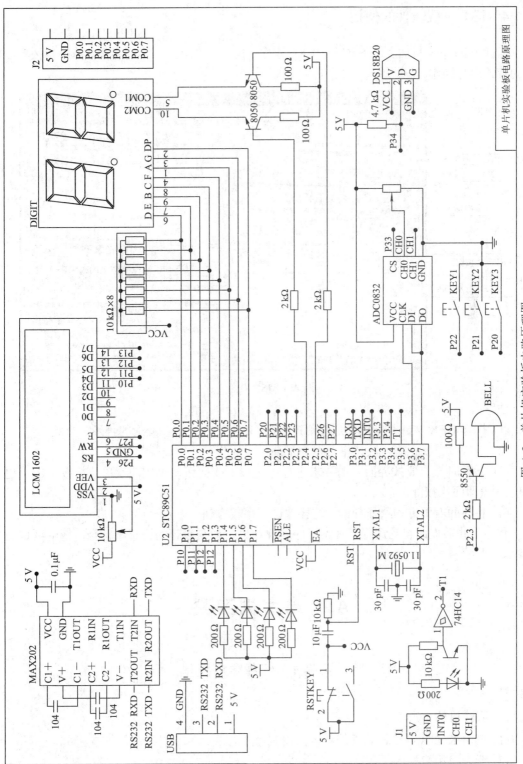

图 A.3　单片机实验板电路原理图

A.1.4 IST 下载软件的使用

运行 Windows 桌面上的 STC-ISP.EXE 程序，出现如图 A.4 所示的界面。请严格按界面上的步骤进行操作。

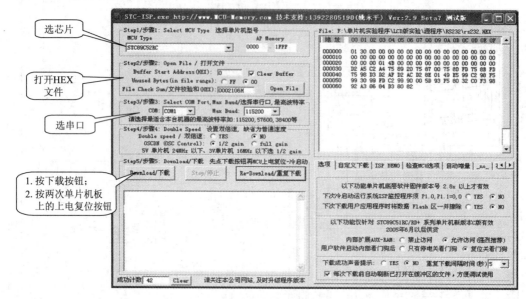

图 A.4 ISP 界面

注意：

(1) 打开 HEX 文件是指编译通过后产生的 HEX 文件，请在相应的目录下查找；

(2) 串口设置要正确，波特率可以为最高；

(3) 下载时一定要按界面上的要求进行：先按下载按钮，再按两次单片机板上的上电复位按钮(即两次按键)；

(4) 将界面右下方的选择打钩，这样调试程序较方便。

程序下载后立即自动运行。观察程序运行结果，如与设计的设想不符合，请继续修改程序。

A.2 单片机实验

实验 1 红黄绿灯控制

1. 实验目的

(1) 学习 Keil 集成编译软件的使用和调试程序方法。

(2) 学习将用户程序下载到应用系统的方法。

(3) 掌握 STC89C52 单片机 I/O 端口的控制和使用方法。

2．实验内容

(1) 编写程序要求：利用单片机的 P1.4、P1.5、P1.6 控制 3 个 LED 指示灯，模仿交通控制灯：红灯亮 4 秒，黄灯亮 2 秒，黄灯、绿灯同时亮 1 秒，绿灯亮 4 秒，如此循环。程序流程图如图 A.5 所示。

(2) 用 Proteus 画出图 A.6 所示的红黄绿灯控制电路原理图，并仿真运行以上程序。

(3) 用 Keil 与 Proteus 联调，单步运行，查看运行结果；在红黄绿灯亮处设置断点，查看运行结果。

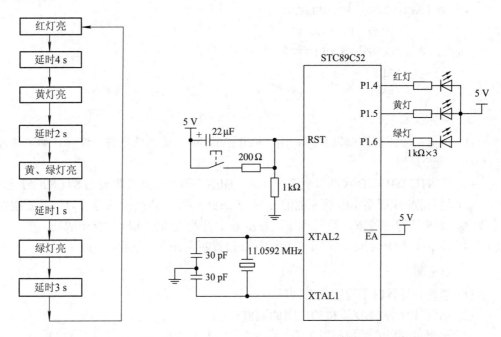

图 A.5　红黄绿灯控制程序流程图　　　　　图 A.6　红黄绿灯控制电路原理图

3．实验电路

电路图如图 A.5 所示。

4．实验程序

汇编参考程序：

```
            ORG 0000H
            AJMP MAIN
            ORG 0030H
    MAIN:   CLR P1.4           ；红灯亮 4 秒
            SETB P1.5
            SETB P1.6
            MOV R0, #40
            LCALL   DELAY
              ⋮
                               ；黄灯亮 2 秒
```

```
                                     ; 黄、绿灯亮 1 秒
                                     ; 绿灯亮 3 秒
                                   (自己编写)
      DELAY：MOV   A, R0
             MOV   R5, A           ; 延时程序，(R0)=10 延时 1 秒
      DELAY3：MOV  R6, #XXH        ; xx 的数值自己计算填写
      DELAY2：MOV  R7, #XXH        ; xx 的数值自己计算填写
      DELAY1：DJNZ R7, DELAY1
             DJNZ  R6, DELAY2
             DJNZ  R5, DELAY3
             RET
             END
```

5．实验步骤

(1) 根据实验原理图编写程序，用"Keil μVision4"编译软件进行编译，如未通过，修改程序，直至通过。

(2) 用 STC-ISP.EXE 软件将所编程序的"HEX"码下载到实验板的 STC89C52 芯片中。

(3) 运行程序，观察实验板左侧的三个 LED(红黄绿)灯点亮的次序和时间是否按要求发生变换，如果不符合要求，改写程序，按步骤(1)开始重新做实验，直至成功。

(4) 用 Keil 与 Proteus 联调，单步运行，设置断点并查看运行结果。

6．思考题

(1) 怎样计算延时子程序的时间？

(2) 如何计算与 LED 连接的电阻的阻值？

(3) 画出单片机实验板、开发系统、PC 之间的连接框图。

(4) 如何用 89C52 的 I/O 端口控制继电器？画出电路原理图。

(5) 根据图 A.3 的原理图，编写一个 4 个 LED 循环闪烁的流水灯程序。

7．实验报告要求

(1) 画出本实验相关的电路原理图。

(2) 回答思考题中的三道题，建议选择第(5)题。

(3) 谈谈对本次实验的感想。

实验 2　键盘、LED 数码管显示实验

1．实验目的

掌握独立键盘、LED 数码管的电路连接和编程方法。

2．实验内容

(1) 编写程序。要求：按 KEY1 键只有红灯亮，按 KEY2 键只有黄灯亮，按 KEY3 键

只有绿灯亮。

(2) 开始右 LED 数码管显示 0，每按 KEY1 键一次，数码管显示加 1，至 9 后，再循环从 0 显示到 9。

3. 实验电路

电路图见"图 A.3 单片机实验板电路原理图"有关部分。

独立式键盘中，每个按键占用一根 I/O 口线，每个按键电路相对独立，通过按键与地相连(如图 A.3 所示)。编程时在无按键闭合时，先使引脚为高电平；按键闭合时，引脚被拉成低电平。

4. 参考程序

为了布线方便，本实验板中的 LED 数码管的引脚不是标准的接法，请读者根据图 A.3 相关部分自己编写数码管的段码。

独立键使用的编程请参考本书第 5 章 5.2.3 节。

数码管的显示参考本书第 5 章 5.4 节的程序。

5. 实验步骤

(1) 根据实验原理图编写程序，用"Keil μVision4"编译软件进行编译，如未通过，修改程序，直至通过。

(2) 用 STC-ISP.EXE 软件将所编程序的"HEX"码下载到实验板的 STC89C52 芯片中。

(3) 运行程序，按实验板右下侧的 KEY1～KEY3，观察 LED 中的红黄绿灯是否按要求点亮，如果不符合要求，则改写程序，按步骤(1)开始重新做实验，直至成功。

(4) 按同样的方法调试编写实验内容(2)的程序，直至调试成功。

6. 思考题

(1) 参考程序在运行时必须依次按键，如何改为只按 KEY1 键，每按一次使对应的红黄绿 LED 灯点亮？

(2) 如果没有电路原理图，如何通过编程来获取 LED 数码管的段码？

7. 实验报告要求

(1) 画出本实验相关的电路原理图。

(2) 写现实验内容(1)的程序。

(3) 写出调试通过的实验内容(2)的程序。

(4) 回答思考题。

实验 3　定时器中断实验

1. 实验目的

掌握 MCS51 定时器的使用方法。

2. 实验内容

(1) 利用定时器中断方式，做一个显示 0～9 的秒钟。

(2) 利用定时器中断方式，做一个显示 00～99(每 1 秒增加 1)的显示器。

3. 实验电路

电路图见"图 A.3　单片机实验板电路原理图"有关部分。

4. 编程思想及参考程序

实验内容(1)：用定时器 T0，方式 1，产生每隔 1/100 秒的中断，在中断服务程序中计算中断的次数，产生 100 次中断为 1 秒，并进行相关显示。

实验内容(2)：用定时器 T0，方式 1，产生每隔 1/100 秒的中断，每中断一次，改变一次 LED 显示；同时计算中断的次数，产生 100 次中断为 1 秒，这时，改变显示的秒数。注意将显示的秒数放在一个变量中，显示时把它分解成十位和个位，分别显示。

定时器使用的参考程序见本书 7.5.2 节。数码管的显示程序见 5.4 节。

5. 实验步骤

(1) 根据实验原理图编写程序，用"Keil μVision4"编译软件进行编译，如未通过，修改程序，直至通过。

(2) 用 STC-ISP.EXE 软件将所编程序的"HEX"码下载到实验板的 STC89C52 芯片中。

(3) 运行程序，观察 LED 数码管是否每隔 1 秒出现"0"～"9"的变化。如果不符合要求，则改写程序，按步骤(1)开始重新做实验，直至成功。

(4) 按同样的方法调试编写实验内容(2)的程序，直至调试成功。

6. 思考题

写出用 LCD 完成实验内容(2)的程序，并进行调试。

7. 实验报告要求

(1) 画出本实验相关的电路原理图。

(2) 写出实验内容(2)的程序。

实验 4　计 数 器 实 验

1. 实验目的

掌握计数器的使用方法。

2. 实验内容

利用计数器，记录光电开关被遮断的次数，并用 LCM1602 显示出来。

3. 光电开关原理

普通的光电开关无论是对射式还是反射式都有四个管脚。其中两个管脚是红外发射二极管的管脚，另外两个是光电三极管的管脚。本实验采用的是对射式光电开关，如图 A.7 所示。74LS14 为施密特触发器，起整形作用。

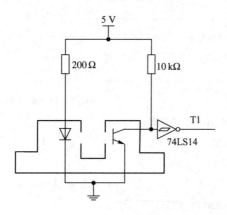

图 A.7　光电开关原理图

4．LCM1602 四线数据接口显示原理

第 5 章的 5.3 节介绍了 LCM1602 的接口和使用方法，它采用的是八根数据线和三根控制线共 11 根线的接口方法。

LCM1602 还有一种四线数据、两根控制线的接口方法，它与单片机需要六线连接，电路原理图如图 A.8 所示。

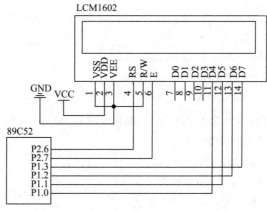

图 A.8　LCM1602 四线数据接口电路

本实验就采用的是这种接口方式。

此接口电路的 LCM1602 显示的模块文件如下：

```
NAME   LCD1602

; -------------------------------

; 模块名：LCD1602_4.a51

; 功能：LCM1602 四线制的驱动模块

;       初始化 LCM1602、在指定的位置显示字符或字符串

; ----------------------------------------------------------------

       RS   EQU P2.6                ; LCM1602 接口的定义

       E    EQU P2.7

       DB0_DB7 EQU P1
```

```
;   ------------------------------------------------------------
;   子程序名：LCD_INITIAL
;   功能：初始化 LCM1602
;   ------------------------------------------------------------
PUBLIC LCD_INITIAL                          ; 声明 LCD_INITIAL 为公用子程序
?PR?LCD_INITIAL SEGMENT CODE
RSEG ?PR?LCD_INITIAL
LCD_INITIAL:
        MOV    A,#28H                       ; 四线制显示功能
        ACALL   WRITE_COM
        SETB   E
        CLR   E
        MOV    A, #28H
        ACALL   WRITE_COM
        MOV    A, #0CH                      ; 显示开关控制
        ACALL   WRITE_COM
        ACALL   LCD_CLS                     ; 清显示屏
        RET


;   ------------------------------------------------------------
;   子程序名：LCD_PRINT_CHAR
;   功能：在指定的位置显示字符
;   参数：A—显示的位置。第 1 行为 80H～8FH，第 2 行为 C0H～CFH
;        R5—显示数据的个数
;        R1—显示数据的首地址
;   注意：显示的数据必须用 ASCII 码表示
;   占用寄存器：A、R1、R5
;   Examp:   在第 2 行第 5～7 列显示"156"
;            MOV   A, #0C5H                 ; 在第 2 行第 6 列开始显示
;            MOV   R5, #3                   ; 要显示 3 个字符
;            MOV   R1, #20H                 ; 第 1 个字符存放的首地址为 20H
;            MOV 20H, #31H                  ; "1" 的 ASCII 码为 31H
;            MOV 21H, #35H                  ; "5" 的 ASCII 码为 35H
;            MOV 22H, #36H                  ; "6" 的 ASCII 码为 36H
;            ACALL LCD_PRINT_CHAR           ; 调用显示字符子程序
;   ------------------------------------------------------------
PUBLIC LCD_PRINT_CHAR                       ; 声明 LCD_PRINT_CHAR 为公用子程序
?PR?LCD_PRINT_CHAR  SEGMENT CODE
RSEG ?PR?LCD_PRINT_CHAR
```

```
LCD_PRINT_CHAR:
            ACALL WRITE_COM
LOOP:       MOV A, @R1
            ACALL WRITE_DATA
            INC R1
            MOV A, R1
            DJNZ R5, LOOP
            RET
```

```
; -----------------------------------------------------------
; 功能：在指定的位置显示字符串
; 参数：AT—显示的位置。第 1 行为 80H～8FH，第 2 行为 C0H～CFH
;       DPTR—显示固定字符串表格首地址
; 占用寄存器：A、DPTR、R1
; 注意：R3、B—WRITE_COM 和 WRITE_DATA 中要使用
; Examp:       在第 2 行第 0～15 列显示"WelcomeToStuelab"
;              MOV A, #0C0H
;              MOV DPTR, #TABLE
;              LCALL LCD_PRINT_S
; TABLE:       DB "WelcomeToStuelab", 00H
; 注意：定义的字符串后要加"00H"
; -----------------------------------------------------------------
PUBLIC LCD_PRINT_S              ; 声明 LCD_PRINT_S 为公用子程序
?PR?LCD_PRINT_S SEGMENT CODE
RSEG ?PR?LCD_PRINT_S
LCD_PRINT_S:
            ACALL WRITE_COM
            MOV R1, #00H
LOOPS:      MOV A, R1
            MOVC A, @A+DPTR
            ACALL WRITE_DATA
            INC R1
            MOV A, R1
            MOVC A, @A+DPTR
            CJNE A, #00H, LOOPS
            RET


; -----------------------------------------------------------
; 功能：写指令到 LCM
```

```
; 参数：A—存放命令字
; 占用寄存器：A、B、R3
; Examp:        MOV A,#0C0H            ; C0H 为 LCM1602 的一个命令字
;               LCALL WRITE_COM
; 注意：本程序保留了 DB0_DB7 所代表的 I/O 口中的高 4 位

; ---------------------------------------------------------------
WRITE_COM:                             ; 四线制的数据分两次送
                MOV B, A
                SWAP A
                MOV DB0_DB7, #0FFH
                MOV R3, DB0_DB7        ; 将 DB0_DB7 的状态保留在 R3
                CLR E
                CLR RS                 ; 写命令
                SETB E
                ACALL DELAY
                MOV DB0_DB7, A
                CLR E
                MOV DB0_DB7, R3        ; 将 DB0_DB7 的状态恢复

                MOV A, B
                MOV DB0_DB7, #0FFH
                MOV R3, DB0_DB7        ; 将 DB0_DB7 的状态保留在 R3
                CLR E
                CLR RS                 ; 写命令
                SETB E
                ACALL DELAY
                MOV DB0_DB7, A
                CLR E
                MOV DB0_DB7, R3        ; 将 DB0_DB7 的状态恢复
                RET


; ---------------------------------------------------------------
; 功能：写数据到 LCM
; 参数：A—存放数据，数据必须用 ASCII 码表示
; 占用寄存器：A、B、R3
; Examp:        MOV A, #31H            ; 31H 为 "1" 的 ASCII 码
;               LCALL WRITE_DATA
; 注意：本程序保留了 DB0_DB7 所代表的 I/O 口中的高 4 位

; ---------------------------------------------------------------
```

```
        WRITE_DATA:                        ;四线制的数据分两次送

                   MOV B, A
                   SWAP A
                   MOV DB0_DB7, #0FFH
                   MOV R3, DB0_DB7         ;将 DB0_DB7 的状态保留在 R3
                   CLR E
                   SETB RS
                   SETB E                  ;写数据
                   ACALL DELAY
                   MOV DB0_DB7, A
                   CLR E
                   MOV DB0_DB7, R3         ;将 DB0_DB7 的状态恢复

                   MOV A,B
                   MOV DB0_DB7,#0FFH
                   MOV R3,DB0_DB7          ;将 DB0_DB7 的状态保留在 R3
                   CLR E
                   SETB RS                 ;写数据
                   SETB E
                   ACALL DELAY
                   MOV DB0_DB7,A
                   CLR E
                   MOV DB0_DB7,R3          ;将 DB0_DB7 的状态恢复
                   RET


        ;清显示屏子程序
        LCD_CLS:   MOV A,#01H
                   ACALL WRITE_COM
                   RET


        ;延时子程序
        DELAY:     MOV R6, #5
        DELAY1:    MOV R7, #0FFH
                   DJNZ R7, $
                   DJNZ R6, DELAY1
                   RET


                   END
```

运行如下程序，LCM1602 会出现 5.3.3 节中图 5.19 的显示结果。

```
        ; ----------------------------------------------------
        ; 功能：LCM1602 在指定的位置显示数据的演示程序(四线制)
        ; ----------------------------------------------------
        EXTRN CODE(LCD_INITIAL)
        EXTRN CODE(LCD_PRINT_S)
        EXTRN CODE(LCD_PRINT_CHAR)


                ORG 0000H
                AJMP MAIN


                ORG 0030H
        MAIN:   ACALL LCD_INITIAL       ; LCM1602 初始化
                MOV A,#81H              ; 在第 1 行第 1 列显示字符串
                MOV DPTR,#TABLE
                ACALL LCD_PRINT_S


                MOV A,#0C6H             ; 在第 2 行第 6 列显示"156"
                MOV R5,#3
                MOV R1,#20H
                MOV 20H,#31H
                MOV 21H,#35H
                MOV 22H,#36H
                ACALL LCD_PRINT_CHAR


                SJMP $
        TABLE:  DB "THE NUMBRT IS",00H   ; 需显示的字符串
                END
```

5．编程思想及参考程序

用计数器 T1 方式 2，记录光电开关管被遮断的次数。利用本书中提供的 LCM1602 显示程序，在主程序中循环读取 T1 寄存器 TL1 中的计数值，进行十进制转换后，分为百、十、个位，装入 LCM1602 显示程序的数据缓冲区，进行显示。

LCM1602 原理参考第 5 章 5.3 节，四线数据线接口的 LCM1602 显示程序参考上节，LCM1602 应用程序参考第 5 章"LCM1602 程序应用举例"。

计数器的使用参考程序见第 7 章 7.4.2 节(请改用计数方式)。

6．实验步骤

(1) 根据实验原理图编写程序，用"Keil μVision4"编译软件进行编译，如未通过，修改程序，直至通过。

(2) 用 STC-ISP.EXE 软件将所编程序的"HEX"码下载到实验板的 STC89C52 芯片中。

(3) 运行程序，观察 LCM1602 是否出现"000"，用手指或纸片遮挡一次实验板左下方的光电开关管，观察 LCM1602 是否加 1 变成"001"，每遮挡一次 LCM1602 是否继续加 1？如果不符合要求，则改写程序，按步骤(1)开始重新做实验，直至成功。

7. 思考题

为了简化编程，本实验提供的子程序只能是计数器方式 2。如果采用方式 1，如何将计数值全部显示出来？

8. 实验报告要求

(1) 画出本实验相关的原理图。

(2) 绘出参考程序的详细流程图，并写出调试成功后的程序。

(3) 回答思考题。

实验 5 A/D 转换器实验

1. 实验目的

掌握 SPI 总线的 ADC0832 数/模转换器的使用方法。

2. 实验内容

利用 ADC0832 采集直流(0～5)V 的电压，并在 LCM1602 上显示结果。

3. 实验电路

电路图见"图 A.3 单片机实验板电路原理图"有关部分。

4. ADC0832 部分参考程序

编程思想：主程序中重复过程"采集 AD 数据→计算出电压值→送 LCMD1602 显示→延时"，如此重复循环。

ADC0832 的参考程序见第 12 章 12.1.1 节。

5. 实验步骤

(1) 根据实验原理图编写程序，用"Keil μVision4"编译软件进行编译，如未通过，修改程序，直至通过。

(2) 用 STC-ISP.EXE 软件将所编程序的"HEX"码下载到实验板的 STC89C52 芯片中。

(3) 运行程序，用手拧动实验板左端的可变电阻，观察 LCM1602 是否出现"x.x V"，改变可变电阻时，LCM1602 的数值是否在(0.0～5.0)V 之间变动。如果不符合要求，则改写程序，按步骤(1)开始重新做实验，直至成功。

6. 思考题

用本实验可以开发哪些应用仪表？

7. 实验报告要求

(1) 画出本实验相关的原理图；

(2) 绘出参考程序的详细流程图，写出调试成功的全部程序。

(3) 回答思考题。

实验 6 PC 与单片机的串行通信实验

1. 实验目的

掌握 MCS51 串行通信的编程方法，掌握用 VB 编写 PC 与 51 单片机通信程序的编程方法。

2. 实验内容

编写程序，建立 PC 与 51 单片机的串行通信，通信过程为：PC 先向单片机发送一组指令"AAH、03H、01H"，单片机正确接收数据后，每隔 1 秒向 PC 连续发送 ADC0832 模数转换的数值(0.0 V～5.0 V)，数值用 2 个字节表示(一个字节为整数部分，一个为小数部分)。

3. 实验电路

本实验板采用 MAX232E，参考"图 A.3 单片机实验板电路原理图"。

4. 参考程序

本书第 8 章 8.8 节的 VB 程序和 51 单片机程序可供参考。

ADC0832 的参考程序见本书第 12 章 12.1.1 节。

5. 实验报告要求

(1) 画出本实验相关的电路原理图。

(2) 写出调试成功的本实验的程序。

(3) 谈谈对本次实验有何建议和感想。

实验 7 温度测量实验

1. 实验目的

掌握单总线温度传感器芯片 DS18B20 的使用方法及编程技巧。

2. 实验内容

利用 DS18B20 编写相关程序，将温度值在 LCM1602 中显示出来。

3. DS18B20 的原理和参考程序

DS18B20 是 DALLAS 公司生产的单总线式数字温度传感器，它具有微型化、低功耗、高性能、抗干扰能力强、兼容性好等优点，特别适用于构成多点温度测控系统，可直接将温度转化成串行数字信号给单片机处理，且在同一总线上可以挂接多个传感器芯片。DS18B20 具有三个引脚，采用 TO-92 小体积封装形式(如图 A.9 所示)，温度测量范围为 −55℃～+125℃，可编程为 9 位～12 位 A/D 转换精度，测温分辨率可达 0.0625℃，被测温度用符号扩展的 16 位数字量方式串行输出。其工作电源可在远端引入，也可采用寄生电源方式产生，多个 DS18B20 可以并联到三根或一根线上，CPU 只需一根端口线就能与多个 DS18B20 通信，占用微处理器的端口较少，可节省大量的引线和逻辑电路。

"单总线"是一种在一个总线(这种总线只有一条线)上具有单主机多从机连接功能的总线系统，在"单总线"上可挂多个从机系统。为了不引起逻辑上的冲突，所有从机系统的"单总线"接口都是漏极开路的，因此在使用时必须对总线外加上拉电阻(常用 4.7 kΩ)。为保证数据的完整性，所有的单线总线器件都要遵循严格的通信协议。"单总线"通信协议定义了复位脉冲、应答脉冲、写时序和读时序等几种信号类型(具体的时序参考相关文献，这里不再做具体介绍)。所有的单总线命令序列(如初始化、ROM 命令、RAM 命令)都是由这些基本的信号类型组成的。在这些信号中，除了应答脉冲外，其他均由主机发出，并且发送的所有命令和数据都是字节的低位在前。

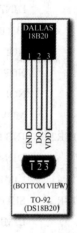

图 A.9 DS18B20 封装形式

读者可以从 DS18B20 的使用说明中获取更多详细的信息。这里提供一个比较简单的程序，程序中有较详细的注释。

DS18B20 的模块程序如下：

```
; ----------------------------------------------------------------------
; DS18B20.a51    DS18B20 模块程序
; 说明：使用时把$INCLUDE (DS18B20.a51)放在结尾
; exam：LCALL INIT_1820          ；调用复位 DS18B20 子程序
; LCALL GET_TEMPER               ；调用读温度子程序
; DS18B20 采用 12 位分辨率时，输出两个字节
; 两字节中前面 5 位是符号位，其余的高 3 位存入 TEMPER_H，低 8 位存入 TEMPER_L
; ----------------------------------------------------------------------
FLAG1        EQU   7FH           ；是否检测到 DS18B20 标志位
DQ           EQU   P3.4          ；接 DS18B20 的数据脚
TEMPER_L     EQU   29H           ；用于保存读出温度的低 8 位(要可位寻址单元)
TEMPER_H     EQU   28H           ；用于保存读出温度的高 8 位(要可位寻址单元)
TEMPER_P     EQU   27H           ；用于保存读出温度的小数

; DS18B20 复位初始化程序
INIT_1820:
```

```
            SETB DQ
            NOP
            CLR DQ
            MOV  R0, #06BH              ; 主机发出延时 537 微秒的复位低脉冲
            MOV R1, #03H
TSR1:       DJNZ R0, TSR1
            MOV R0, #6BH
            DJNZ R1, TSR1
            SETB DQ                    ; 拉高数据线
            NOP
            NOP
            NOP
            MOV R0, #25H
TSR2:       JNB DQ, TSR3               ; 等待 DS18B20 回应
            DJNZ R0,TSR2
            LJMP TSR4                  ; 延时
TSR3:       SETB FLAG1                 ; 置标志位，表示 DS1820 存在
            LJMP TSR5
TSR4:       CLR FLAG1                  ; 清标志位，表示 DS1820 不存在
            LJMP TSR7
TSR5:       MOV R0, #06BH
TSR6:       DJNZ R0, TSR6             ; 时序要求延时一段时间
TSR7:       SETB DQ
            RET


; 读出转换后的温度值
GET_TEMPER：
            SETB DQ                    ; 定时入口
            LCALL INIT_1820            ; 先复位 DS18B20
            JB FLAG1, TSS2
            RET                        ; 判断 DS1820 是否存在？若 DS18B20 不存在则返回
TSS2:       MOV A, #0CCH               ; 跳过 ROM 匹配
            LCALL WRITE_1820
            MOV A, #44H                ; 发出温度转换命令
            LCALL WRITE_1820
            MOV R7,#0                  ; 延时一段时间，等待 A/D 转换结束，12 位数据
                                       ; 约需 750 微秒
            DJNZ R7, $
```

```
        LCALL INIT_1820          ; 准备读温度前先复位
        MOV A, #0CCH             ; 跳过 ROM 匹配
        LCALL WRITE_1820
        MOV A, #0BEH             ; 发出读温度命令
        LCALL WRITE_1820
        LCALL READ_18200         ; 读温度数据
        RET
```

; 写 DS18B20 的子程序(有具体的时序要求)
WRITE_1820：

```
        MOV R2, #8               ; 一共 8 位数据
        CLR C
WR1:    CLR DQ
        MOV R3, #6               ; 延时
        DJNZ R3, $
        RRC A
        MOV DQ, C
        MOV R3, #23              ; 延时
        DJNZ R3, $
        SETB DQ
        NOP
        DJNZ R2, WR1
        SETB DQ
        RET
```

; 读 DS18B20 的程序, 从 DS18B20 中读出两个字节的温度数据
READ_18200：

```
        MOV R4, #2               ; 将温度高位和低位从 DS18B20 中读出
        MOV R1, #TEMPER_L        ; 低位存入 TEMPER_L, 高位存入 TEMPER_H
RE00:   MOV R2, #8
RE01:   CLR C
        SETB DQ
        NOP
        NOP
        CLR   DQ
        NOP
        NOP
        NOP
```

```
        SETB DQ
        MOV R3, #07                 ; 延时
        DJNZ R3, $
        MOV C, DQ
        MOV R3, #23                 ; 延时
        DJNZ R3, $
        RRC A
        DJNZ R2, RE01
        MOV @R1, A
        DEC R1
        DJNZ R4,RE00
        RET
        END
```

下面给出一个将读取 DS18B20 的温度转换成 LCD1602 显示的格式的参考程序，读者在认真阅读了注释后就可以正确使用。

```
; -----------------------------------------------------------------------------------
; 程序名：COV_T
; 功能：将读取的 DS18B20 的温度转换成 LCD1602 显示的格式
; 温度范围：00℃～99℃，显示精度为 0.1 度
; 存放形式：LCD_0－温度值十位的 ASCII 码；
;           LCD_1－温度值个位的 ASCII 码；
;           LCD_2－温度值小数点后一位的 ASCII 码。
; 转换原理：
; 当 DS18B20 采用 12 位分辨率时，输出两个字节，温度值以 12 位数据格式表示，
; 两字节中前面 5 位是温度的符号位，因此：
; 如果测得的温度大于或等于 0，这 5 位为 0，只要将后 11 位二进制乘以 0.0625 即可得到实际
; 温度；
; 如果温度小于 0，这 5 位为 1，11 位二进制数需要取反加 1 再乘以 0.0625 即可得到实际温度；
; 如果温度等于大于 0 可采用如下方法处理：
; 因 0.0625x16=1，所以 11 位中的低 4 位是小数部分，第 5～11 位是整数部分，第 12 位是 0。
; 本转换程序的计算方法如下：
; 将原 TEMPER_H 中的低 4 位移入 TEMPER_L 中的高 4 位，原 TEMPER_L 中的高 4 位移入
; TEMPER_L 中的低 4 位，原 TEMPER_L 中的低 4 位送温度小数部分 TEMPER_P。
; 结果为：TEMPER_L－存放温度整数部分，用除以 10 分解成十位个位，转换成 ASCII 码；
; TEMPER_P－存放温度小数部分，用 TEMPER_Px0.0625 得到小数点后一位的值，再转换成
; ASCII 码，小数转换的过程是通过查表来完成的
; 提示：本程序对所测温度值的要求是 0℃～99℃，超出此范围需要修改程序
; -----------------------------------------------------------------------------------
```

```
COV_T:    MOV A,TEMPER_L          ; 将 TEMPER_L 放入 A
          MOV TEMPER_P,#00H
          MOV C,TEMPER_H.0        ; 将 TEMPER_H 中的最低位移入 C
          RRC A                   ; 实际是将 TEMPER_L 带 C 右移一位
          MOV TEMPER_P.0,C        ; 将小数移入 TEMPER_P 的低 4 位
          MOV C,TEMPER_H.1
          RRC A
          MOV TEMPER_P.1,C
          MOV C,TEMPER_H.2
          RRC A
          MOV TEMPER_P.2,C
          MOV C,TEMPER_H.3
          RRC A
          MOV TEMPER_P.3,C
          MOV TEMPER_L,A          ; 把温度的整数部分放在 TEMPER_L 中

          MOV A,TEMPER_L          ; 将 TEMPER_L 中的十六进制数转换成十进制的
                                  ; 十位与个位
          MOV B,#10
          DIV AB
          ADD A,#30H              ; 十位在 A, 转换成 ASCII 码
          MOV LCD_0,A             ; 存入 LCD_0
          MOV A, B                ; 个位在 B
          ADD A, #30H             ; 转换成 ASCII 码
          MOV LCD_1, A            ; 存入 LCD_1

          MOV   A, TEMPER_P       ; 取小数
          MOV   DPTR, #pointtab   ; 用查表法将小数转换为 ASCII 码
          MOVC A, @A+DPTR
          MOV   LCD_2, A
          RET
POINTTAB:                        ; 这个表是预先算好的
    DB 30H, 31H, 31H, 32H, 32H, 33H, 34H, 34H, 35H, 36H, 36H, 37H, 37H, 38H, 39H, 39H
```

4. 实验步骤

(1) 根据实验原理图和提供的 DS18B20、LCM1602 模块文件编写程序，用"Keil μVision4"编译软件进行编译，如未通过，修改程序，直至通过。

(2) 用 STC-ISP.EXE 软件将所编程序的"HEX"码下载到实验板的 STC89C52 芯片中。

(3) 运行程序，用手摸实验板左端的 DS18B20，观察 LCM1602 是否显示温度值，温度是否开始上升，手离开后，温度值是否开始下降。如果不符合要求，则需改写程序，按步骤(1)开始重新做实验，直至成功。

5. 思考题

如何在一个系统中使用多个 DS18B20？

6. 实验报告要求

(1) 画出本实验相关的原理图。

(2) 绘出参考程序的详细流程图，写出调试成功的程序。

(3) 回答思考题。

A.3　单片机虚拟实验

采用 Proteus 仿真软件也可以完成用"单片机实验板"完成的所有实验，这种方法有利于读者自学。

虚拟实验板的电路原理图如图 A.10 所示。表 A.1 列出了 Proteus 所用的元件名称。

表 A.1　虚拟实验板 Proteus 元件表

代　号	元件名	Proteus 元件库	Proteus 名
U1	51 单片机	Microprocessor ICs	AT89C51
U2	温度传感器	Data Converters	DS18B20
U3	A/D 转换器	Data Converters	ADC0832
LCD	LCD 显示器	Optoelectronics	LM016L
LED	LED 数码管	Optoelectronics	7SEG-MPX2-CA
DSW1	拨码键	Switches & Relays	DIPSW-4
RP1	排阻	Resistors	RESPACK-8
COM2	串口	Miscellaneous	COMPIM
D2	黄发光二极管	Optoelectronics	LED-YELLOW
D3	绿发光二极管	Optoelectronics	LED-GREEN
D1，D4～D11	红发光二极管	Optoelectronics	LED-RED
KEY	按键	Switches & Relays	BUTTON
R1～R12	电阻	Resistors	RES
Q1，Q2	NPN 三极管	Transistors	NPN
RV1	可调电阻	Resistors	POT－HG
LS1	小喇叭	Speakers & Sounders	SPEAKER
Q3	PNP 三极管	Transistors	PNP

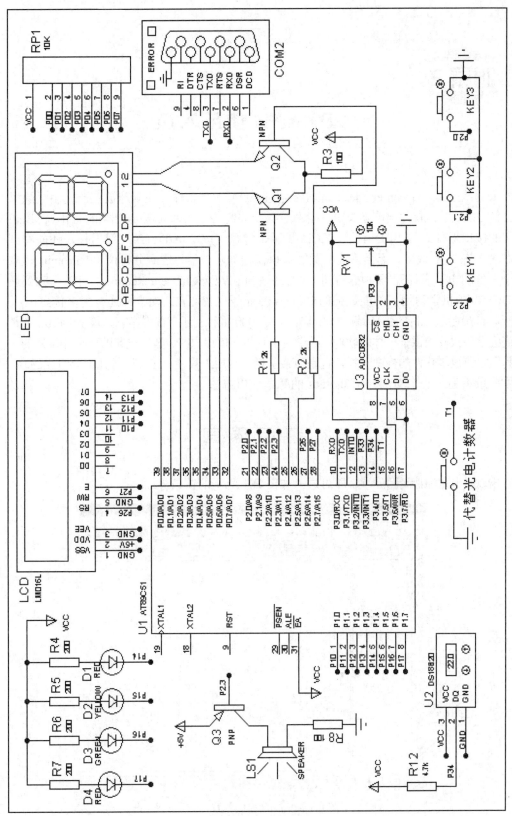

图 A.10　Proteus 虚拟实验板的电路原理图

附录 B

Proteus 使用入门

Proteus 是英国 Labcenter Electronics 公司的 EDA 工具软件，在全球被广泛使用，除了具有其他 EDA 工具软件电路仿真的功能外，其主要特点是：针对微处理器的应用，可以仿真相应的接口器件，如 LED 显示、LCD 显示、键盘、I/O、A/D、D/A 等器件，还能看到运行后输入/输出的效果，配合系统配置的虚拟仪器如示波器、逻辑分析仪等。Proteus 建立了一个完备的电子设计开发环境，在其官方网站 http://www.labcenter.co.uk/上可以下载到最新的 DEMO 版供学习用；功能最强的 Proteus 专业版也较便宜，对高校还有更多优惠。

Proteus 最新版支持的仿真元件非常丰富，共 7000 多种，还有很多第三方模型。Proteus 是集电路仿真和软件调试于一体的软件，是学习单片机、模拟电路、数字电路的一个非常好的工具。其界面和很多软件的界面一样，也是由菜单栏、常用工具栏、工作区等几部分组成的。

本附录将通过一个实例介绍 Proteus 的基本使用方法。

B.1 窗 口 界 面

点击软件快捷图标，即可进入如图 B.1 所示的窗口界面。

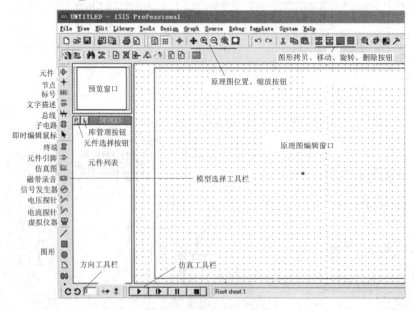

图 B.1　Proteus 窗口界面

此界面主要由以下几部分组成：

(1) 原理图编辑窗口(The Editing Window)。它主要用于绘制原理图。此窗口没有滚动条，但可用预览窗口来改变原理图的可视范围。

(2) 预览窗口(The Overview Window)。它显示两个内容：① 当在元件列表中选择一个元件时，它将显示该元件的预览图；② 当鼠标焦点落在原理图编辑窗口中时，它会显示整张原理图的缩略图，含一个绿色的方框，方框里面的内容就是当前原理图窗口中显示的内容。因此，可用鼠标在上面点击来改变绿色方框的位置，从而改变原理图的可视范围。

(3) 模型选择工具栏。它的主要功能是放置、编辑、修改原理图。

① 选择元件；

② 放置连接点(交叉点)；

③ 标签(画总线时用)；

④ 文本；

⑤ 绘制总线；

⑥ 子电路；

⑦ 即时编辑元件(用法：先点击该图标，再点击要修改的元件)。

(4) 配件工具栏。它的主要功能是选择各种终端和仪器工具。

① 终端(terminals)，有 VCC、地、输出、输入等；

② 器件引脚；

③ 仿真时序图表(graph)；

④ 录音机；

⑤ 信号发生器(generators)；

⑥ 电压探针；

⑦ 电流探针；

⑧ 虚拟仪表，如示波器、电压、电流表。

(5)　2D 图形工具栏。它的主要功能是装饰原理图(如面板、加框等)、写简要的说明注释等。

(6) 方向工具栏。它的主要功能是改变元件的角度和方向。

① 向右、向左旋转；

② 旋转元件角度；

③ 元件水平翻转和垂直翻转。

使用方法：先左键点击元件，再点击新出现的工具栏中的方向图标。

(7) 仿真工具栏。它的主要功能是控制仿真过程。

①　　　②　　　③　　　④

仿真控制按钮依次为：① 运行、② 单步运行、③ 暂停、④ 停止。

B.2　51 单片机仿真操作实例

现通过一个例子(如图 B.2 所示)对 Proteus 的用法进行简要的叙述。该例子所实现的功能是按键一次，使 2 位 LED 显示加 1，从 00 至 99 反复循环。

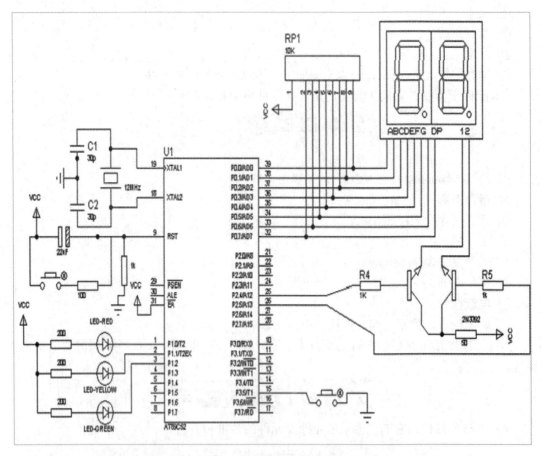

图 B.2　Proteus 中 LED 数码管显示的电路原理图

(1) 新建一个设计。选择 File→New Design。建议先取一文件名，本例为 Test1；保存该文件：单击 File→Save Design，或者单击 Save Design 图标完成。

（2）选取元件。点击 Pick Device 按键 ，进入元件库，如图 B.3 所示。

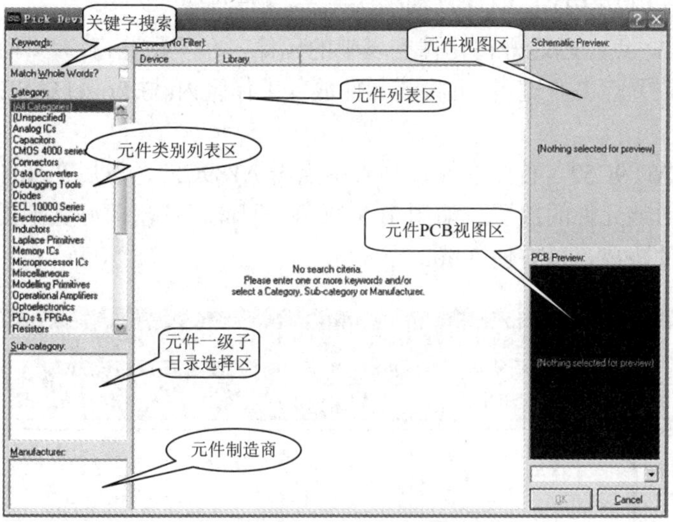

图 B.3　元件库界面

搜索元件有两种基本的办法：

方法一：如果知道元件的全称或者部分名称，可以在"Keywords"后输入关键字。

例如，要找 AT89C52，直接输入即可，也可以输入 AT89，然后在元件列表中选择对应的元件。

方法二：如果不知道元件的名称，可以在"元件类别列表"先找到其对应的类别，然后再在子目录列表中寻找相应的类别，最后在元件列表中浏览元件，选中找到的元件后双击该元件，或者点击 OK 按钮，就可以将所选择的元件添加到编辑界面下的元件列表框中。例如，需要找 2 位 LED(7SEG-MPX2-CA)，在元件类别列表区找到 Optoelectronics 模块，在子目录中选中 7-Segment Displays，在元件列表区浏览元件，找到 7SEG-MPX2-CA，点击 OK 按钮回到编辑界面，如图 B.4 所示。

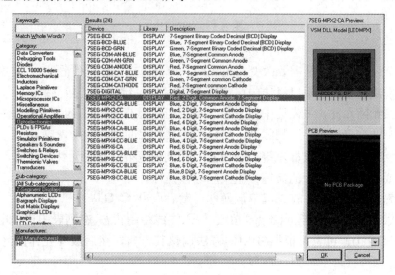

图 B.4　选择 2 位 LED

用上述两种方法选取如下元件：AT89C52、RES(电阻)、CAP(电容)、CRYSTAL(晶振)、7SEG-MPX2-CA(2 位 LED)、BUTTON(按键)、三极管等。

(3) 放置元件。点击已选好在元件列表中的元件，在"预览窗口"即可出现其原理图。在工作区的任意位置点击左键，就可将该元件放入工作区内(与 Protel 99SE 中摆放元件是一样的)。

例如，放置 AT89C52，首先在元件列表中点击 AT89C52，然后在作图区的任意位置点击左键即可实现对该元件的放置，如图 B.5 所示，照此可依次放好其他的元件。元件与元件之间要有一定的距离，以方便连线。

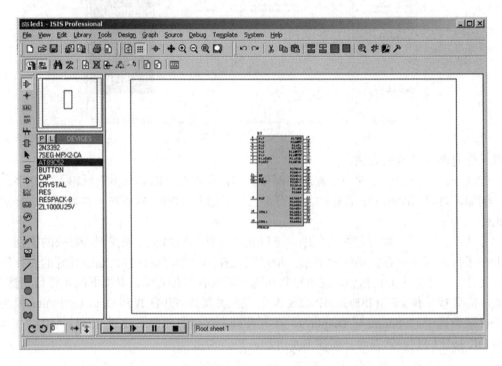

图 B.5　放置元件

注意：

• 当某个元件在作图区需要改变其位置时，可首先选中该元件(鼠标右键点击该元件，这时元件呈现红色状，表示已经选中)，然后按住鼠标左键拖至目标位置。

• 如果要删除元件，可先选中该元件，再点击鼠标右键。对于同一个元件如果连续用鼠标右键点击两次将被删除。删除后，可以用工具栏上的 ↰ ↱ 来恢复。

• 在任意空白处点击鼠标左键，会放置元件列表区被选择的元件。此时，可用右键双击该元件，或者用工具栏上的撤销按钮来删除该元件。

• 如果想旋转某元件，首先选中该元件，然后点击 ↻ ↺ ⓪ ↔ ↕ 即可。

(4) 放置地线、电源线等。点击 ▤ 按键，进入端线绘制状态，在列表中选择电源(POWER)和地线(GROUND)即可。可根据(3)中的方法调整其方向，然后放置在作图区，如图 B.6 所示。

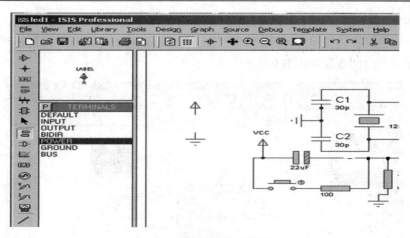

图 B.6   选择地线和电源线

(5) 改变属性。一般情况下，电阻、电容、电源等的值、名称需要修改时，先右键点击选中要修改的元件，然后点击左键，弹出其属性对话框，最后按要求修改即可。

该例中，电阻的阻值设为 200 Ω，电容为 22 μF，晶振为 12 MHz，复位电阻为 2 kΩ，电源为 5 V。

如需要改变电阻的相关参数，则首先选中该电阻，接着左键点击该电阻，弹出如图 B.7 所示的对话框，然后根据自己的设计改变电阻名称和阻值。

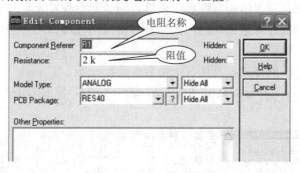

图 B.7   改变电阻属性

当改变电源的属性时，也是先选中电源，再左键点击，弹出如图 B.8 所示的对话框，最后在字符信息栏中输入属性值，如 VCC 或+5 V(+ 号不能省略)即可。

图 B.8   改变电源属性

(6) 连线。鼠标接近元件引脚端点时，鼠标形状会变成"交叉"状，此时，点击左键，然后按照一定的路径连接另一元件的一端点。这与 Protel 99SE 中的元件间的连线方法相同。本例全部线连好后的效果如图 B.9 所示。

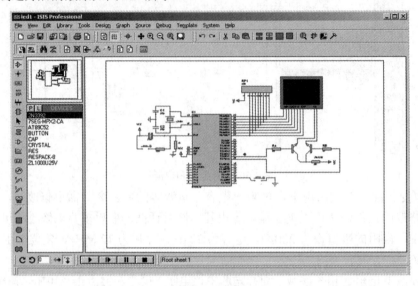

图 B.9　连线

注意：为了保证电路图的美观性和可读性，应该尽量保持元件与元件之间的连线不交叉，并且为直线。当要删除某条线时，只需要右键双击该线即可；当删除某元件时，与元件相连的直线也会被删除。

连线也可以用总线的方式，具体方法见 B.3 节。

(7) 烧写程序。首先，右键点击 AT89C52 选中 CPU，然后双击左键弹出如图 B.10 所示对话框。

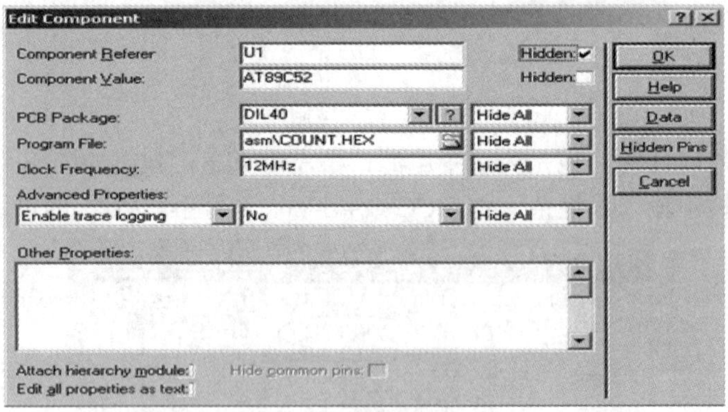

图 B.10　CPU 烧写程序

在弹出的对话框中左键点击 按钮，在弹出的对话框中选择事先编译好的 HEX 文件，本例为 COUNT.HEX，点击 OK 按钮，程序即被烧写到单片机中。

(8) 运行程序。完成上述步骤后，点击 最左端的箭头即可运行，如不能运行或运行不正确，请根据提示修改原理图和程序。

HEX 文件可以使用任何编译软件生成，如 IDE8051、Keil C51 等。

B.3 在 Proteus 中画总线

实际上，采用 Proteus 中总线(BUS 线)的连接方式并不能区别不同的总线。这点跟 Protel 是一样的，总线仅仅是一条示意线条而已，但它能给阅读电路原理图带来方便。在 Proteus 中画总线的步骤如下：

第 1 步：画总线，如图 B.11 所示。

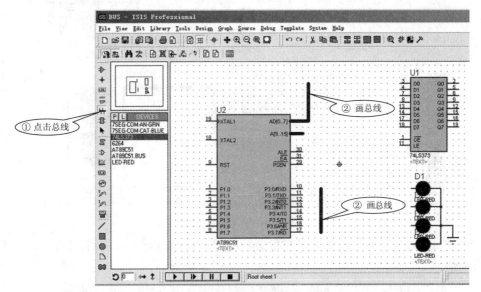

图 B.11 画总线

第 2 步：定义总线，如图 B.12 所示。

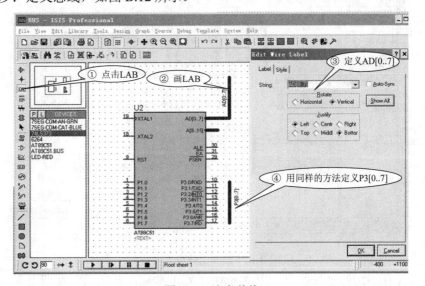

图 B.12 定义总线

第 3 步：连接总线。

(1) 将总线与元件连接，定义连线类型(Style)为 BUS WIRE，如图 B.13 所示。

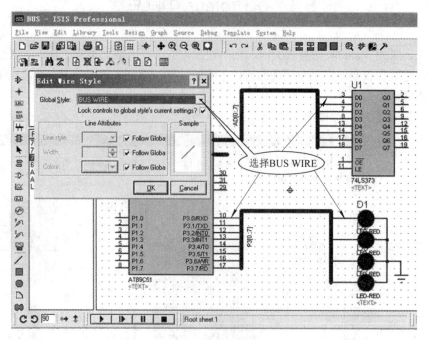

图 B.13　定义连线类型

(2) 填写总线分支名称：点击相关连线，从 Edit Wire Label 中选择总线的分支名称，如图 B.14 所示。

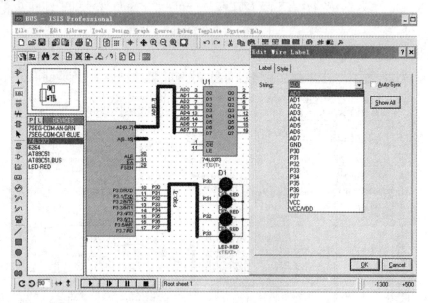

图 B.14　填写总线分支名称

可以在元件引脚的延长线上，用 LABEL 写上名称，名称相同时即表示引脚连接在一起。

B.4　Proteus 的其他问题

B.4.1　在 Proteus 中使用模板

执行 File→New Design 命令，在弹出的对话框中可以选择模板；执行 File→Save Design As Template 命令，即可保存模板。

替换默认文件夹里的 Templates\Default.DTF 之后，此模板就成了用户自己的模板。

B.4.2　电压、电流探针(probe)

实际中电压、电流表都有两个端子，Proteus"虚拟仪器"中的电压表(DC、ACVOLTMETER)、电流表(DC、ACAMMETER)与实际中的电压、电流表的使用是一样的。而 Proteus 中的电压、电流探针却不同，它只有一个端子。

使用中把电压探针一端接入要测试的点(可以是引出线)，假设电压探针的另一个端子是接地的，也就是说测量的是测试点对地的电压。用电流探针测电路线上的电流也与实际不同，只要把电流探针直接放在要测的电路线上的一点就可以了，不需要断开电路。电流探针有个箭头，放的时候应调整探针的角度，使箭头指向电流的方向。另外，在 Protues 中的电压、电流表的精度只有小数点后两位，没有电压、电流探针的精度高。电压表与电流表虽然只有两位小数的精度，但是它的单位是可以调的。如果把它的单位调整成毫伏(毫安)或微伏(微安)，精度也会大幅度提高。

B.4.3　Proteus 的常用快捷键

在 Proteus 中可以设置快捷键，图 B.15 是其默认的快捷键。

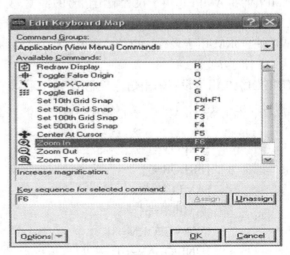

图 B.15　快捷键设置

G：显示、关闭栅格；

Ctrl + F1：显示栅格为 0.1 mm；

F2：显示栅格为 0.5 mm；

F3：显示栅格为 1 mm；

F4：显示栅格为 2.5 mm；

F5：重定位中心。

F6：以鼠标为中心放大；

F7：以鼠标为中心缩小；

F8：当前工作区全部显示；

B.4.4　使用波形发生器

选中波形发生器(见图 B.16)后，左键点击，会出现一个对话框，其中有 6 项比较有用：FREQV、FREQR、AMPLV、AMPLR、WAVEFORM、UNIPOLAR。FREQV 和 FREQR 用于设定输出信号的频率，前者设置数目，后者设置单位。FREQR 有 8 个挡，用 1、2、3、4、5、6、7、8 表示，分别对应于 0.1 Hz、1 Hz、10 Hz、0.1 kHz、1 kHz、10 kHz、0.1 MHz、1 MHz。如设置{FREQV=1}，{FREQR=5}时，输出 1 kHz 的信号，若将 FREQV 改为 5，则输出 5 kHz 的信号。

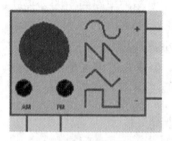

图 B.16　波形发生器

AMPLV 和 AMPLR 用于设置输出信号的幅度。其中，AMPLV 设置输出信号幅度数值，AMPLR 设置单位，有 4 个挡，用 1、2、3、4 表示，分别对应于 1 mV、10 mV、0.1 V、1 V。

WAVEFORM 用于设置输出信号形式，0 为正弦波，1 为锯齿波，2 为三角波，3 为占空比为 1∶1 的方波。

UNIPOLAR 用于设置输出信号有无极性，0 代表有极性(输出为正，负电平)，1 代表无极性(输出为正，零电平)。

例：

{FREQV=1}

{FREQR=5}

{AMPLV=5}

{AMPLR=3}

{WAVEFORM=3}

{UNIPOLAR=0}

将输出频率为 1 kHz、幅值为 0.5 V 的脉冲方波。

B.4.5 虚拟示波器的使用

虚拟示波器如图 B.17 所示。其中，左下角的 CH1 和 CH2 按钮用于选择是 D/C 还是 A/C；右上角的 CH1 和 CH2 按钮可切换两个通道。

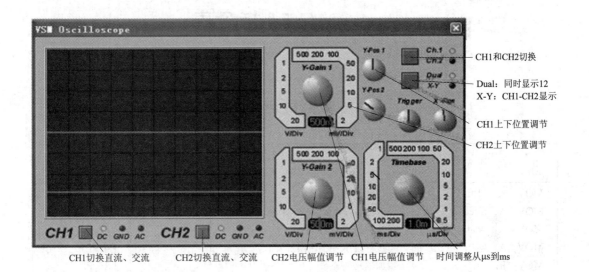

图 B.17 虚拟示波器

右上角的第二个按钮有三个功能：

(1) CH1、CH2 出现绿点表示切换 CH1 和 CH2 显示。

(2) Dual 出现绿点表示同时显示两个通道。(用 YPOS1 和 YPOS2 可以调整波形的上下位置。)

(3) X-Y 出现绿点表示 CH1-CH2 显示，方便看差分值。

MC-51 指令表

C.1 数据传送类指令

助 记 符	功 能	字节数	机器周期	机器码
MOV A， Rn	寄存器送累加器	1	1	E8~EF
MOV A， direc	直接寻址单元送累加器	2	1	E5 direct
MOV A， #data	立即数送累加器	2	1	74 data
MOV A， @Ri	间接寻址 RAM 送累加器	1	1	E6~E7
MOV Rn， A	累加器送寄存器	1	1	F8~FF
MOV Rn， direct	直接寻址单元送寄存器	2	2	A8~AF direct
MOV Rn， #data	立即数送寄存器	2	1	78~7F data
MOV direct， A	累加器送直接寻址单元	2	1	F5 direct
MOV direct， Rn	寄存器送直接寻址单元	2	2	88~8F direct
MOV direct1， direct	直接寻址单元送直接寻址单元	3	2	85direct2direct1
MOV direct， #data	立即数送直接寻址单元	3	2	75 direct data
MOV direct， @Ri	间接寻址 RAM 送直接寻址单元	2	2	86~87 direct
MOV @Ri， A	累加器送间接寻址 RAM	1	1	F6~F7
MOV @Ri， direct	直接寻址单元送间接寻址 RAM	2	2	A6~A7 direct
MOV @Ri， #data	立即数送间接寻址 RAM	2	1	76~77 data
MOV DPTR， #data16	16 位立即数送数据指针	3	2	90 datah datal
MOVC A， @A+DPTR	查表数据送累加器(DPTR 为基址)	1	2	93
MOVC A， @A+PC	查表数据送累加器(PC 为基址)	1	2	83
MOVX A， @Ri	外部 RAM 单元送累加器(8 位地址)	1	2	E2~E3
MOVX A， @DPTR	外部 RAM 单元送累加器(16 位地址)	1	2	E0
MOVX @Ri， A	累加器送外部 RAM(8 位地址)	1	2	F2~F3
MOVX @DPTR， A	累加器送外部 RAM(16 位地址)	1	2	F0
PUSH direct	直接寻址单元压入栈顶	2	2	C0 derect
POP direct	栈顶弹出直接寻址单元	2	2	D0 direct
XCH A， Rn	累加器与寄存器交换	1	1	C8~CF
XCH A， direct	累加器与直接寻址 RAM 交换	2	1	C5 direct
XCH A， @Ri	累加器与间接寻址 RAM 交换	1	1	C6~C7
XCHD A， @Ri	累加器与间接寻址 RAM 交换低 4 位	1	1	D6~D7
SWAP A	累加器高 4 位与低 4 位交换	1	1	C4

C.2   算术运算类指令

助 记 符	功　　能	字节数	机器周期	机器码
ADD　A，Rn	累加器加寄存器	1	1	28~2F
ADD　A，@Ri	累加器加间接寻址 RAM	1	1	26~27
ADD　A，direct	累加器加直接寻址单元	2	1	24 data
ADD　A，#data	累加器加立即数	2	1	25 direct
ADDC A，Rn	累加器加寄存器和进位标志	1	1	38~3F
ADDC A，@Ri	累加器加间接寻址 RAM 和进位标志	1	1	36~37
ADDC A，#data	累加器加立即数和进位标志	2	1	24 data
ADDC A，direct	累加器加直接寻址单元和进位标志	2	1	35 direct
INC　A	累加器加 1	1	1	04
INC　Rn	寄存器加 1	1	1	08~0F
INC　direct	直接寻址单元加 1	2	1	05 direct
INC　@Ri	间接寻址 RAM 加 1	1	1	06~07
INC　DPTR	数据指针加 1	1	2	A3
DA　A	十进制调整	1	1	D4
SUBB A，Rn	累加器减寄存器和进位标志	1	1	98~9F
SUBB A，@Ri	累加器减间接寻址 RAM 和进位标志	1	1	96~97
SUBB A，#data	累加器减立即数和进位标志	2	1	94 data
SUBB A，direct	累加器减直接寻址单元和进位标志	2	1	95 direct
DEC　A	累加器减 1	1	1	14
DEC　Rn	寄存器减 1	1	1	18~0F
DEC　@Ri	间接寻址 RAM 减 1	1	1	15 direct
DEC　direct	直接寻址单元减 1	2	1	16~17
MUL　AB	累加器乘寄存器 B	1	4	A4
DIV　AB	累加器除以寄存器 B	1	4	84

C.3   逻辑运算类指令

助 记 符	功　　能	字节数	机器周期	机器码
ANL　A，Rn	累加器与寄存器	1	1	58~5F
ANL　A，@Ri	累加器与间接寻址 RAM	1	1	56~57
ANL　A，#data	累加器与立即数	2	1	54 data
ANL　A，direct	累加器与直接寻址单元 1	2	1	55 direct
ANL　direct，A	直接寻址单元与累加器	2	1	52 direct
ANL　direct，#data	直接寻址单元与立即数	3	2	53 direct data
ORL　A，Rn	累加器或寄存器	1	1	48~4F
ORL　A，@Ri	累加器或间接寻址 RAM	1	1	46~47
ORL　A，#data	累加器或立即数	2	1	44 data
ORL　A，direct	累加器或直接寻址单元	2	1	45 direct

续表

助 记 符	功 能	字节数	机器周期	机器码
ORL direct，A	直接寻址单元或累加器	2	1	42 direct
ORL direct，#data	直接寻址单元或立即数	3	2	43 direct data
XRL A，Rn	累加器异或寄存器	1	1	68～6F
XRL A，@Ri	累加器异或间接寻址 RAM	1	1	66～67
XRL A，#data	累加器异或立即数	2	1	64 data
XRL A，direct	累加器异或直接寻址单元	2	1	65 direct
XRL direct，A	直接寻址单元异或累加器	2	1	62 direct
XRL direct，#data	直接寻址单元异或立即数	3	2	63 direct data
RL A	累加器左循环移位	1	1	23
RLC A	累加器连进位标志左循环移位	1	1	33
RR A	累加器右循环移位	1	1	03
RRC A	累加器连进位标志右循环移位	1	1	13
CPL A	累加器取反	1	1	F4
CLR A	累加器清零	1	1	E4

C.4 控制转移类指令类

助 记 符	功 能	字节数	机器周期	机器码
ACCALL addr11	2K 地址范围内绝对调用	2	2	*1 addr(7～0)
AJMP addr11	2K 地址范围内绝对转移	2	2	△1 addr(7～0)
LCALL addr16	64K 地址范围内长调用	3	2	12 addr(15～0)
LJMP addr16	64K 地址范围内长转移	3	2	02 addr(15～0)
SJMP rel	相对短转移	2	2	80 rel
JMP @A+DPTR	相对长转移	1	2	73
RET	子程序返回	1	1	22
RETI	中断返回	1	1	32
JZ rel	累加器为零转移	2	2	60 rel
JNZ rel	累加器非零转移	2	2	70 rel
CJNE A，#data，rel	累加器与立即数不等转移	3	2	B4 data rel
CJNE A，direct，rel	累加器与直接寻址单元不等转移	3	2	B5 data rel
CJNE Rn，#data，rel	寄存器与立即数不等转移	3	2	B8～BF data rel
CJNE @Ri，#data，rel	间接寻址 RAM 与立即数不等转移	3	2	B6～B7 data rel
DJNZ Rn，rel	寄存器减 1 不为零转移	2	2	D8～DF rel
DJNZ direct，rel	直接寻址单元减 1 不为零转移	3	2	D5 direct rel
NOP	空操作	1	1	00

注：*= a10a9a8，△=a10a9a8。

C.5   布尔操作类指令

助 记 符	功 能	字节数	机器周期	机器码
MOV C，bit	直接寻址位送 C	2	1	92 bit
MOV bit，C	C 送直接寻址位	2	1	A2 bit
CLR C	C 清零	1	1	C3
CLR bit	直接寻址位清零	2	1	C2
CPL C	C 取反	1	1	B3
CPL bit	直接寻址位取反	2	1	B2
SETB C	C 置位	1	1	D3
SETB bit	直接寻址位置位	2	1	D2
ANL C，bit	C 逻辑与直接寻址位	2	2	82 bit
ANL C，/bit	C 逻辑与直接寻址位的反	2	2	B0 bit
ORL C，bit	C 逻辑或直接寻址位	2	2	72 bit
ORL C，/bit	C 逻辑或直接寻址位的反	2	2	A0 bit
JC rel	C 为 1 转移	2	2	40 rel
JNC rel	C 为零转移	2	2	50 rel
JB bit，rel	直接寻址位为 1 转移	3	2	20 bit rel
JNB bit，rel	直接寻址为 0 转移	3	2	30 bit rel
JBC bit，rel	直接寻址位为 1 转移 并清该位	3	2	10 bit rel

附录 D

Keil C51 使用简介

Keil 软件是目前最流行的开发 MCS51 系列单片机的软件。Keil 提供了包括 C 编译器、宏汇编、连接器、库管理和一个功能强大的仿真调试器等在内的完整开发方案，通过一个集成开发软件 μVision 将这几部分组合在一起。使用 51 系列单片机，掌握这一软件是非常必要的，即使不使用 C51 编程而仅用汇编语言，其方便易用的集成环境、强大的软件仿真调试工具也会令用户在编程时事半功倍。

Keil C51 的 IDE(Integrated Development Environment，集成开发环境)目前有 μVision2、μVision3 和 μVision4 三个版本，高版本功能有所增强，但使用时大同小异。本章简单介绍 μVision4。

D.1　Keil C51 工程的建立及设置

D.1.1　工程的建立

在桌面上双击 μVision 图标，启动 Keil，如图 D.1 所示。

图 D.1　启动界面

启动后，会出现一个 μVision4 IDE 的界面，如图 D.2 所示。该界面有三大部分：项目管理、程序编辑、编译输出。随着各种功能的展开，还会出现一些窗口。

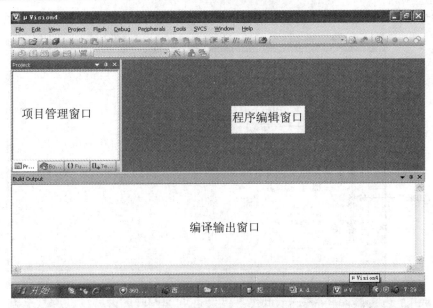

图 D.2　μVision4 IDE 界面

像大多数平台一样，μVision 需要建立一个工程文件来存储工程的相关信息。

为了项目的管理，读者应先建立一个自己的文件夹，本例建立了一个文件夹"test"。点击菜单 project，选择 new project，如图 D.3 所示。

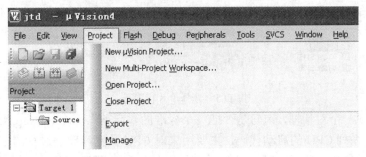

图 D.3　创建新工程

选择要保存的路径(本例是在桌面上的文件夹"test")，输入工程文件名，如 jtd，然后单击"保存"，如图 D.4 所示。

图 D.4　保存工程

这时会弹出一个选择单片机型号的对话框，选择 Atmel 的 AT89C51。如图 D.5 所示。

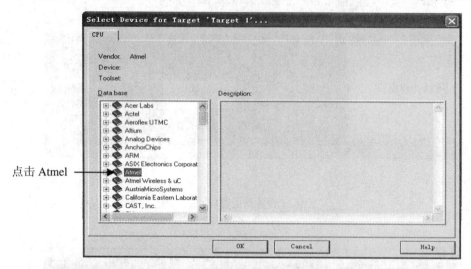

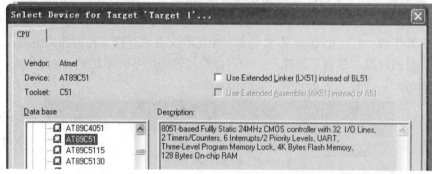

图 D.5　选择单片机型号

这时会出现一个对话框，询问是否把一个标准的"启动"程序 Startup.A51 添加到工程中，它是 8051 系列 CPU 的启动代码，主要用来对 CPU 数据存储器进行清零，并初始化硬件和重入函数堆栈指针等，一般建议选"是"，但初学 51 程序简单，可以不选用，这里选择"否"，如图 D.6 所示。

图 D.6　选择 Startup 文件

下面为该工程添加所需要的程序文件(包括主程序文件、驱动程序文件)。

选择菜单 File→New，会自动产生一个名为"Text1"的文件，点击 File→Save as，将它命名为"jtd.asm"或"jtd.a51"保存。注意：C 程序保存为*.c，头文件保存为*.h，如图 D.7 所示。

图 D.7 保存程序文件

保存程序文件后，会出现图 D.8 所示的界面。

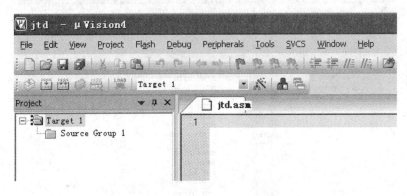

图 D.8 保存程序文件后的界面

点击界面中工程管理窗口的"Source Group 1"，在弹出的菜单中，选择"Add Files to Group 'Source Group 1'"，如图 D.9 所示。

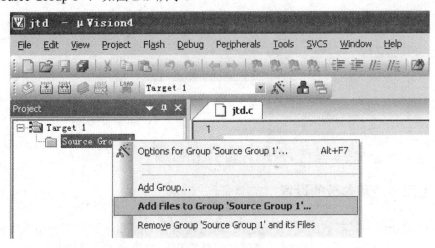

图 D.9 添加文件界面

此时弹出图 D.10 所示的对话框，先选择文件类型，再选择源程序文件，点击"Add"按钮，将程序加入到工程中，可以一次选择多个文件。

图 D.10　保存选择的源程序文件

这时出现图 D.11 所示的界面，可以在此编写程序。

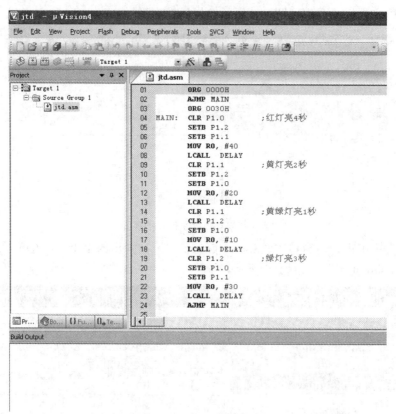

图 D.11　编写源程序界面

D.1.2　工作环境和参数的设置

在 Keil 的使用中，参数配置同样重要。新工程所有的配置参数都可使用缺省值，一般可以正常运行。使用初期，用户如果遇到不理解的配置参数可以不予理睬，在以后的应用中再逐步弄懂各个参数的实际用处。但工程调试参数和"输出 Hex 代码文件"一定要设置，因为 Keil 的缺省设置是不生成 Hex 代码文件的，手动打开输出 Hex 文件控制方法如下：

单击工程组窗口的工程组名，再单击菜单 Project → Options for Target 'Target1'...命令，点击"Output"后，(如未出现 Output，则单击"Cancel"按钮，再重新操作一次)，按图 D.12 在"Create HEX File"前打钩；在"Name of Executable"后单元格中填写 HEX 文件名(本例取名 jtd)；单击"OK"按钮，退出后重新编译连接工程，即可生成 Hex 代码文件调试信息和浏览信息，如图 D.13 所示。

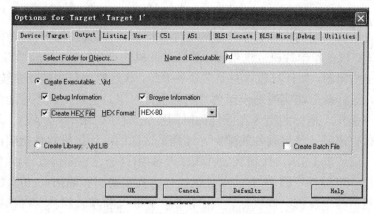

图 D.12　输出 Hex 文件设置界面

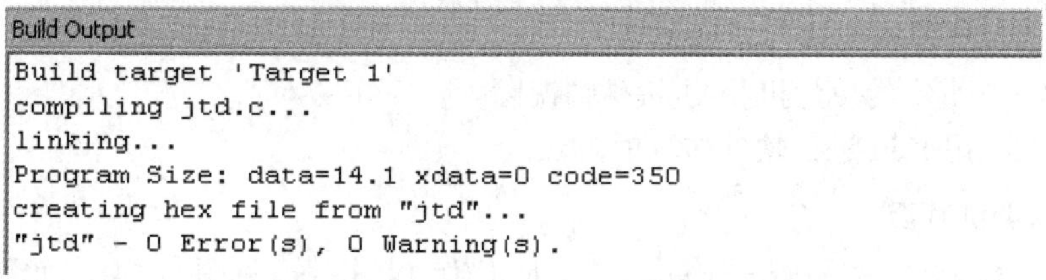

```
Build Output
Build target 'Target 1'
compiling jtd.c...
linking...
Program Size: data=14.1 xdata=0 code=350
creating hex file from "jtd"...
"jtd" - 0 Error(s), 0 Warning(s).
```

图 D.13　Build Output 窗口的输出信息

D.1.3　程序编译

在设置好工程后，即可进行编译、连接。这些工作可以通过工具栏按钮直接进行。图 D.14 是有关编译、连接及项目设置的工具栏按钮。从左到右的前三个分别是编译、建立、重建。

：编译当前源程序，不进行连接，不会产生目标代码(即 HEX 文件)。

：建立，即编译、连接，对当前工程进行编译、连接并产生目标代码。如果当前源程序已修改，会先对该源程序进行编译，然后再连接以产生目标代码。

：重建，会对当前工程中的所有源程序重新进行编译然后再连接，确保最终生产的目标代码是最新的。

编译过程中的信息将出现在输出窗口中的 **Build Output** 窗口中，如果源程序中有语法错误，会有错误报告出现，双击该行，可以定位到出错的位置，对源程序反复修改之后，最终会得到如图 D.13 所示的结果。

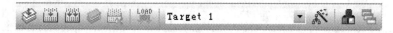

图 D.14　编译、连接及项目设置工具条

D.1.4　程序调试

如果源程序中存在错误，可通过调试发现错误并加以解决。事实上，除了极简单的程序外，绝大部分的程序都要通过反复调试才能得到正确的结果。因此，调试是软件开发中的一个重要环节。

所谓调试，就是在程序运行过程中跟踪变量的变化、查看内存堆栈的内容等，查看这些内容的值是否达到预期的指标。单片机的程序设计调试分为两种。一种是使用软件模拟调试，就是用计算机虚拟单片机片内资源，模拟单片机的指令执行，从而实现调试的目的。软件调试存在一些问题，如计算机本身是多任务系统，执行时间是由操作系统本身完成的，无法得到控制，这样就无法实时地模拟单片机的执行时序。也就是说不可能像在真正的单片机运行环境中那样，执行的指令在同样的时间能完成(往往比单片机慢)。另一种是硬件调试，硬件调试也需要计算机软件的配合，过程是这样的：计算机软件把编译好的程序通过串行口、并行口或者 USB 口传输到硬件调试设备中(这个设备叫仿真器)，仿真器仿真采用全部真实的单片机硬件资源(所有的单片机接口有真实的引脚输出)，仿真器可以接入实际的电路中，然后与单片机一样执行。同时，仿真器也会将单片机内部存储器与时序等信息返回给计算机的调试软件，这样就可以在调试软件里看到指令的真实执行情况。不仅如此，还可以通过计算机的软件实现单步、全速、运行到光标的常规调试手段。仿真器完全代替了 CPU，与真实的单片机相同(特殊情况除外)。

下面介绍利用 Keil 进行软件仿真的方法。

1. 进入调试状态

在软件仿真之前，先检查一下配置是不是正确，点击 (见图 D.14)，确定 Target 选项内容如图 D.15 所示(主要检查 CPU 型号和晶振频率，其他的默认即可)。

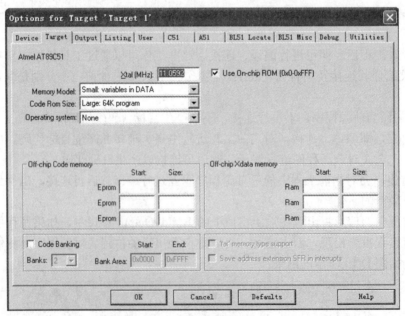

图 D.15　软件仿真配置界面

接下来设置 Debug 项，确认是 Use Simulator 被采用，如图 D.16 所示。

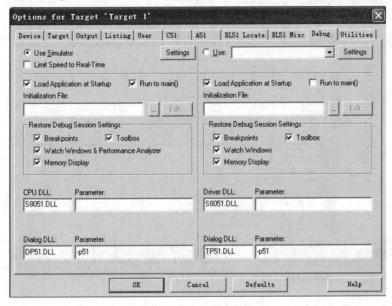

图 D.16　确认软件仿真界面

接下来点击 @ 进入仿真调试界面，如图 D.17 和图 D.18 所示。

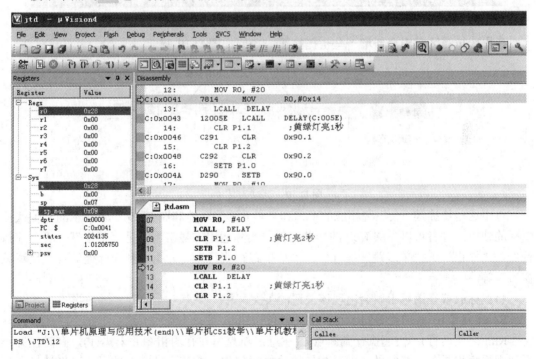

图 D.17　软件仿真的界面(汇编)

可以看到，会出现一个 Disassembly(反汇编)窗口。对汇编语言程序，反汇编窗口是汇编后的地址、机器码等信息。对 C51 语言程序，反汇编窗口是汇编后的汇编语言地址、机器码等信息。

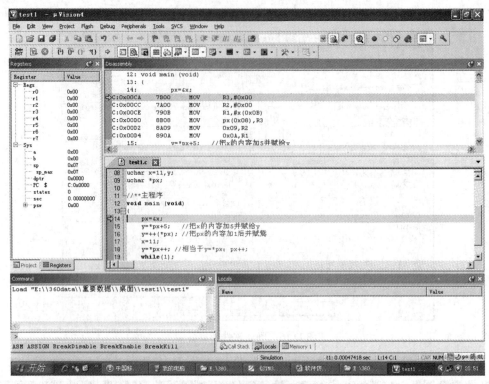

图 D.18 软件仿真的界面(C51)

在快捷按钮区域中会新增一些快捷按钮，功能如图 D.19 所示。

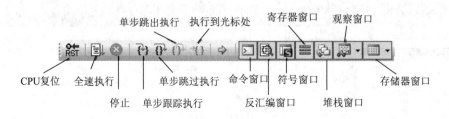

图 D.19 调试工具条

点击这些快捷键，会出现相应的窗口和功能。这些功能和图 D.19 中未显示的其他快捷图标的使用，读者可以参阅 Keil 的帮助文件。实际运用中最常用的是"复位"、"全速执行"、"停止"、"单步跳过执行"、"单步跟踪执行"、"执行到光标处"及"反汇编窗口"等。

将鼠标放置在图标上，会出现该按钮的英文解释。

Reset(复位)：其功能等同于硬件上的复位按钮。

Run(全速运行)：快速执行到断点处(注意：断点所在行的指令并未执行)，有时候并不需要观看每步是怎么执行的，而是想快速地执行到程序的某个地方看结果。可以通过鼠标左键点击程序行的序列号来加入断点(会出现一个方形红点)，再次双击则取消该断点。

Stop(停止)：此按钮在程序一直执行的时候会变为有效，按该按钮，可以使程序停止进入到单步调试状态。

Step on line(单步跟踪执行)：实现单步执行到某个函数里面的功能。

Step Over(单步跳过执行)：在碰到有函数的地方，通过该按钮就可以单步执行跳过这个函数，而不进入这个函数的单步执行。

Step Out(单步跳出执行)：在进入函数单步调试时，不必再单步执行该函数的剩余部分，该按钮可以直接一步执行完函数余下的部分，并跳出函数，回到函数被调用的位置。

Run to Cursor Line(执行到光标处)：可以迅速地使程序运行到光标处。

此外还有以下窗口：

Disassembly Windows(反汇编窗口)：查看汇编代码，这对分析程序很有用。

Watch Windows(观察窗口)：会弹出一个显示变量的窗口，在里面可以查看各种想要看的变量值。

Memory Windows(存储器查看窗口)：会弹出一个存储器查看窗口，可输入要查看的存储器内存地址，然后观察这一片存储器的变化情况。在其窗口"Address"后的文本框中输入"字母：数字"即可显示相应存储单元的值，其中字母是 C、D、I 和 X，分别代表程序存储空间、直接寻址的内部存储空间、间接寻址的内部存储空间和外部 RAM 存储空间，数字表示要显示区域的起始地址。

另外，还有图 D.20 未画出的窗口：

Registers(寄存器窗口)：观察 51 单片机各寄存器的变化。

Serial Windows(串口窗口)：会弹出一个串口调试助手界面的窗口，用来显示从串口出来的内容。

Performance Analyzer(性能分析窗口，在 Analysis Windows 中)：会弹出一个观看各个函数执行时间和所占百分比的窗口，用来分析函数的性能是比较有用的。

Logic Analyzer(逻辑分析窗口，在 Analysis Windows 中)：会弹出一个逻辑分析窗口，通过 SETUP 按钮新建一些 I/O 口，就可以观察这些 I/O 口的电平变化情况，以多种形式显示出来，比较直观。

2. 断点的设置与删除

方法 1：用鼠标双击。在需要设置的行的最前面，双击鼠标左键，即可设置或清除断点。

方法 2：用命令或命令按钮。先将光标移到需设置的行，然后点击 Debug 菜单下的 Insert/Remove Breakpoint 命令或工具栏中的相应按钮，即可设置或清除断点。

另外还有断点禁用和全部清除命令的按钮，也容易使用。断点设置的方法也可用工具条，如图 D.20 所示。常用的是在某一程序行设置断点，然后全速运行程序，当执行到该断点程序行时即停止，此时可以将光标放置在程序中要观察的变量上停 1 秒，便会显示需观察的变量值，如图 D.21 中"汇编语法界面"所示。

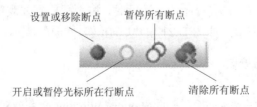

图 D.20　断点设置工具条

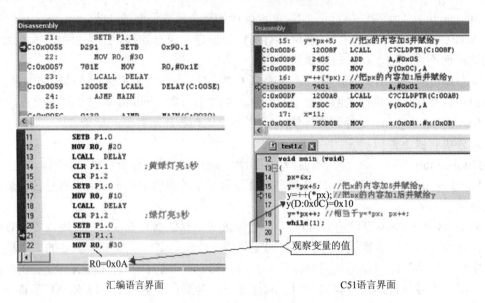

汇编语言界面   C51语言界面

图 D.21 调试中观察变量的值

3. 寄存器的观察与修改

1) 显示寄存器窗口

寄存器窗口(Registers)和工程管理器(Project)是同一个窗口。在调试状态下，点击 View 菜单下的 Project Window 命令或对应的按钮，就会显示或隐藏工程管理器窗口，当点击窗口下边的寄存器标签，即显示出寄存器窗口。

2) 寄存器的观察与修改

窗口中的寄存器分为两组：通用寄存器和系统寄存器。通用寄存器为 8 个工作寄存器 R0~R7；系统寄存器包括寄存器 A、B、SPC、DPTR、PSW、states、sec。states 为运行的机器周期数，sec 为运行的时间。

两种修改寄存器(除了 sec 和 states 之外)值的方式：一是用鼠标直接点击左键进行修改；二是在图 D.21 所示的调试命令窗口直接输入寄存器的值，如输入"R0=0x32"，则寄存器 R0 的值立即显示 0x32。

4. 变量的观察与修改

局部变量：显示的是当前函数中的变量，这些变量不用设置，自动出现在窗口中。

其他变量：可以在 Watch#1 或 Watch#2 标签按 F2 输入变量名。在程序运行中，可以观察这些变量的变化，也可以用鼠标点击修改它们的值，如图 D.21 所示。

观察变量更简单的方法：在程序停止运行时，将光标放到要观察的变量上停大约 1 秒，就会出现对应变量的当前值，如图 D.21 中"C51 语言界面"所示。

5. 存储器的观察与修改

1) 显示存储器窗口

在调试状态下，点击 View 菜单下的 Memory Window 命令或对应的按钮，就会显示或隐藏存储器窗口。

存储器窗口包含 4 个标签，即有 4 个显示区，分别是 Memory#1、…、Memory#4。

2) 存储器的观察与修改

在显示区上边的"Address"栏输入不同类型的地址，可以观察不同的存储区域。

(1) 观察片内 RAM 直接寻址的 data 区：在 Address 栏输入 D:xx(xx 为十六进制数)，便显示从 xx 地址开始的数据。高 128 字节显示的是特殊功能寄存器的内容。

(2) 观察片内 RAM 间接寻址的 idata 区：在 Address 栏输入 I:xx，便显示从 xx 地址开始的数据。高 128 字节显示的也是数据区的内容。

(3) 观察片外 RAM 的 xdata 区：在 Address 栏输入 X:xxxx，便显示从 xxxx 地址开始的数据。

(4) 观察程序存储器 ROM code 区：在 Address 栏输入 C:xxxx，便显示从 xxxx 地址开始的程序代码。

图 D.22 所示为 Memory 窗口的内容。

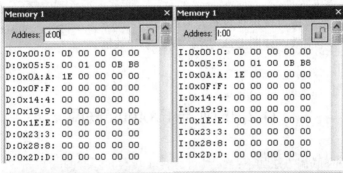

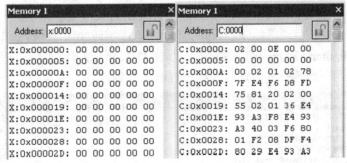

图 D.22　Memory 窗口

修改存储器中的数据：

(1) 程序存储器中的数据不能修改。

(2) 其他三个区域数据的修改方法：用鼠标对准欲修改的单元，点击鼠标右键，在弹出的菜单中有一"Modify Memory at 0x…"命令，执行该命令，对又弹出的数据输入栏输入数据，然后用鼠标左键点击"OK"即可。

6. 串行口的观察

在调试状态下，点击 View 菜单下的 Serial Window #1 或 Serial Window #2 命令或对应的按钮，就会显示或隐藏串行口窗口。

串行口窗口提供了一个调试串行口的界面，从串行口发送或接收的数据，都可以在该窗口中显示或输入。

7．片内外设的观察与修改

1）片内外设的观察

在调试状态下，点击 Peripherals 菜单下的不同外设选项命令，就会显示或隐藏对应外设的观察窗口。如显示定时器 0 窗口，点击 Peripherals 菜单下 Timer 下面的 Timer0 选项即可。

2）刷新观察

在程序运行时，各个片内外设的状态会不断地变化，为了随时观察它们的变化，可以启用 View 菜单下的 Periodic Windows Update 命令，让 Keil C 自动周期刷新各个调试窗口。

3）片内外设的修改

可以在窗口中对设备直接进行设置，与程序中的命令设置一样，并且立即生效，如图 D.23 所示的定时/计数器 0 的状态窗口。

图 D.23　定时/计数器 0 状态窗口

D.2　Keil 与 Proteus 联调

Keil 与 Proteus 联调方法如下：

(1) 在 Proteus 安装目录下把 VDM51.dll 文件复制到 Keil 安装目录的\C51\BIN 中。

(2) 修改 Keil 安装目录下的 Tools.ini 文件，在 C51 字段加入 TDRV8=BIN\VDM51.DLL "Proteus VSM Monitor-51 Driver"，并保存，如图 D.24 所示。注意：不一定要用 TDRV8，根据原来字段选用一个不重复的数值，如"TDRV9"也可以。

图 D.24　修改 Tools.ini 文件截图

（3）打开 Proteus，画出相应的电路原理图。在 Proteus 的 Debug 菜单中选中"Use Remote Debug Monitor"，如图 D.25 所示。

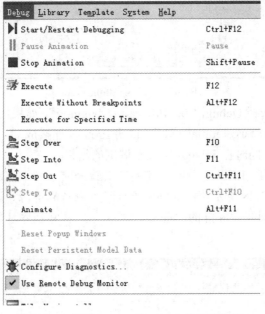

图 D.25　设置 Proteus 的 Debug 菜单的截图

（4）进入 Keil 的 project 菜单 option for target "工程名"。在 Debug 选项中右栏上部的下拉菜单中选中 Proteus VSM Monitor-51 Driver，如图 D.26 所示。点击进入 setting 窗口，如果用同一台机 IP 名为 127.0.0.1，如不是同一台机调试，则填另一台机器的 IP 地址，端口号一定为 8000，如图 D.27 所示。注意：可以实现在一台机器上运行 Keil，在另一台机器中运行 Proteus 进行远程仿真调试。

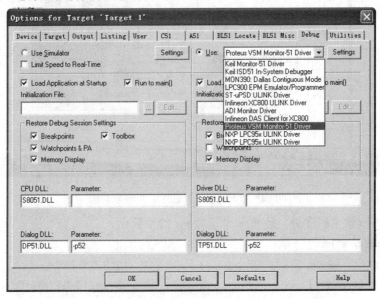

图 D.26　设置 Keil 的 project 菜单 option for target 截图

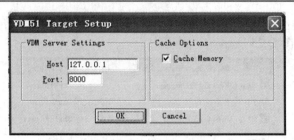

图 D.27　进入 setting 截图

(5) 在 Proteus 中选择 Debug，"Start/Restart Debugging"，如果在 Keil 的 Output Window 的窗口中出现 "VDM51 target initialized."，说明 Proteus 连接成功；在 Keil 中进行 debug，如进行单步、断点等；同时在 Proteus 中查看调试的结果。

下面用一个简单的 "LED 红黄绿灯控制" 实验来演示一下 Keil 与 Proteus 联调。实验电路的原理图如图 D.28 所示(用 Proteus 仿真时可以省略电源、晶振、复位电路)。本实验是用延时的方法控制红黄绿灯的 "亮"、"灭"，从其程序注释中很容易了解实验的功能。

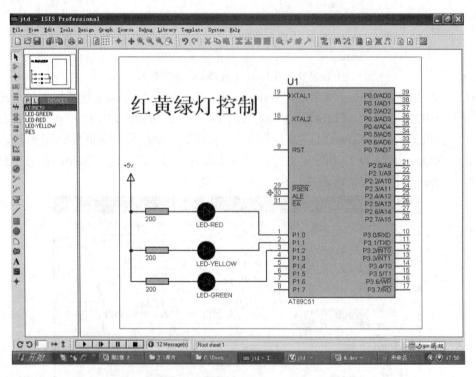

图 D.28　LED 红黄绿灯控制实验原理图

源程序如下(除主程序外，还有一个延时 ms 的函数)：

```
#include <reg51.h>
sbit RED    =P1^0;                              //定义红灯控制位
sbit YELLOW=P1^1;                               //定义黄灯控制位
sbit GREEN  =P1^2;                              //定义绿灯控制位
```

```
    void delayms(unsigned int x)              //毫秒延时函数：x－ms 数；11.0592 晶振
    {
        unsigned char j;
        while(x--)
        {
            for(j=0;j<123;j++){;}
        }
    }

    void main(void)
    {
     while(1)
     {
            RED=0;                            //红灯亮
            YELLOW=1;                         //黄灯灭
            GREEN=1;                          //绿灯灭
            delayms(3000);                    //延时 3 秒

            RED=0;                            //红灯亮
            YELLOW=0;                         //黄灯亮
            GREEN=1;                          //绿灯灭
            delayms(1000);                    //延时 1 秒

            RED=1;                            //红灯灭
            YELLOW=0;                         //黄灯亮
            GREEN=1;                          //绿灯灭
            delayms(1000);                    //延时 1 秒

            RED=1;                            //红灯灭
            YELLOW=1;                         //黄灯灭
            GREEN=0;                          //绿灯亮
            delayms(3000);                    //延时 3 秒
        }
     }
```

完成按 D.1.1 所讲述的全部步骤，将此程序输入到程序编程窗口后进行编译，通过编译后的界面如图 D.29 所示，并生成了一个"jtd.hex"的文件。

按前述方法，完成 Keil 与 Proteus 联调设置。

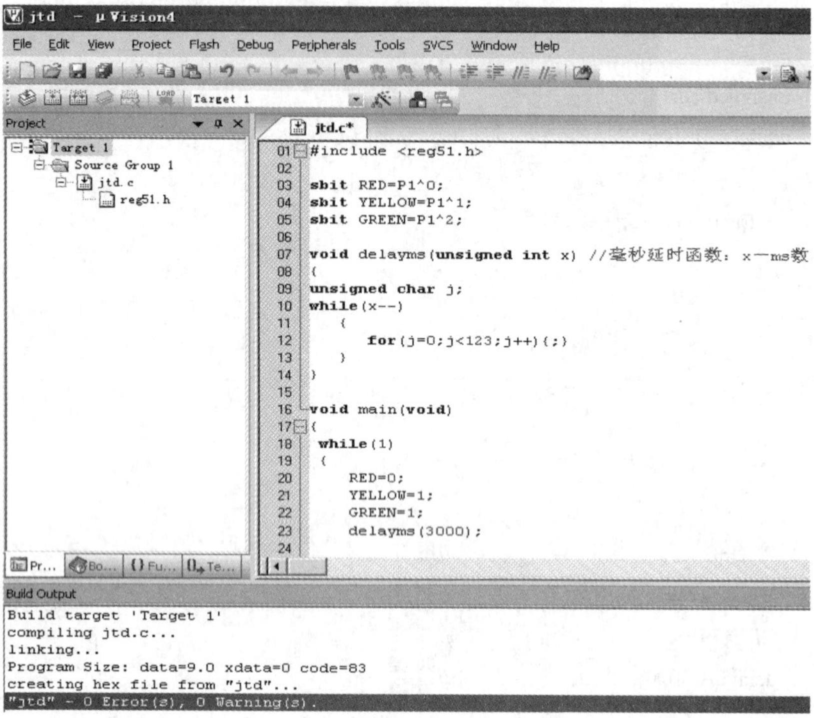

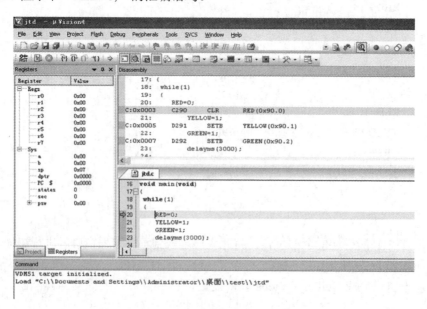

图 D.29　实验程序编译成功后的界面

　　点击，出现如图 D.30 所示的界面。将光标停留在第 20 行，点击"Disassembly"反汇编按钮，会在界面中出现一个黄色条：

　　　　C: 0x0003　　C290　　CLR RED(0x90.0)

这就是 C51 程序中"RED=0;"的汇编语句。

图 D.30　实验程序编译成功界面

　　从"反汇编"窗口中可以看到所对应的 C51 程序编译后生成的汇编语句，读者可以从中体会 Keil C51 编译器的效率。

　　点击 ▤ ⊗ | ｛} {} {} ｛} 或设置断点，可以任意控制程序的流程，并在 Proteus 的界面中观察到程序的效果。比如，在 C51 程序的第 33 行设置断点，全速运行后，程序会在第 33 行暂停，如图 D.31 所示，在 Proteus 仿真图中出现"黄灯亮，红绿灯灭"这个效果。

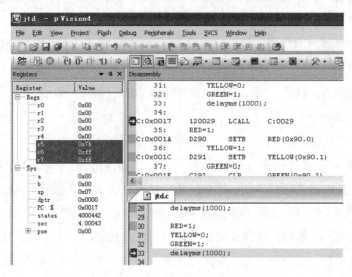

图 D.31　实验程序设置断点调试

　　可以采用 D.1.4 中的方法进行各种程序调试，通过这样的调试，很容易发现程序的错误和功能的不足，从而进行程序的修改。

用汇编语言的调试方法与用 C51 语言调试方法一样，此处不再赘述。

参 考 文 献

[1]   李群芳，肖看. 单片机原理、接口及应用：嵌入式系统设计基础. 北京：清华大学出版社，2005.

[2]   张毅刚，彭喜源，谭晓昀，等. MC-51 单片机应用设计. 哈尔滨：哈尔滨工业大学出版社，1997.

[3]   马忠梅，籍顺心，张凯，等. 单片机的 C 语言应用程序设计. 北京：北京航空航天大学出版社，1999.

[4]   郑育正. 单片机原理及应用. 成都：四川大学出版社，2003.

[5]   何立民. MCS-51 单片机应用系统设计. 北京：北京航空航天大学出版社，1990.

[6]   周坚. 单片机 C 语言轻松入门. 北京：北京航空航天大学出版社，2006.

[7]   万光毅，严义. 单片机实验与实验教程(一). 北京：北京航空航天大学出版社，2003.

[8]   李全利，池荣强. 单片机原理及接口技术. 北京：高等教育出版社，2004.

[9]   霍梦友，王爱群，孙玉德，等. 单片机原理与应用. 北京：机械工业出版社，2004.

[10] 张道德. 单片机接口技术(C51 版). 北京：中国水利水电出版社，2007.

[11] 姜志海，赵艳雷. 单片机的 C 语言程序设计与应用. 北京：电子工业出版社，2008.

[12] 蓝和慧，宁武，闫晓金. 单片机应用技能. 北京：电子工业出版社，2009.

[13] 田希晖，薛亮儒. C51 单片机技术教程. 北京：人民邮电出版社，2007.

[14] 徐爱钧，彭秀华. 单片机高级语言 C51 Windows 环境编程与应用. 北京：电子工业出版社，2001.

[15] 郭惠，吴迅. 8051 单片机 C 语言完全设计手册. 北京：电子工业出版社，2008.

[16] Keil Software，Inc. μVision help，2003.

[17] Keil C51 官方网站. http://www.keil.com.